高等职业教育“十四五”规划教材

现代畜牧养殖技术

XIANDAI XUMU YANGZHI JISHU

王林波　程　妮　主编

中国农业大学出版社
·北京·

内 容 简 介

本教材内容包括生猪养殖技术、肉牛养殖技术、肉羊养殖技术、现代养鸡技术以及相应的畜禽疫病防治技术。教材贯穿“理论够用，突出技能”的理念，在内容上简洁实用，把现代畜牧生产中的新知识、新技术、新方法融入教材，将湖北的地方特色融入教材，帮助学生适应岗位需要。注重实践内容的可操作性，强调在操作中理解与应用理论，培养学生遵守职业道德、敬业爱岗、遵纪守法、规范操作的职业素养，能运用所学知识指导生产实践。

图书在版编目(CIP)数据

现代畜牧养殖技术 / 王林波，程妮主编. -- 北京：中国农业大学出版社，2023.7
ISBN 978-7-5655-3007-4

Ⅰ.①现… Ⅱ.①王…②程… Ⅲ.①畜禽-饲养管理-高等职业教育-教材 Ⅳ.①S815

中国国家版本馆 CIP 数据核字(2023)第 111816 号

书　　名　现代畜牧养殖技术
作　　者　王林波　程　妮　主编

策划编辑　张　玉　　**责任编辑**　陈睿赜
封面设计　郑　川　李尘工作室
出版发行　中国农业大学出版社
社　　址　北京市海淀区圆明园西路 2 号　　**邮政编码**　100193
电　　话　发行部 010-62733489,1190　　编辑部 010-62732617,2618
　　　　　出版部 010-62733440　　读者服务部 010-62732336
网　　址　http://www.caupress.cn　　**E-mail**　cbsszs@cau.edu.cn
经　　销　新华书店
印　　刷　北京鑫丰华彩印有限公司
版　　次　2023 年 8 月第 1 版　　2023 年 8 月第 1 次印刷
规　　格　185 mm×260 mm　　16 开本　　14 印张　　345 千字
定　　价　42.00 元

编写人员

主　编　王林波（湖北省农业科学院）

程　妮（湖北省农业科学院）

副主编　李晓峰（十堰市科技学校）

蒲跃进（十堰市科技学校）

刘长城（十堰市科技学校）

孙　华（湖北省农业科学院）

参　编　张力青（湖北省畜禽育种中心）

余　魏（湖北省畜禽育种中心）

吴喜娟（湖北省畜禽育种中心）

徐为民（湖北省畜禽育种中心）

王　斌（武汉耕读庄园）

陶　虎（湖北省农业科学院）

熊　琪（湖北省农业科学院）

索效军（湖北省农业科学院）

赵海忠（湖北省农业科学院）

李梓芃（湖北省农业科学院）

徐　忠（湖北省农业科学院）

张苗苗（湖北生物科技职业学院）

宋先荣（湖北生物科技职业学院）

胡道俊（襄阳市畜牧技术推广站）

樊家英（恩施土家族苗族自治州畜牧技术推广站）

刘利芳（石首市农业技术培训学校）

张厚勇（十堰市科技学校）

前　言

我国是世界养殖大国，主要畜禽存栏量和出栏量都在世界上占有一定比重，特别是生猪的存栏量、出栏量连续多年都是世界第一。现在我国肉牛、肉羊养殖规模也发生了很大的变化，但是相对于生猪、肉鸡和奶牛生产还有很大的差距；大多数肉牛、肉羊场设备简陋，饲养环境不太理想，粪污处理设备少。改革开放后，我国的蛋鸡和肉鸡行业有了快速的发展，鸡蛋产量连续多年位居世界第一，鸡肉产量位居第二。但不容忽视的是，我国蛋鸡、肉鸡整体生产水平还不是很高，饲养管理水平还有待提高，疾病防控能力还较弱，生产效率还可以进一步提高。

21 世纪以来，随着我国畜牧养殖技术的快速发展，养殖业正由先前的粗放型向技术集约型和环境友好型转变，以生猪标准化规模化养殖为代表的新的养殖方式正在形成。习近平总书记在党的二十大报告中指出："加强企业主导的产学研深度融合，强化目标导向，提高科技成果转化和产业化水平。"为了促进畜禽产业生产方式的转变，加快科技成果的转化，湖北生物科技职业学院牵头，根据湖北省"一村多名大学生计划"要求，组织湖北省农业科学院畜牧兽医研究所、湖北省农业事业发展中心、湖北省畜禽育种中心等企事业单位专家，共同编写本书。本书主要内容包括生猪养殖技术、肉牛养殖技术、肉羊养殖技术和现代养鸡技术四个方面，书中结合各专家擅长领域及多年工作实践，融入大量案例。本书对于提高我国畜禽标准化、精细化养殖水平，提升基层畜牧兽医科技推广人员和广大养殖户的养殖技术能力，具有重要的指导意义和促进作用，还可作为职业技术学院相关专业的参考用书。

由于编写时间仓促，书中难免有疏漏之处，敬请读者批评指正。

编　者

2023 年 3 月

目　录

第一章

生猪养殖技术

第一节　猪场规划及建设

一、猪场场址的选择与规划布局

（一）场址选择

猪场选址的基本原则是符合当地城镇发展建设规划、土地利用规划和相关法规，节约用地，禁止在旅游区、自然保护区、水源保护区、畜禽疫病多发区和环境公害污染严重地区建场。

1. 地形地势

地形指场地的形状、大小、位置和地貌的情况，地势指猪场所建场地的高低起伏状况。一般要求地形整齐开阔，地势较高、干燥、平坦或有缓坡，背风向阳，有足够的面积，并留有发展的余地。在坡地建场宜选背风向阳坡，以利于防寒和保证场区较好的小气候环境。

2. 交通运输

要求交通方便，且与交通干线保持适当的距离，保证饲料的就近供应、产品的就近销售及粪污和废弃物的就地利用和处理。一般来说，猪场距铁路及国家一、二级公路应不少于300 m；同时，要距离居民点 500 m 以上，距离其他一般畜牧场 500 m 以上，距离大型畜牧场 1 000 m 以上，距离化工厂、畜牧产品加工厂 1 500 m 以上。如果有围墙、河流、林带等屏障，距离可适当缩短。图 1-1 为某猪场建设设计图。

图 1-1　某猪场建设设计图

3. 水源水质

猪场水源要求水量充足，水质良好，便于取用和进行卫生防护，并易于净化和消毒。水源水量必须能满足场内生活用水、猪只饮用及饲养管理用水（如调制饲料、冲洗猪舍、清洗用具等）的要求。

4. 场地面积

根据地势地形的不同，猪场所需的面积也会有所不同。猪场生产区总的建筑面积一般可按每头繁殖母猪 20～25 m^2或年出栏一头育肥猪需 0.8～1.0 m^2计算，猪场辅助生产及生活管理建筑面积可根据实际规模大小而确定。在设计建场时应考虑生产、管理和生活区，根据实际情况计算所需占地面积，并留有一定余地。

（二）猪场的规划与建筑布局

场地选定后，须根据有利于防疫、改善场区小气候、方便饲养管理、节约用地等原则，考虑当地气候、风向、场地的地形地势、猪场各种建筑物和设施的尺寸及功能关系，规划全场的道路、排水系统、场区绿化等，安排各功能区的布局及每种建筑物和设施的朝向、位置。

1. 总体布局原则

(1)利于生产。猪场的总体布局首先要满足生产工艺流程的要求，按照生产过程的顺序性和连续性来规划和布置建筑物，以利于生产，便于科学管理，从而提高劳动生产率。

(2)利于防疫。设置有效的防疫措施，在整体布置上应着重考虑猪场的性质，猪体本身的抵抗力，地形条件、主导风向等几个方面，合理布置建筑物，满足其防疫距离的要求，从源头上进行控制。

(3)利于运输。在建筑物和道路布局上应考虑生产流程的内部联系和对外联系的连续性，尽量使运输路线方便简捷、不重复迂回。

(4)利于生活管理。猪场在总体布局上应使生产区和生活区做到既分隔又联系，位置要适中，环境要相对安静。

2. 猪场规划

猪场一般可分为 4 个功能区，即生活区、生产管理区、生产区、隔离区。为便于防疫和安全生产，应根据当地全年主风向和场址地势，顺序安排以上各区。

(1)生活区。生活区包括办公室、接待室、财务室、食堂、宿舍等，这是管理人员和职工日常生活的地方，应单独设立。一般设在地势较高的上风向或偏风向。此外猪场周围应建围墙或设防疫沟，以防兽害和避免闲杂人员进入场区。

(2)生产管理区。生产管理区包括猪场生产管理必需的附属建筑物，如饲料加工车间、饲料仓库、修理车间、变电所、锅炉房、水泵房等。这个区与日常的饲养工作有密切的关系，所以应该与生产区毗邻建立。

(3)生产区。生产区包括各类猪舍和生产设施，这是猪场中的主要建筑区，一般建筑面积占全场总建筑面积的 70%～80%。禁止一切外来车辆与人员进入。在设计时，猪舍方向应与当地夏季主导风向成 30°～60°，使每排猪舍在夏季得到最佳的通风。总之，应根据当地的自然条件，充分利用有利因素，在布局上做到对生产最为有利。在生产区的入口处，应设专门的消毒间或消毒池，以便进入生产区的人员和车辆进行严格的消毒。

(4)隔离区。隔离区包括兽医室、病猪隔离间、尸体剖检和处理设施、粪污处理区等。该区设在下风向、地势较低的地方，兽医室可靠近生产区，病猪隔离间等其他设施应远离生产区。

(5)道路。道路对生产活动正常进行、卫生防疫及提高工作效率起着重要的作用。场内道路应净、污分道,互不交叉,出入口分开。净道的功能是人行和饲料、产品的运输,污道为运输粪便、病猪和废弃设备的专用道。生产区一般不设通向外界的道路,管理区和隔离区分别设置道路通向场外。

(6)水塔。自设水塔是清洁饮水正常供应的保证,位置选择要与水源条件相适应,且应安排在猪场最高处。

(7)绿化。绿化不仅美化环境,净化空气,也可以防暑、防寒,改善猪场的小气候,同时还可以减弱噪声,促进安全生产,从而提高经济效益。因此在进行猪场总体布局时,一定要考虑和安排好绿化。

3. 建筑物布局

猪场建筑物的布局在于正确安排各种建筑物的位置、朝向、间距。布局时需考虑各建筑物间的关系、卫生防疫、通风、采光、防火、节约占地等。

(1)位置。生活区与生产管理区和场外联系密切,为保障猪群防疫,宜在猪场门口设行人、车辆消毒池,两侧设值班室和更衣室。生产区各猪舍的位置应考虑生产工艺设置,方便生产管理,并注意卫生防疫。可按种公猪舍、空怀及妊娠母猪舍、分娩舍、保育舍、育肥猪舍、测定舍的顺序靠近排列。上猪台、病猪和粪污处理应置于全场最下风向和地势最低处,距生产区应保持50 m以上的距离。

(2)朝向。在确定猪舍朝向时,主要考虑采光和通风效果,可从建筑设计手册上查阅当地民用建筑的最佳或适宜朝向,作为确定猪舍朝向的参考依据。一般而言,猪舍的最佳朝向为南或南偏东、西各30°,在炎热地区为了避免西晒,猪舍朝向偏西不宜超过10°。

(3)间距。猪舍间距主要根据光照、通风、防疫、防火和节约土地5个要素来确定。在满足光照、通风、防疫和防火要求的前提下,应尽量缩短猪舍间距,减少猪场占地面积,节约用地。一般情况下,猪舍间距为猪舍高度的3～5倍,即可满足光照、通风和防疫的要求。

二、猪舍的设计与建筑

(一)种猪场猪舍建筑的类型

按建筑外围结构特点划分,种猪场一般采用半开放式或封闭式猪舍;按屋顶形式,则有双坡式和平顶式等;按猪栏排列有单列式和双列式;按猪舍的用途划分,种猪场内猪舍可分为配种猪舍(含公猪舍、空怀母猪舍和后备母猪舍)、妊娠母猪舍、分娩猪舍(产房)、仔猪保育舍和生长育肥舍。

(二)猪舍的环境控制

猪舍内的小气候会直接影响到猪的健康状况和生产性能,猪场设计必须为猪群创造适宜的生存和生产环境。通过合理设计,实现通风换气、采光照明、保温保湿、防暑降温、饮水卫生等(表1-1)。

1. 猪舍的保温隔热

保温是阻止热量从舍内向舍外散失,隔热是阻止热量由舍外传到舍内。猪舍的保温隔热取决于猪舍的类型、结构、大小、开放通道(如门、窗、通风口等)、隔热材质(如屋顶、吊顶、地面、墙壁、窗户等)。

(1)猪舍的保温防寒设计。屋顶设置天棚,且保温材料有较高的热阻值,达到足够的厚度并压紧压实;墙体用空心砖或填充隔热材料等提高猪舍的防寒保温能力;有窗猪舍应设置双层窗,并尽量少设北窗和西侧窗;两道门设计可防止冷风直接进入舍内;地面一般采用水泥地面,在睡卧区用空心砖等建造保温地面,在冬季寒冷的地方,也可增设暖气或地面供暖设施。

(2)猪舍的隔热防暑设计。

①遮阳设计。猪舍遮阳可采取加长屋顶出檐,顺窗户设置水平或垂直的遮阳板及绿化遮阳等措施。

②隔热设计。猪舍隔热设计的重点在屋顶,可采用屋顶热阻材料,设计多层结构或有空气间层的屋顶,屋面选用浅色而光平的材料以增强其反射太阳光的能力等。

③猪舍降温。猪舍可采用冷风机降温、湿帘风机降温、喷淋降温和喷雾降温等。

④猪场绿化。猪场绿化可改善猪场小气候,同时也能阻挡阳光对猪舍和场面的直射,从而降低猪舍屋面和周围的地表温度,达到对猪舍降温的目的。还可起到过滤空气、净化空气、减少场区灰尘的作用,从而减少病原微生物对猪的危害。

2. 猪舍的通风

(1)自然通风。较小的猪舍跨度设计有利于猪舍的自然通风,易于空气对流。在自然通风猪舍设置地脚窗、大窗、通风屋脊等,并均匀布置进气口,使猪舍的每一角落温度一致。

(2)机械通风。通风口设置机械通风设施设备,以便在自然通风不足时使用。在设计时通风口高低不等,但要防止冬季因通风口过低导致冷风直接吹向猪床。

3. 猪舍的光照

猪舍多采用自然采光为主,人工照明为辅。猪舍自然光入射角要求不低于25°,透光角要求不低于5°。人工照明设计应保证猪床光照强度均匀,满足猪群的光照需要。

表 1-1 猪舍温度、湿度、通风换气的设计参数

猪舍类别	猪龄	适宜温度/℃	适宜湿度/%	通风量/[m^3/(头·h)]			风速/(m/s)	
				春、秋	冬	夏	春、秋、冬	夏
哺乳仔猪(分娩舍)	0～24 h	>32	60～75	150	100	200	0.15	0.4
	1～7 d	32～33						
	8～14 d	24～33	60～80					
	14～28 d	22～21						
保育舍	28～56 d	24～20	60～80	20	10	50	0.2	0.6
生长舍	>56 d	20～17	60～80	20	10	50	0.2	自然风
育肥舍	育成猪	15～23	60～80	60	30	120	0.2	自然风
哺乳母猪		15～20	60～80	150	100	200	0.15	0.4
妊娠母猪		6～16	60～80	110	85	150	0.3	1

(三)不同猪舍的要求及内部布置

设计猪舍内部结构时应根据猪只的生理特点和生物学习性,合理布置猪栏、走道,并合理组织饲料、粪便运送路线。对于规模猪场的设计,母猪一般采用限位饲养,公猪采用单圈饲养,转群使用赶猪通道等。猪舍设计参考以下参数(表1-2至表1-4)。

表 1-2　猪群饲养密度及每栏头数

阶段	每头占用面积/(m^2/头)	单栏头数/头	备注
断奶保育期	0.25～0.3	≤20,两栏以上不合并	不含占地面积
生长前期(<53 kg)	0.4	≤20,两栏以上不合并	不含占地面积
生长期(53～75 kg)	0.7	≤20,两栏以上不合并	不含占地面积
育肥期(75～100 kg)	1.0	≤20,两栏以上不合并	不含占地面积
公猪	8～10	1	可配独立运动场
群养后备及空怀母猪	1.2～1.5	1～5	混群可促进发情
妊娠母猪	1.3	1	
哺乳母猪	3.5～4	1	

表 1-3　猪栏基本参数

猪栏种类	每头猪占用面积/(m^2/头)	规格/mm	栅栏间隙/mm
公猪栏	5.5～7.5	栏高 1 400	100
配种栏	5.5～7.5	栏高 1 200	100
母猪单体栏	1.2～1.4	长 2 000～2 100,宽 550～650,高 1 000	100(头部)
母猪小群栏	1.8～2.5	栏高 1 000	90
分娩栏	3.7～4.2	母猪限位栏长 2 000～2 200,宽 600～700,高 900～1 100;仔猪围栏长 1 000,宽 400～600,高 600	35
保育栏	0.3～0.4	栏高 700	55
生长栏	0.5～0.7	栏高 800	80
育肥栏	0.7～1.0	栏高 900	90

表 1-4　猪栏地板漏缝间隙宽度参数

猪栏种类	公猪栏	母猪栏	分娩栏	保育栏	生长栏	育肥栏
漏缝间隙/mm	20～25	20～25	10	10	15～20	20～25

1. 分娩舍

从防疫角度出发,分娩舍应考虑便于全进全出。产仔栏的平面设计多以单列或双列式排列,产仔栏的跨度和宽度按生产流程流转数量设计。分娩舍采用小单元,便于全进全出和多种形式的彻底消毒。猪舍的顶部和侧面设计应有利于室内的温度调节,侧面风门采用上下开闭式，且以上风口调节；仔猪所在区域须有局部性的保温措施，采用保温灯、保温箱、保温电热板或地板暖水加热、暖气升温等均可。同时，要有利于清洁卫生、消毒、防压、防咬等设计。

通道设计要求利于防疫和生产管理，便于消毒、便于排水，一般为水泥地面，不宜光滑，且高出通道两侧地面；通道宽度不能让大猪并排运行；赶猪通道最好能起到对猪的约束和导向性作用。

2. 保育舍

在设计保育舍时，除参照一般设计参数外，还应因地制宜综合考虑，例如南方湿度大，通风系统、地面排污系统、饮水系统等均应考虑周全并利于防疫。

保育舍的设计主要以卫生、保温为主。可采用整体保温，如屋顶吊顶，可使冬季舍温提高8～10 ℃，材料可选用耐用、防火、防潮等的 PVC 板、层板、竹板；还可采用整体保温与局部保温相结合，局部保温可选用红外线灯、暖气片等辅助设备。

保育舍的建筑面积要根据猪场的生产规模和工艺流程来确定。每头保育猪占 0.3～0.4 m^2，同时考虑保育时间和保育栏消毒时间，以及保育栏的面积利用系数，可算出保育舍的建筑面积。

3. 生长育肥舍

因动物位次效应的影响，生长育肥舍实施全进全出，原则上宜分不宜合。生长育肥猪舍常见的设计是单列式和双列式，但由于单列式较双列式更易选择场地和排污，因此，生长育肥猪舍推荐单列式设计。

设计时一般按生长期和育肥期两个阶段分开，圈舍数量为保育舍的圈栏数乘以生长期天数，再除以保育期天数，再加上保育期用于消毒周转的圈栏数。育肥期通常与生长期的数量相同。

饮水器应按以下数量配置：小猪每栏 1～2 个饮水器，比例不超过 1∶10；大猪至少 2 个饮水器，比例最好不超过 1∶5。

4. 后备猪舍

后备猪舍数量的确定与猪场的规模、公母猪的年更新率和选择留用的阶段有关，后备猪培育一般为 3～4 个月，度过至少 1 个发情期后才被转入配种舍。后备猪培育前期一般混群饲养，每栏最多不超过 5 头，饲养期约为 2 个月；后期最好使用单栏饲养，以利于防疫、发育测定、发情鉴定等，圈舍设计按 2 个月预留。因此，设计饲养时期为 4 个月，按公、母猪年更新率33％计算，后备公猪按 1∶50 比例搭配，具体要求如下：

(1)后备公猪舍要求单栏设计，按比例搭配。

(2)后备母猪分两个阶段设计，前期为群养，设计数量最佳组合为 3 头，后期采用单栏设计。

(3)有条件的可设计运动场所。

5. 空怀配种舍及妊娠舍

空怀配种舍及妊娠舍的设计原则是利于防疫、确保生产安全，并有利于生产管理，空怀配种舍及妊娠舍的设计有以下要求：

(1)根据生产流程按全进全出设计，按规模确定流转量，并按同期发情、配种、转群、妊娠设计，规划设计包括轮空闲置在内的圈舍。

(2)通道的设计遵照前面介绍的共性，宽度一般 0.6～1 m；通道底部应高于圈栏地面；在地面设计通食槽的妊娠猪舍，靠近食槽边的通道可高出食槽的另一边缘 0.05～0.15 m，对猪的拱食习惯有帮助。

(3)猪栏顶部设计应以水平为宜，同时在猪舍内猪栏后部，设计用于工作人员攀越的设施，以有利于防疫注射或踩背诊断和检查猪的发情、返情等。

(4)此阶段的猪舍设计均以降温为主，当前使用较多的为喷雾加风扇降温系统，也可由专业厂家设计安装水帘空调。

(5)配种妊娠阶段可限位饲养，空怀阶段可设计大栏饲养，每栏 3～5 头为宜。此阶段母猪的食槽可用单体食槽，也可采用地沟通食槽，有条件可安装自动加料系统。

6. 公猪舍

设计公猪舍时，应考虑维护公猪肢蹄的健康和符合公猪睾丸对环境气温的要求，保证公猪的正常配种能力和良好的精液品质。设计要求：

(1)避免公猪栏内有伤害公猪繁殖性能的设施。

(2)避免高温环境对公猪繁殖性能的影响。须设计喷雾降温、通风降温设施设备，如水帘、空调等，公猪栏的围栏一般采用栏杆，以利于通风。

(3)猪栏设计应避免伤及脚蹄。地面选用防滑材料，材质不可太粗糙，地面坡度应以 1/30 为准；公猪栏焊管质地好，纵向排列，高度以不低于 1.4 m 为宜，以免磨伤猪蹄。

(4)公猪栏最好配合待配母猪栏设计，有助于诱导或刺激母猪发情。

(5)应有利于防疫，最好能按月轮空消毒一次来设计。

(6)公猪舍如果与配种舍合建，应分别设计采精间和配种间，采精间四周应做防干扰设计，如用水泥墙或加挡板；地面采用水泥地面配合防滑地板；旁边建化验室以方便检测精液品质、配制和存贮精液。设计要求：防风保暖，有电力供应，有工作台等；有显微镜、离心机、恒温箱、灌装机、保温箱、衡量器及常用的量具、容器、药品等；房间要求使用空调。

(7)应有足够的空间，面积不低于 6 m^2。钢性材料猪栏一般宽 2.5 m，深 3.5 m，高 1.3 m，除边缘外，所有钢管均纵向排列设计。

7. 隔离舍

(1)入场猪群隔离舍。入场猪群隔离舍主要用于引进猪只的隔离。要求：远离种猪场 1 km 以上；小猪栏可参照生长育肥舍，设计群体饲养密度每栏不超过 5 头；大猪和公猪栏位分别参照配种舍和公猪舍，设计参数参照最小标准，如限位栏标准采用长×宽为 2 m×0.55 m，公猪栏占地面积不超过 8 m^2。

(2)病猪隔离舍。病猪隔离舍主要用于病猪的隔离、观察和治疗。病猪隔离舍应光线足、通风效果好，并应备有保温设施和特殊消毒设备。设计间数 3 间以上，最好为每间 1 栏。病猪隔离舍的设计：参照生长育肥舍，地面采用水泥地面，每栏 4～5 m^2。

三、猪场技术参数

猪场技术参数(表 1-5 至表 1-7)是在猪场建设过程中确定各类猪群的存栏数、猪舍及各猪舍所需栏位数、饲料用量和产品数量、存栏猪群结构等的重要依据。猪场建设过程中，必须根据养猪的品种、生产力水平、技术水平、经营管理水平和环境设施等，实事求是地确定技术参数。

表 1-5 猪场主要技术参数

指标	参数	指标	参数
妊娠期/d	114	公母比例(本交)	1:25
哺乳期/d	28～35	公母比例(人工授精)	1:(50～100)
断奶后至发情天数/d	5～10	种公母猪利用年限/年	3～4
情期受胎率/%	80～85	种猪年更新率/%	25
分娩率/%	85～95	生产节律/d	7
母猪年产仔窝数	2.1～2.4	妊娠母猪提前进产房天数/d	7
经产母猪每窝产仔数/头	11	转群后空圈消毒天数/d	7
经产母猪每窝产活仔数/头	10	35 日龄仔猪断奶重/kg	8.0～9.0
仔猪初生个体重/kg	1.2～1.3	保育仔猪成活率/%	95
哺乳仔猪成活率/%	90	70 日龄仔猪个体重/kg	20～25
育成期成活率/%	98		

表 1-6 万头猪场猪群结构(参考)

猪群种类	饲养期/周	组数/组	每组头数/头	存栏数/头	备注
空怀配种母猪	5	5	30	150	配种后观察 21 d
妊娠母猪	12	12	24	288	
哺乳母猪	6	6	23	138	
哺乳仔猪	5	5	230	1 150	按出生头数计算
保育仔猪	5	5	207	1 035	按转入头数计算
生长育肥猪	16	16	196	3 136	按转入头数计算
后备母猪	8	8	8	64	8 月龄配种
公猪	52			23	不转群
后备公猪	12			8	9 月龄使用
总存栏数				5 992	最大存栏数

表 1-7 万头猪场各饲养群猪栏配置数量(参考)

猪群种类	猪群组数/组	每组头数/头	每栏饲养量/(头/栏)	猪栏组数/组	每组栏位数	总栏位数
空怀配种母猪	5	30	4～5	6	7	42
妊娠母猪	12	24	2～5	13	6	78
哺乳母猪	6	23	1	7	24	168

续表 1-7

猪群种类	猪群组数/组	每组头数/头	每栏饲养量/(头/栏)	猪栏组数/组	每组栏位数	总栏位数
保育仔猪	5	207	8～12	6	20	120
生长育肥猪	16	196	8～12	17	20	340
后备母猪	8	8	4～6	9	2	18
公猪(含后备)	—	—	1	—	—	28

四、猪场的常用设备

猪场设备是养猪场在母猪、仔猪、种猪和肉猪饲养过程中所使用的专用机械、工具和内部设施的总称。主要包括猪栏、漏缝地板、饲料供给及饲喂设备、供水及饮水设备、供热保温设备、通风降温设备、清洁消毒设备、粪便处理设备、监测仪器及运输设备。

(一)猪栏

使用猪栏可以减少猪舍占地面积,便于饲养管理和改善环境。主要类型有以下几种:

(1)实体猪栏。即猪舍内圈与圈间以 0.8～1.2 m 高的实体墙相隔。

(2)栅栏式猪栏。即猪舍内圈与圈间以 0.8～1.2 m 高的栅栏相隔,如图 1-2 所示。

(3)综合式猪栏。即猪舍内圈与圈间以 0.8～1.2 m 高的实体墙相隔,沿通道正面用栅栏。

(4)母猪单体限位栏。单体限位栏(图 1-3)系钢管焊接而成,由两侧栏架和前、后门组成,前门处安装食槽和饮水器,尺寸:2.1 m×0.6 m×0.96 m(长×宽×高)。

图 1-2 栅栏式猪舍

图 1-3 限位饲养栏

(5)高床产仔栏。用于母猪产仔和哺育仔猪,由底网、围栏、母猪限位架、仔猪保温箱、食槽组成(图 1-4)。底网采用由直径 5 mm 的冷拔圆钢编成的网或塑料漏缝地板,规格 2.2 m×1.7 m(长×宽),离地 20 cm 左右;外围栏壁由钢筋和钢管焊接而成,2.2 m×1.7 m×0.6 m(长×宽×高),钢筋间缝隙 5 cm;母猪限位架为 2.2 m×0.6 m×(0.9～1.0) m(长×宽×高),位于底网中央,架前安装母猪食槽和饮水器,仔猪饮水器安装在前部或后部;仔猪保温箱 1 m×0.6 m×0.6 m(长×宽×高)。

(6)高床保育栏。用于4～10周龄的断奶仔猪，结构同高床产仔栏的底网和围栏，高度0.7 m，离地20～40 cm，占地小，便于管理，但投资高，规模化养殖多用，如图1-5所示。

图1-4　哺乳母猪高床饲养

图1-5　保育猪小单元高床饲养

(二)漏缝地板

要求耐腐蚀、不变形、表面平整、坚固耐用，不卡猪蹄、漏粪效果好，便于冲洗、保持干燥。漏缝地板距粪尿沟约80 cm，沟中经常保持3～5 cm的水位，如图1-6所示。

目前其样式主要有以下几种：

(1)水泥漏缝地板。表面应致密光滑，否则表面会有积污而影响栏内清洁卫生，水泥漏缝地板内应有钢筋网，加固耐用。

(2)金属漏缝地板。由金属条排列焊接(或用金属编织)而成，适用于分娩栏和小猪保育栏。

(3)金属冲孔网漏缝地板。适用于小猪保育栏。

(4)生铁漏缝地板。经处理后表面光滑、均匀无边，铺设平稳，不会伤猪。

(5)塑料漏缝地板。由工程塑料模压而成，有利于保暖。

图1-6　漏缝地板

(6)陶质漏缝地板。具有一定的吸水性，冲洗后不会在表面形成小水滴，还具有防水功能，适用于小猪保育栏。

(7)橡胶或塑料漏缝地板。多用于配种栏和公猪栏，不会打滑。

(三)饲料供给及饲喂设备

设备主要有贮料塔、输送机、加料车、食槽和自动食箱等。

1.贮料塔

贮料塔多用2.5～3.0 cm镀锌波纹钢板压型而成，饲料在自身重力作用下落入贮料塔下锥体底部的出料口，再通过饲料输送机送到猪舍。

2. 输送机

用来将饲料从猪舍外的贮料塔输送到猪舍内，然后分送到饲料车、食槽或自动食箱内。类型有：卧式搅龙输送机、链式输送机、弹簧螺旋式输送机和塞管式输送机。

3. 加料车

主要用于定量饲养的配种栏、怀孕栏和分娩栏，即将饲料从饲料塔出口送至食槽，有两种形式，手推机动式和手推人力式。

4. 食槽

分自由采食和限量食槽两种。材料可用水泥、金属等。水泥食槽主要用于配种栏和分娩栏，优点是坚固耐用，造价低，同时还可作饮水槽，缺点是卫生条件差。金属食槽主要用于怀孕栏和分娩栏，便于同时加料，又便于清洁，使用方便。

(1)间歇添料饲槽。可为固定或移动饲槽。设在隔墙或隔栏的下面，由走廊添料，滑向内侧，便于猪采食。一般为长形，每头猪所占饲槽的长度依猪的种类、年龄而定。

(2)方形自动落料饲槽。有单开式和双开式两种。单开式的一面固定在与走廊的隔栏或隔墙上；双开式则安放在两栏的隔栏或隔墙上，自动落料饲槽一般为镀锌铁皮制成，并以钢筋加固。

(3)圆形自动落料饲槽。圆形自动落料饲槽用不锈钢制成，较为坚固耐用，底盘也可用铸铁或水泥浇注。

(四)供水及饮水设备

猪场用水主要包括猪饮用水和清洁用水，应用最广泛的是自动饮水系统(包括饮水管道、过滤器、减压阀和自动饮水器等)。

猪用自动饮水器的种类有鸭嘴式、杯式、吸吮式和乳头式等。目前普遍采用的是鸭嘴式自动饮水器，主要由饮水器体、阀杆、弹簧、胶垫或胶圈等部分组成。平时，在弹簧的作用下，阀杆压紧胶垫，从而严密封闭了水流出口。当猪饮水时，咬动阀杆，使阀杆偏斜，水通过密封垫的缝隙沿鸭嘴的尖端流入猪的口腔。猪不咬动阀杆时，弹簧使阀杆恢复正常位置，密封垫又将出水孔堵死停止供水。

(五)供热保温设备

供热保温设备主要用于分娩栏和保育栏，分为集中采暖设备和局部采暖设备。

(1)红外线灯。设备简单，安装方便，可通过灯的高度来控制温度，但耗电多，寿命短。

(2)吊挂式红外线加热器。其使用方法与红外线相同，但费用高。

(3)电热保温板。优点是在湿水情况下不影响安全，外形尺寸多为 1 000 mm×450 mm×30 mm，功率为 100 W，板面温度为 26～32 ℃，分为调温型和非调温型。

(4)加热地板。用于分娩栏和保育栏，以达到供温保暖的目的。

(5)电热风器。吊挂在猪栏上，热风出口对着需要加温的区域。

(6)挡风帘幕。用于南方较多，且主要用于全敞式猪舍。

(7)太阳能采暖系统。经济，无污染，但受气候条件制约，应有其他的辅助采暖设施。

(六)通风降温设备

(1)通风机。大直径低速小功率的通风机比较适用。这种风机通风量大，噪声小，耗能少，可靠耐用，适于长期工作。

(2)水蒸发式冷风机。利用水蒸发吸热的原理以达到降低空气温度的目的。在干燥的气候条件下使用时,降温效果特别显著;湿度较高时,降温效果稍差。

(3)喷雾降温系统。其冷却水由加压水泵加压,通过过滤器进入喷水管道系统而从喷雾器喷出成水雾,降低猪舍内空气温度。其工作原理与水蒸发式冷风机相同,但设备更简单易行。如果猪场内水压足够,可以不用水泵加压,但过滤器还是必要的,因为喷雾器很小,容易堵塞而不能正常喷雾。旋转式的喷雾可使喷出的水雾均匀,效果更好。

(4)滴水降温。在分娩栏,母猪需要降温,而仔猪要求干燥保温,不能喷水使地面潮湿,可采用滴水降温法。即冷水对准母猪颈部和背部下滴,水滴在母猪背部体表散开,蒸发,吸热降温,未等水滴流到地面上已全部蒸发,不会潮湿地面。

自动化程度较高的种猪场,供热保温、通风降温都可通过舍内温度传感器实现自动调节。

(七)清洁消毒设备

清洁消毒设备有冲洗设备和消毒设备,主要有以下几种。

(1)固定式自动清洗系统。定时自动冲洗,配合程式控制器(PLC)作全场系统冲洗控制。

(2)简易水池放水阀。水池的进水与出水靠浮子控制,出水阀由杠杆机械人工控制。优点是结构简单、造价低,操作方便;缺点是密封可靠性差,容易漏水。

(3)自动翻水斗。工作时根据每天需要冲洗的次数调好进水龙头的流量,随着水面的上升,重心不断变化,水面上升到一定高度时,翻水斗自动倾倒,几秒钟内可将全部水倒出冲入粪沟,翻水斗自动复位。优点是结构简单,工作可靠,冲力大,效果好,主要缺点是耗用金属多,造价高,噪声大。

(4)虹吸自动冲水器。常用的有两种形式,盘管式虹吸自动冲水器和 U 形管虹吸自动冲水器。结构简单,没有运动部件,工作可靠,耐用,故障少,排水迅速,冲力大,粪便冲洗干净。

(5)高压清洗机。CDQ-10 型高压清洗机采用单相电容电动机驱动卧式三柱塞泵。当与消毒液相连时,可进行消毒。

(6)火焰消毒器。利用煤油高温雾化剧烈燃烧产生的高温火焰对设备或猪舍进行瞬间的高温喷烧,以达到消毒杀菌的功效。

(7)紫外线消毒灯。以产生的紫外线来消毒杀菌。

(八)粪便处理设备

每头猪平均年产猪粪 2 500 kg 左右,及时合理地处理猪粪,既可获得优质的肥料,又可减少对周围环境的污染。

粪便处理设备包括带粉碎机的离心泵、低速分离筒、螺旋压力机、带式输送装置等部分。将粪液用离心泵从贮粪池中抽出,经粉碎后送入筛孔式分离滚筒将粪液分离成固态和液态两部分。固态部分进行脱水处理,使其含水率低于 70%后,再经带式输送器送往运输车,运到贮粪场进行自然堆放状态下生物处理。液态部分经收集器流入贮液池,可利用双层洒车喷洒到田间,以提高土壤肥力。

(九)监测仪器

种猪场一般应配备下列监测仪器:饲料成分分析仪器、兽医化验仪器、人工授精相关仪器、妊娠诊断仪器、称重仪器、活体超声波测膘仪、计算机及相关软件。

(十)运输设备

运输设备主要有仔猪转运车、饲料运输车和粪便运输车。仔猪转运车可用钢管、钢筋焊接，用于仔猪转群。饲料运输车采用罐装料车或两轮、三轮和四轮加料车。粪便运输车多用单轮或双轮手推车。

除上述设备外，猪场还应配备断尾钳、牙剪耳号钳、耳号牌、捉猪器、赶猪鞭等。

第二节　猪的品种与良种繁育体系

一、猪的品种

品种是种猪生产的基础，猪的品种选育和经济利用是提高猪生产性能的根本途径。如何合理利用现有的品种资源，直接关系到养猪生产的经济效益和社会效益。

(一)引进品种

引进品种是当前我国规模化种猪场的主要饲养品种，具有瘦肉率高、生长快、饲料利用率高、体型好等优点，但是繁殖力低，发情表现不明显，适应性差，对饲养管理及技术条件要求高，肉质风味不如我国地方猪种。

1. 大约克夏猪

大约克夏猪(Yorkshire)又称大白猪，原产于英国北部的约克郡及其临近的地区，是世界上著名的瘦肉型品种，具有适应性强、繁殖力高、生长速度快、瘦肉率高、肉质好、体质结实等优良特性。大约克夏猪在我国农村广泛用作杂交改良父本；在养猪业较发达的地区常作三元杂交的第一母本。

大约克夏猪毛色全白，允许眼角有小暗斑；耳直立，中等大小，嘴稍微长；腰身长，背平，腹线平直；臀腿发育良好，肢蹄结实，如图 1-7 所示。成年母猪有效乳头 12 个以上，排列均匀，体重不小于 180 kg。成年公猪睾丸发育正常，体重不小于 300 kg。

大约克夏猪母猪 8 月龄 120 kg 适配，公猪 10 月龄 160 kg 适配。初产母猪产仔数 9～10 头/窝；经产母猪产仔数 10～12 头/窝。60 日龄至体重 100 kg 时(160 日龄)的平均日增重为 750 g，耗料增重比为 2.8～3.0。体重 100 kg 时屠宰，屠宰率 75%，平均背膘厚 2.1 cm 以下，眼肌面积 31 cm^2，后腿比例 33%，胴体瘦肉率 62%，肉质良好。

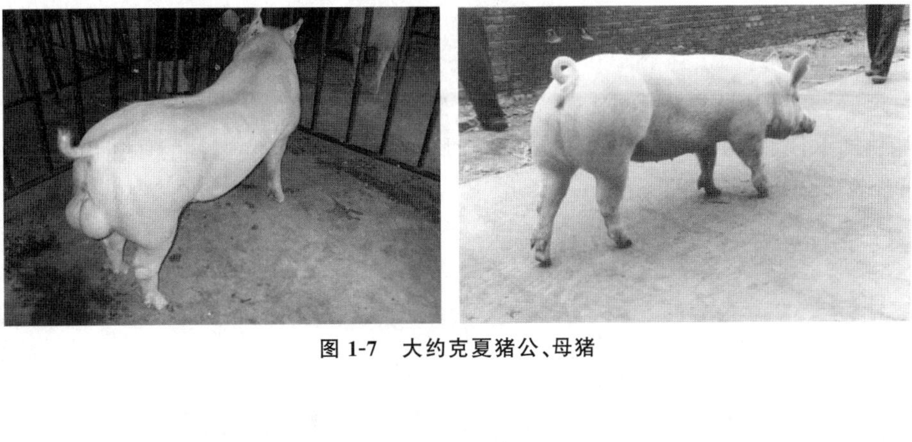

图 1-7　大约克夏猪公、母猪

2. 长白猪

长白猪原名为兰德瑞斯猪(Landrace),产于丹麦,具有生长速度快,瘦肉率高,繁殖性能良好,适应性较强等优良特性。目前世界上养猪业较发达的国家均有饲养,并有丹系长白、法系长白、加系长白等。长白猪在我国农村广泛用作杂交改良父本;在养猪业较发达的地区常作三元杂交的第一父本。

长白猪全身被毛白色;耳大、长,向前倾,覆盖面部,嘴直而较长;头肩轻,胸部窄,体躯较长,背线平直稍呈弓形,腿臀部肌肉发达,如图 1-8 所示。成年母猪有效乳头 14 个以上,排列均匀,体重不小于 200 kg。公猪睾丸发育正常,成年公猪体重不小于 250 kg。

长白猪母猪初情期 170～200 日龄,8 月龄 120 kg 适配;公猪 10 月龄 160 kg 适配。初产母猪产仔 8～11 头/窝;经产母猪产仔 10～13 头/窝。从 60 日龄至体重 100 kg 时(165～170 日龄)平均日增重 660 g,耗料增重比 3.0～3.2。体重 100 kg 时屠宰,屠宰率 73%～76%,平均背膘厚 1.7～2.0 cm,眼肌面积 38 cm^2,后腿比例 29%～33%,胴体瘦肉率 65%,肉质良好。

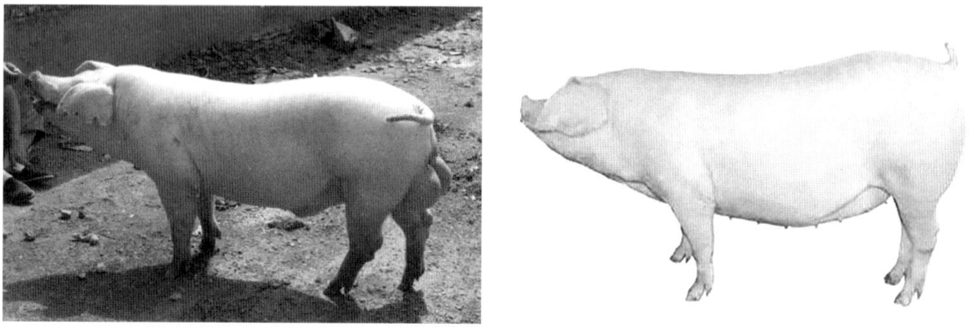

图 1-8 长白猪公、母猪

3. 杜洛克猪

杜洛克猪(Duroc)产于美国东北部。育成后被世界各地引进繁殖饲养。杜洛克猪具有体质健壮,生长速度快,杂交利用效果显著等优良特点,是生产杂交瘦肉型猪良好的终端父本。

杜洛克猪全身被毛为棕红色,变异范围是由金黄色到深红砖色。皮肤上可能出现黑色斑点,但不能出现大的黑斑、黑毛和白毛。头较小,耳中等大小,耳根稍立,中部下垂,略向前倾,嘴略短,颜面稍凹。体型中等,体高而身腰较长,体躯深广,肌肉丰满平滑。胸宽而深,背呈弓形,后躯肌肉特别发达,四肢和骨骼粗壮结实,蹄黑色,大腿丰满,如图 1-9 所示。成年母猪有效乳头 12 个以上,排列均匀,体重不小于 250 kg。公猪睾丸发育正常,成年公猪体重不小于 300 kg。

杜洛克猪母猪 9～10 月龄 120 kg 适配,公猪 10 月龄 160 kg 适配。初产母猪平均产仔 8 头/窝;经产母猪平均产仔 9.5 头/窝。60 日龄至 100 kg 时(150～153 日龄)平均日增重 795 g,耗料增重比 2.58～2.80。体重 100 kg 时屠宰,屠宰率 72.5%,胴体瘦肉率 62%,肉质良好,肌纤维较粗。

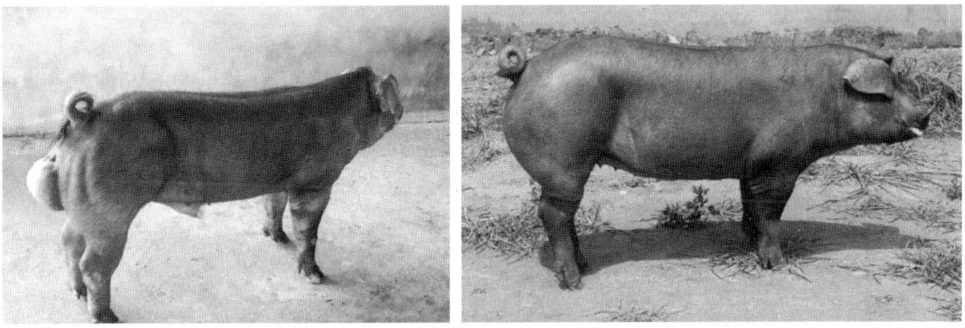

图 1-9　杜洛克猪公、母猪

4. 汉普夏猪

汉普夏猪(Hampshire)原产于美国肯塔基州布奥尼地区,是由白肩猪与薄皮猪杂交选育而成,广泛分布于世界各地。是美国第二位普及猪种。

汉普夏猪毛黑色,前肢白色,后肢黑色。最大特点是在肩部和颈部接合处有一条白带围绕,包括肩胛部、前胸部和前肢,呈一白带环,在白色与黑色边缘,由黑皮白毛形成一灰色带,故又称银带猪。头中等大小,耳中等大小而直立,嘴较长而直。体躯较长,背腰呈弓形,后躯臀部肌肉发达,性情活泼。皮下脂肪薄,胴体长,瘦肉多,如图1-10 所示。

图 1-10　汉普夏猪

汉普夏猪初产母猪产仔数 8 头/窝左右,经产母猪产仔数 9 头/窝左右。乳头 6 对以上。6 月龄体重超过 100 kg,日增重 650～850 g,耗料增重比 2.7～3,屠宰率 75%左右,胴体瘦肉率 63%。

5. 皮特兰猪

皮特兰猪原产于比利时的布拉班特,为瘦肉型猪,是良好的终端父本。

皮特兰猪毛色灰白,有黑色斑点,有的还杂有部分红色,耳中等大小而向前倾,体肥尾短,肌肉特别发达,如图 1-11 所示。

皮特兰猪初产母猪产仔数 8 头/窝左右,经产母猪产仔数 10 头/窝左右。乳头 6 对以上。6 月龄体重超过 100 kg,日增重 650～850 g,耗料增重比 2.7～3,屠宰率 75%左右,胴体瘦肉率 70%以上。

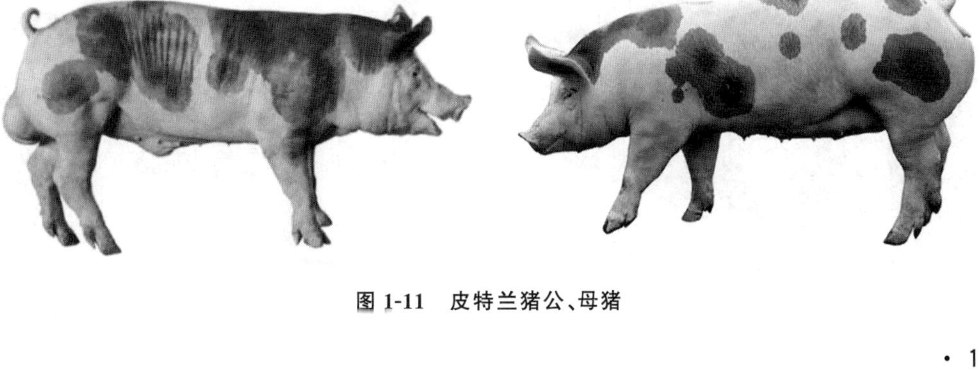

图 1-11　皮特兰猪公、母猪

（二）地方猪种

我国地方猪种品种资源丰富，是我国农村农户及中小规模猪场主要的饲养品种，具有诸多优点：表现在繁殖力高，如太湖猪产仔数窝平达到15.8头；发情明显，配种时间容易掌握；抗逆性强，抗寒、抗热及适应性强；容易管理；耐粗饲；肉质优良。但生长缓慢，饲养周期长，饲料利用率较低，瘦肉率较低。按其外貌体型、生产性能、当地农业生产情况、自然条件和移民等社会因素，可以将我国地方猪种大致划分为华北型、华南型、华中型、江海型、西南型和高原型等六大类型。下述为其中的一些代表猪种：

1. 太湖猪

太湖猪是二花脸、梅山、枫泾、嘉兴黑、横泾猪等猪种的统称。它是全世界猪种中繁殖力最高、产仔数最高的一个品种，主要分布于长江下游，江苏、浙江省和上海市交界的太湖流域。太湖猪体型中等，各类群有差异。头大额宽，额部皱褶多且深。耳特大、软而下垂，耳尖齐或超过嘴角，形似大蒲扇。全身被毛黑色或青灰色，如图1-12所示。乳头数多为16～18个。

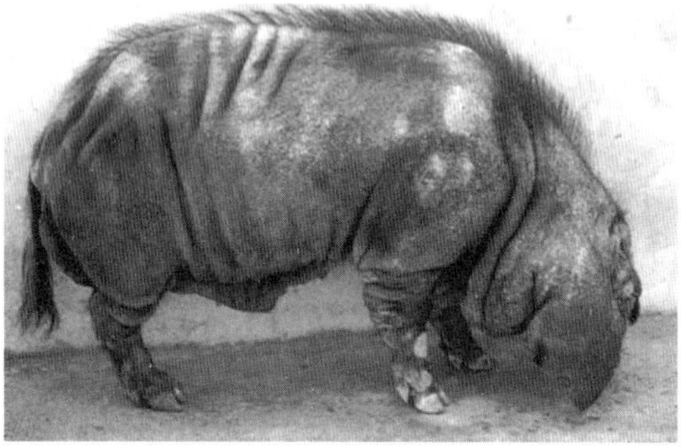

图1-12　太湖猪

太湖猪初产母猪平均产仔数12头/窝以上，产活仔数11头/窝以上；第2胎以上母猪平均产仔数14头/窝以上，产活仔数13头/窝以上；第3胎及第3胎以上母猪平均产仔数16头/窝，产活仔数14头/窝以上。75 kg体重屠宰胴体瘦肉率39.9%～45%，屠宰率65%～70%。

2. 清平猪

清平猪主产于湖北省当阳市，属国家级重点保护的地方品种资源。体型中等，体质细致健壮。耳中等大小，下垂。被毛全黑，如图1-13所示。乳房发达，乳头数7～9对。成年公猪体重131 kg左右，成年母猪103 kg左右。清平猪具有早熟易肥、耐粗饲、适应性强、肉质鲜嫩等特点。其繁殖性能亦有显著特点，妊娠期平均111.51 d，比其他猪114 d要短2.49 d。

清平猪初产母猪平均产仔数9.91头/窝，产活仔数9.84头/窝。经产母猪平均产仔数12.12头/窝，产活仔数11.67头/窝。20～75 kg育肥平均日增重512 g，75 kg体重屠宰胴体瘦肉率42.56%，屠宰率71.7%。

图1-13　清平猪公、母猪

3. 通城猪

通城猪主产于湖北通城县，主要分布于崇阳、赤壁、通山、咸宁、鄂州。肉脂兼用，通城猪体型中等，头短宽，额部皱纹多呈菱形，皱纹粗深者称“狮子头”，头长直、额纹细浅者称“万字头”或“油嘴筒”。耳中等大、下垂。背腰多稍凹，腹大，后腿欠丰满。四肢较结实，但多见卧系叉蹄。头、颈和臀、尾为黑色，躯干、四肢为白色，额上有一小撮白毛，俗称“黑头黑尾一朵花”，如图 1-14 所示。具有早熟易肥、骨细、肉质细嫩等特点。

通城猪初产母猪平均产仔数 8.5 头/窝，产活仔数 8.2 头/窝。经产母猪平均产仔数 11.38 头/窝，产活仔数 11.18 头/窝。20～75 kg 育肥平均日增重 490 g，75 kg 体重屠宰胴体瘦肉率 48.71%，屠宰率 73.7%。

图 1-14　通城猪公、母猪

4. 荣昌猪

荣昌猪主产于重庆市荣昌区和四川省隆昌市，主要分布于永川、泸县、宜宾。皮毛白色，头部有黑斑，头大小适中，面微凹，耳中等大、下垂，额部皱纹横行、有旋毛。体躯较长，发育匀称，背腰微凹，腹大而深，臀部稍倾斜，四肢细致、结实，鬃毛洁白刚韧，乳头 6～7 对，如图 1-15 所示。具有适应性强、瘦肉率较高、配合力较好等特点。

荣昌猪初产母猪平均产仔数 8.5 头/窝。第 3 胎及第 3 胎以上母猪平均产仔数 10.2 头/窝。15～90 kg 育肥平均日增重 633 g，87 kg 体重屠宰胴体瘦肉率 39%～46%，屠宰率 69%。

图 1-15　荣昌猪公、母猪

5. 金华猪

金华猪产于浙江金华地区，主要分布在东阳、蒲江、义乌、金华、永康、武义。体型中等偏小。耳中等大，额有皱纹，颈粗短。背微凹，腹大微下垂，臀较倾斜。四肢细短，蹄坚实，呈玉色。皮薄、毛疏、骨细。毛色以中间白、两头黑为特征，即头颈和臀尾部为黑皮黑毛，体躯中间为白皮白毛，在黑白交界处有黑皮白毛的"晕带"，因此又称"两头乌"，或"金华两头乌猪"，如图1-16所示，但也有少数猪在背部有黑斑。具有性成熟早、繁殖力高、皮薄骨细、肉质好等特点，适于腌制优质火腿。

金华猪初产母猪平均产仔数10.5头/窝，平均产活仔数10.2头/窝。第3胎及第3胎以上母猪平均产仔数13.8头/窝，平均产活仔数13.4头/窝。17～76 kg育肥平均日增重464 g，67 kg体重屠宰胴体瘦肉率43%，屠宰率72%。

图1-16　金华猪公、母猪

6. 阳新猪

阳新猪是湖北省阳新、黄梅一带的肉脂兼用型的地方品种。具有耐粗饲、适应性强、性情温驯、遗传性能稳定、体格较高大、肉味鲜美等特点。母猪发情明显，产仔数高，母性强，是一个优良的母本品种。阳新猪体型中等，被毛黑色或有少量白斑，鬃毛粗长，耳大下垂，皮多皱纹，四肢粗壮，背腰稍凹，蹄质坚硬，腹大不拖地，斜臀。头型有"狮子头"和"象鼻头"两种，前者头短额宽，嘴筒上翘，后者头较小，长而窄，嘴筒长，如图1-17所示。

阳新猪初产母猪平均产仔数9.96头/窝，产活仔数9.74头/窝。经产母猪平均产仔数12.03头/窝，产活仔数11.78头/窝。20～75 kg育肥平均日增重475 g，82 kg体重屠宰胴体瘦肉率43.82%，屠宰率71.7%。

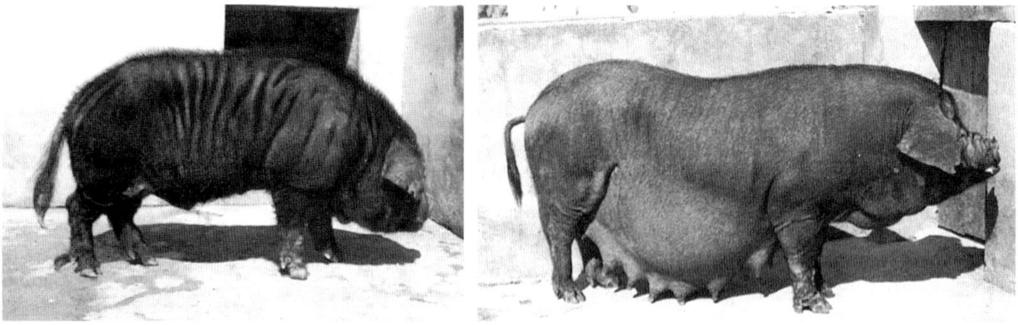

图1-17　阳新猪公、母猪

（三）培育品种

我国的培育品种一般是通过引进外来品种与本地品种杂交而成，故培育品种一般既有外来品种瘦肉率高、生长快、饲料利用率高的优点，又有地方品种在繁殖力、适应性、抗病力、肉质等方面的优点。

同引入品种比较，我国培育的新品种猪发情明显，繁殖力高，抗逆性强，肉质好。能耐受青粗饲料，在低能量和低蛋白质情况下能获得相应的增重，较引入品种在同等条件下生长情况要好。但我国培育猪种育成历史较短，在培育程度上，远不及引入品种，所以外形整齐度差，目前存在遗传性不够稳定、体躯结构尚不理想、后躯发育不够丰满、腹围较大等缺点。在生长速度、饲料转化率和胴体瘦肉率等方面与国外引进猪种相比还存在一定差距。

1. 三江白猪

三江白猪是由长白猪和东北民猪为亲本，杂交培育而成的我国第一个瘦肉型猪种，主产于黑龙江省东北部的黑龙江、乌苏里江和松花江三江平原。全身被毛全白，头轻嘴直，耳下垂，背腰宽平，腿臀丰满，肢蹄结实，如图 1-18 所示。具有生长快、抗寒、胴体瘦肉多、肉质优良等特点。

三江白猪性成熟早，初情期约在 4 月龄，发情征候明显，配种受胎率高，初产母猪产仔数 9～10 头/窝，经产母猪产仔数 11～13 头/窝。180 日龄达 90 kg 体重，耗料增重比 3.5；90 kg 体重胴体瘦肉率 58%。

以三江白猪为母本，杜洛克猪为父本，其二元杂优商品猪育肥期平均日增重 650 g，耗料增重比 3.28，瘦肉率 62%。

图 1-18　三江白猪公、母猪

2. 湖北白猪

湖北白猪是由大约克夏猪、长白猪和通城猪、监利猪以及荣昌猪为亲本，杂交培育的我国第二个瘦肉型母本品种，分布于湖北省江汉平原。全身被毛全白（允许眼角和尾根有少量暗斑），头稍轻、直长，两耳前倾或稍下垂；背腰平直，中躯较长，腹小，腿臀丰满；肢蹄结实；有效乳头 12 个以上，如图 1-19 所示。成年公猪体重 250～300 kg，母猪 200～250 kg，是开展杂交利用的优良母本。

在国家重点攻关计划项目和湖北省重点科技攻关计划项目资助下，华中农业大学在湖北白猪Ⅲ系、Ⅳ系的基础上培育出了瘦肉猪专门化新品系 DIV 系，具有产仔数多、肉质好的特点；在Ⅳ系的基础上培育出抗应激专门化新品系，无氟烷阳性基因，具有抗应激特点；湖北省农科院在湖北白猪Ⅱ系、Ⅴ系的基础上培育出湖北白猪专门化新品系Ⅵ系，具生长快、瘦肉率高的特点；在Ⅵ系基础上培育出湖北白猪优质系，具有繁殖力高、肉质优良的特点。

湖北白猪初产母猪平均产仔数 11.29 头/窝，经产母猪平均产仔数 13.49 头/窝；育肥期平均日增重 698 g，耗料增重比 2.91，171 日龄达 90 kg 体重；胴体瘦肉率 61.53%，肌肉品质优良。后备猪生长发育良好，6 月龄后备公猪体重 92～99 kg，后备母猪 81～89 kg，6 月龄时的活体背膘较薄，后备公猪为 0.9～1.2 cm，后备母猪为 1.0～1.3 cm。

以湖北白猪为母本，杜洛克猪为父本，“杜湖”二元杂优商品猪育肥期日增重 799.52 g，耗料增重比 3.05，瘦肉率 67.50%，162 日龄达 100 kg 体重。

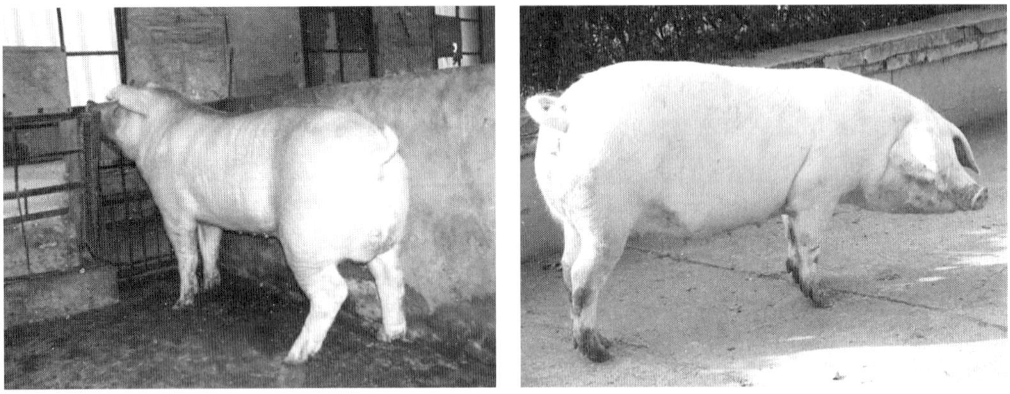

图 1-19　湖北白猪公、母猪

3. 苏太猪

苏太猪是以太湖猪和杜洛克猪为亲本，通过横交固定、性能测定、继代选育、综合指数选择等技术措施，由苏州市太湖猪育种中心经过 12 年 8 个世代培育而成的新品种。全身被毛黑色，耳中等大小、前垂，脸面有浅纹，嘴中等长而直，四肢结实，背腰平直，腹小，后躯丰满，结构匀称，具有明显的瘦肉型猪特征，如图 1-20 所示。有效乳头 7 对以上。少部分猪有玉鼻（鼻端白）。具有产仔多、生长速度快、瘦肉率、耐粗饲性能好、适应性强、肉质鲜等优良性状。

苏太猪母性好，经产母猪平均产仔数 14.5 头/窝，179 日龄达 90 kg 体重，耗料增重比 3.18，胴体瘦肉率 55.98%。与长白猪杂交，后代 164 日龄达 90 kg 体重，瘦肉率 60%以上。

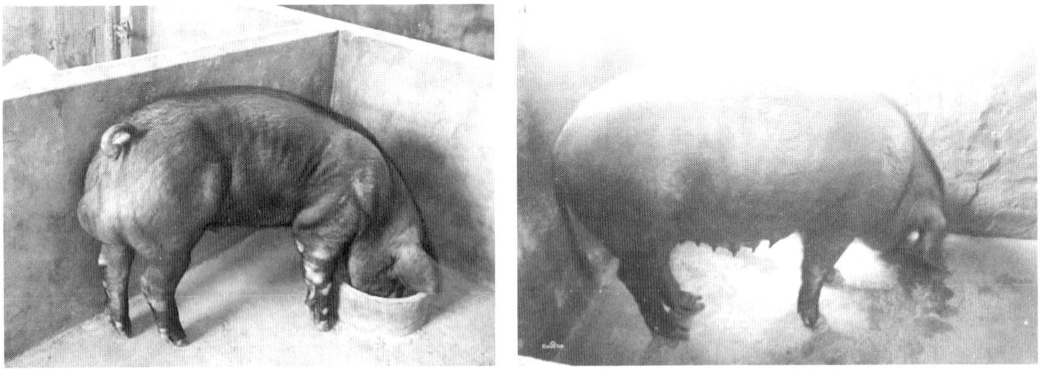

图 1 20　苏太猪公、母猪

4. 上海白猪

上海白猪是以大约克夏猪、苏联大白猪与太湖猪为亲本，杂交培育而成，属于肉脂兼用型，具有生长较快、产仔较多、适应性强和瘦肉率高等特点。上海白猪全身背毛白色，体质结实，体型中等偏大，头面平或微凹，两耳中等大，略向前倾，体躯较长，背平直，四肢强健，乳头数多为 7 对，如图 1-21 所示。成年公猪体重 225～250 kg，成年母猪体重 170～190 kg。

生长育肥猪在体重 20～90 kg 阶段日增重 615 g 左右，耗料增重比 3.62。体重 90 kg 时屠宰，屠宰率 70%，胴体瘦肉率平均 52%。初产母猪每窝产仔 8～11 头，经产母猪每窝产仔 11～13 头。

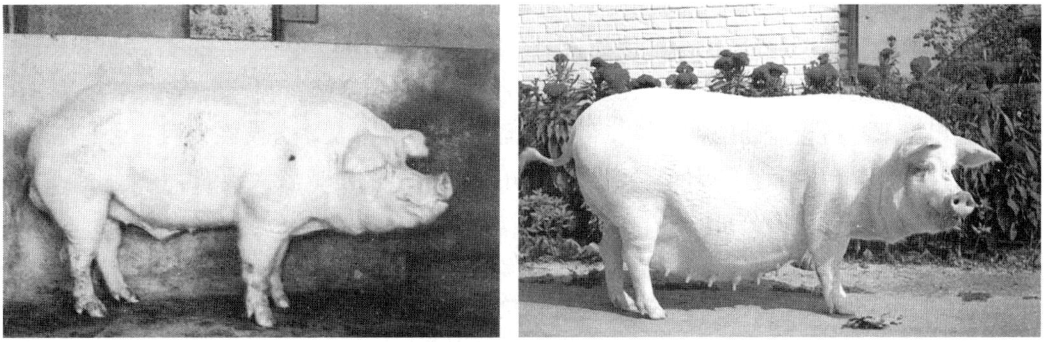

图 1-21 上海白猪公、母猪

二、猪的杂交利用

(一)杂交方式

在养猪生产中，为了获得高产、优质的商品代而使用的杂交方法称经济杂交。如二元杂交、三元杂交、四元杂交、轮回杂交、顶交、近交系杂交等。经济杂交的目的是为了得到最大的杂种优势。根据实际饲养条件及模式，因地制宜，有计划地合理选择杂交方式，是养猪场(户)做好猪经济杂交的前提。

1. 二元杂交

二元杂交即利用两个品种或品系杂交，生产 F_1 代作为商品猪。父母本来自两个不同的具有遗传互补性的群体，是最简单的杂交方式。我国一般以地方品种或培育品种作母本，用引入猪种作父本，这种方式在地方猪的改良中应用较多。

二元杂交杂种优势率最高可达 20%左右，具有杂种优势的后代比例能达到 100%，其遗传性比较稳定，杂交效果可靠，成本低，是应用最广泛、最简单的一种杂交方式，但不能充分利用母本群繁殖性能方面的杂种优势。

2. 三元杂交

三元杂交则是利用优秀的二元杂种母本与终端父本进行杂交生产商品猪，其中以杜长大杂交模式占主导地位，已为世界各国所广泛应用。在我国以地方猪种用母本，用大白猪或长白猪作第一父本，以杜洛克作终端父本，可获得较为满意的效果。在三元杂交体系中，以地方猪种作母本，以引进猪种作父本的三元杂交方式通常称为内三元；而全部以引进猪进行的三元杂交方式则称为外三元。

3. 四元杂交

四元杂交是指四个品种或品系参与，先进行两品种或两品系进行二元杂交，产生两种杂种，然后两种杂种间再进行杂交，产生四元杂种商品代。

四元杂交的优点是比二元、三元杂交遗传基础更广，可能有更多的显性优良基因互补和更多的互作类型,从而可望有较大的杂种优势;既可以利用杂种母畜的优势,也可以利用杂种公畜的优势。由于四元杂交涉及四个品种或品系,所以其组织工作就更复杂一些,投资也较大。

4. 轮回杂交

轮回杂交是用两个或两个以上不同品种按固定的顺序依次进行杂交,纯种依次与上代产生的杂种母本杂交,以保持后代杂种优势。

轮回杂交用的母本群除第一次杂交使用纯种之外,以后各代均用杂交所产生的杂种母本,有利于利用母本繁殖性能的杂种优势。每代都需要变换父本,父本公猪在使用一个配种期后,要么淘汰,要么闲置几年,直到下个轮回再来使用,因此,可能造成较大浪费,可使用人工授精或者几个种畜场联合使用公猪。

采用轮回杂交方式,能够保持杂种母猪的杂种优势,提供生产性能更高的杂种猪用来育肥,可以不从外地引进纯种母猪,以减少疫病传染的风险。

5. 顶交

顶交是指用近交系的父本与无亲缘关系的非近交系母本交配。这种杂交方式主要用于近交系的杂交,因为近交系的母猪一般生活力和繁殖性能都差,不适宜做母本。

6. 多元杂交

在经济杂交中,根据参与杂交的品种或品系的多少可分为二元杂交、三元杂交、四元杂交等,所谓二元、三元和四元是指参与杂交的品种(品系)数。当前,参与猪的经济杂交的品种(品系)数最多的有 5 个,即五元杂交。例如,PIC 配套系。实践表明:在上述范围内,参与杂交的品种(品系)越多,杂种优势越大,但是,随着杂交元数的增加,生产程序就更复杂,生产成本也就更高。

猪的经济杂交方式如图 1-22 所示。

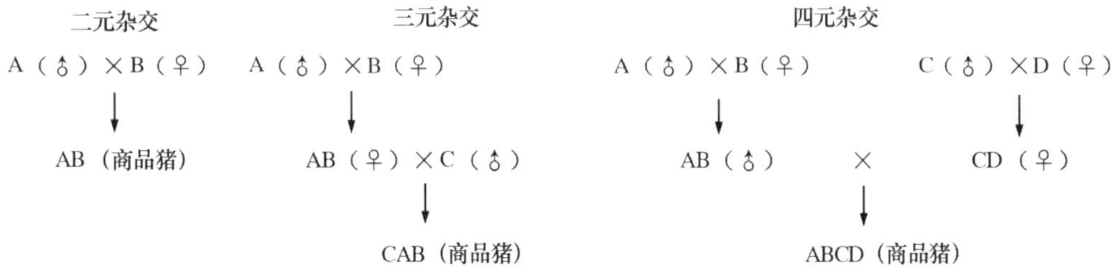

图 1-22 猪的经济杂交方式

(二)杂交亲本的选择原则

所谓杂交亲本,即猪进行杂交时选用的父本和母本(公猪和母猪)。

1. 品种选择

目前用于商品猪生产的多元杂交组合主要的母本有二洋杂种母猪(长大、大长)、二洋一土三元杂种母猪(如约长浦、约长枫、约长梅)、一洋一土杂种母猪(如长浦、长上、长枫、长梅)等;选用的终端父本都为:杜洛克猪、大约克夏猪、长白猪。

2. 杂交亲本的选择

(1) 母本的选择。对母本猪种的要求,特别要突出繁殖力高的性状特点,包括产仔数、产活仔数、仔猪初生重、仔猪成活率、仔猪断奶窝重、泌乳力和护仔性能等，以及其对当地环境的适应性。我国地方品种是比较理想的杂交母本品种，如梅山猪、枫泾猪、沙乌头猪、嘉兴黑猪等。

母本选择必须要有合理性，即要因地制宜地选择适合自身养殖条件的品种。不同的环境、棚舍、设施设备、饲料运用、技术能力，品种选择也应不同，不同的品种对环境的要求和饲养条件的高低是不同的。①二洋母猪：是两个外来(洋)品种的杂交组合，它虽然能生产出高瘦肉率(65%以上)、高胴体品质、高生长速度的商品后代，且市场卖价高，但饲养难度大(如发情不明显、配种难、抗病力差等)，管理要求高，故一般为条件好、设施全的规模化猪场选择饲养。②二洋一土的母猪：具有75%的洋种猪血统和25%的地方猪血统，对各方面条件的要求相对二洋母猪要低一些，具有较高的繁殖能力、较好的抗病能力和耐粗饲能力，它的三洋一土的四元商品后代，瘦肉率高(60%～65%)，市场卖价好。建议具有较好饲养条件(棚舍清洁干燥，具有常规的保暖、降温设施)的养殖户选用。③一洋一土母猪：具有各50%的洋种和地方品种血统，繁殖力、抗病力强、耐粗饲性好、对饲养条件的要求低，它生产的二洋一土商品后代也能达到55%～60%的瘦肉率，且肉香味美，拥有相当的消费市场。建议条件一般的养殖户选用饲养。

(2)父本的选择。选择父本品种应把生长快、饲料报酬高、具有较高的瘦肉率和良好的肉质作为重点。目前养猪生产用得最多的父本是杜洛克猪、大约克夏猪、长白猪，而作为商品生产的终端父本一般以杜洛克猪和大约克夏猪为主。

3. 多元杂交父本的选择

当采用多元杂交方式，不止一个父本时，第一父本和终端父本应有区别。第一父本，除胴体品质外，要在繁殖性能方面与母本有良好的配合力。终端父本要具有生长快、瘦肉率高、肉质好的特点。一般把长白猪和大约克夏猪作为第一父本，把杜洛克猪作为第二父本。

三、猪良种繁育体系

(一)猪繁育体系结构

完整的猪良种繁育体系由原种场(核心群)、扩繁场(繁殖群)和商品场(生产群)组成。这些畜牧场的总体目标一致，但各自的性质不同，生产任务不同。整体结构上小下大，形似一个金字塔。

1. 原种场

原种场处于繁育体系的最高层，其主要任务是根据繁育体系和育种方案和要求，进行纯种(系)的选育和新品种(系)的培育，保持和提高纯种猪性能水平，为繁殖场提供种猪，是育种工作的核心。场内全部种群都应定期进行全面鉴定，有计划选育，以期获得最大的遗传进展。因此，原种场必须有专门的育种技术力量，具备高性能水平的猪群或专门化品系，拥有完善的测定设施。育种场一般按品种、性别和年龄分群，种猪按其育种价值分为以下三类：

(1) 核心群。只有最优秀的种猪才能进入核心群，它们要具有尽可能多或突出的优点及种用价值。核心群所生产的后备种畜是育种工作的核心，是更新群体以及向扩繁场或生产场提供后备公畜、母畜、胚胎和精液的主要来源。

(2) 基础群。凡鉴定合格的种猪绝大多数属于此群。从质量上要求，它们至少要超过分级鉴定的最低标准。因年龄或其他原因,从核心群淘汰出来,但还需要跟踪观察的个体可以养在这个群中,其中发现有优秀的还可以转到核心群。

(3) 淘汰群。凡是不符合育种目标要求,育种价值低的个体,应尽快淘汰出场或转至商品场杂交生产用。

2. 扩繁场

扩繁场位于整个繁育体系金字塔结构的中间层,具有承上启下的作用,是连接原种场和商品场的纽带。扩繁场的主要任务是扩繁纯种母猪和生产杂种公母猪,为商品场(生产场)提供优秀种源。扩繁场生产的杂种公母猪的目标方向各不相同:公猪生产性能的主要目标是生长速度快、瘦肉率高以及饲料转化率高等;母猪生产性能的主要目标是繁殖性能好、适应能力和抗病力强等。繁殖群更新的后备猪必须来自核心群,不允许接受商品场的猪只。

扩繁场分群方法大体上和上述分群方法类似,区别在于标准及规格均相应要低,但种畜在性能上和外形等方面尽可能一致,以使其产品均匀整齐。

3. 商品场

商品场处于金字塔结构的最底层,它的主要功能是按照杂交计划的要求,组织好父母代的杂交,生产杂优猪。商品场的主要工作是提高猪群的生产效率,向测定站提供优秀的商品猪进行测定,以检验育种计划、育种目标等的实现情况。因此,商品场一般都采用杂交以充分利用杂种优势。商品场不需要同时保持几个品种,可以从繁殖场获得母猪群体,并从育种场获得公猪或者利用种公猪站优秀公猪的精液。一般商品场有三种形式:第一种是自繁自养商品猪;第二种是专门生产利用仔猪;第三种是自己根本不养种畜,只养商品猪。第二种和第三种商品猪生产方式则将猪良种繁育体系结构分为了四级。

育种场、种畜繁殖场和商品场是相互联系的,因而形成一个完整的繁育体系。虽然各级场的任务不同,但目标是一致的,都是为商品生产服务。实际上商品场的商品代表现出的生产性能水平,是鉴定育种场和繁殖场种畜品质的最好依据,也是评定选育效果的标准。

(二)猪良种繁育体系建设

猪良种繁育体系的建设要与全国养猪业区域生产方式和格局相适应,满足不同地区、不同层次和不同规模的需要,是一个系统的工程,需要全国统一规划,通过多种渠道共同努力、大规模协作才能完成。

良种繁育体系的建设应以配合力测定为依据,在此基础上,认真进行亲本群的选育,亲本的提纯选优是杂种优势利用的基础。对选定的纯种(系),利用现代遗传技术结合常规的选育方法,进行严格的性能测定、遗传评定和选优提纯工作,使核心群获得良好的遗传进展。

根据配合力测定试验结果,研究不同品种在繁育体系中的价值,筛选出最优杂交模式,进行宝塔式生产结构的设计,确定核心场、扩繁场和商品场的个数,优化每个层次的畜群规模,使之上下保持合理的结构比例。

性能测定站、人工授精站或家畜改良站的是猪良种繁育体系建设的重要手段,性能测定数据是选择优良种猪的重要依据,而人工授精站或改良站可以最大限度地利用优秀种公畜,广泛开展人工授精工作,加快优良基因的传递速度。

要建立健全猪良种繁育体系,必须加强繁育体系的组织管理,制定详细的操作规程和质量检测标准,促进各核心场、扩繁场和商品场按照繁育体系的要求,开展有效的工作,使核心群的选育成果迅速传送到繁殖群和商品群,提高繁育体系的整体效率。

四、引种的原则和注意事项

(一)引种前应做的准备工作

1. 制订引种计划

猪场和养猪户应结合自身的实际情况,根据种群更新计划和就近引种原则,确定所需品种、数量及引种场,有目的性地购进能提高本场种猪某种性能、满足自身要求、与本场猪群健康状况相似的优良个体;如用于本场纯繁,以提高本场猪群的生产性能,则应购买有生产性能测定成绩的种公猪或种母猪。新建种猪场应从所建猪场的生产规模、终端产品和猪场未来发展的方向等方面进行计划,确定所引进种猪的品种、级别和数量,是外来品种还是地方品种,是原种、祖代还是父母代。同时根据引种计划,应选择有种畜禽生产经营许可证、质量高、信誉好的大型种猪场引种。

2. 了解具体情况

(1)疫病情况。调查各地疫病流行情况和各种猪质量情况,必须从没有危害严重的疫病流行地区,并经过详细了解的健康种猪场引进种猪,同时了解该种猪场的免疫程序及其具体措施。

(2)该种猪场种猪选育标准。公猪需了解其生长速度(日增重)、饲料转化率(料重比)、背膘厚、瘦肉率等指标,母猪要了解其繁殖性能(如产仔数、受胎率、初配月龄等)。种猪场引种最好能结合种猪综合选择指数进行选种,特别是从国外引进种猪时更应重视该项工作。

3. 准备隔离舍

猪场应设隔离舍,要求距离生产区最好有 300 m 以上距离,在种猪到场前的 30 d(至少 7 d),应对隔离栏舍及用具进行严格消毒,可选择质量好的消毒剂,进行多次严格消毒。

(二)选种时应注意的问题

种猪要求健康、无任何临床病征和遗传疾患(如脐病、瞎乳头等),营养状况良好,发育正常,四肢要求结构合理、强健有力,体型外貌符合品种特征和本场自身要求,耳号清晰。种公猪要求活泼好动,睾丸发育匀称,包皮无积液。种母猪生殖器官要求发育正常,阴户不能过小和上翘,应选择阴户较大且松弛下垂的个体,有效乳头应不少于 6 对,分布均匀对称,四肢要求有力且结构良好。

要求供种场提供该场免疫程序及所购买的种猪免疫接种情况,并注明各种疫苗注射的日期。种公猪最好能经测定后出售,并附测定资料和种猪三代系谱。

(三)种猪运输时应注意的事项

最好不使用运输商品猪的外来车辆装运种猪。在运载种猪前 24 h 时开始,应使用高效的消毒剂对车辆和用具进行 2 次以上的严格消毒,最好能空置 1 d 后装猪,在装猪前再用刺激性较小的消毒剂彻底消毒一次。

长途运输的种猪,应对每头种猪按剂量注射长效抗生素,防止猪群途中感染细菌性疾病;对临床表现特别兴奋的种猪,可注射适量镇静针剂。要求供种场提前 2～3 h 对准备运输的种猪停止投喂饲料。

长途运输的车辆,车厢最好能铺上垫料,冬天可铺上稻草、稻壳、木屑,夏天铺上细沙,以降低种猪肢蹄损伤的可能性;所装载猪只的数量不要过多;运载种猪的车厢面积应为猪只纵向表面积的 1.5 倍;最好将车厢隔成若干个隔栏,安排 4～6 头猪为一个隔栏,隔栏可用光滑的水管制成，避免刮伤种猪，达到性成熟的公猪应单独隔开，并喷洒带有较浓气味的消毒药，以免公猪间相互打架；应尽量行驶高速公路，避免堵车，每辆车应配备两名驾驶员交替开车，行驶过程应尽量避免急刹车；途中应注意选择没有停放其他运载动物车辆的地点就餐，绝不能与其他装运猪只的车辆一起停放；随车应准备一些必要的工具和药品，如绳子、铁线、钳子、抗生素、镇痛退热以及镇静剂等。运猪车辆应备有汽车帆布，若遇到烈日或暴风雨时，应将帆布遮于车顶上面，防止烈日直射和暴风雨袭击种猪，车厢两边的篷布应挂起，以便通风散热；冬季帆布应挂在车厢前上方以便挡风保暖。

冬季要注意保暖。夏天要重视防暑，尽量避免在酷暑期装运种猪，夏天运种猪应避免在炎热的中午装猪，可在早晨和傍晚装运；途中应注意经常供给饮水，有条件时可准备西瓜供种猪采食，防止种猪中暑，并寻找可靠水源为种猪淋水降温，一般日淋水 3～6 次。

应经常注意观察猪群，如出现呼吸急促、体温升高等异常情况，应及时采取有效的措施，可注射抗生素和镇痛退热针剂，并用温度较低的清水冲洗猪身降温，必要时可采用耳尖放血疗法。

(四)种猪到场后应做的工作

新引进的种猪，应先饲养在隔离舍，而不能直接转进猪场生产区，因为这样做极可能带来新的疫病，或者由不同菌株引发相同疾病。

种猪到达目的地后，立即对卸猪台、车辆、猪体及卸车周围地面进行消毒，然后将种猪卸下，按大小、公母进行分群饲养，有损伤、脱肛等情况的种猪应立即隔开单栏饲养，并及时治疗处理。

先给种猪提供饮水，休息 6～12 h 后方可供给少量饲料，第二天开始可逐渐增加饲喂量，5 d 后才能恢复正常饲喂量。种猪到场后的前 2 周，由于疲劳加上环境的变化，机体对疫病的抵抗力会降低，饲养管理上应注意尽量减少应激，可在饲料中添加抗生素和电解多维，使种猪尽快恢复正常状态。

隔离与观察：种猪到场后必须在隔离舍隔离饲养 30～45 d，严格检疫。特别是对布鲁氏菌病、伪狂犬病(PR)等疫病要特别重视，须采血经有关兽医检疫部门检测，确认为没有细菌感染阳性和病毒野毒感染，并监测猪瘟、口蹄疫等抗体情况。

种猪到场一周开始，应按本场的免疫程序接种猪瘟等各类疫苗，7 月龄的后备猪在此期间可做一些引起繁殖障碍疾病的防疫注射，如细小病毒病、乙型脑炎疫苗等。

种猪在隔离期内，接种完各种疫苗后，应进行一次全面驱虫。可使用广谱驱虫剂进行驱虫，使其能充分发挥生长潜能。隔离期结束后，对该批种猪进行体表消毒，再转入生产区投入正常生产。

第三节 繁殖与人工授精技术

一、猪的繁殖生理

(一)种公猪的初情期、性成熟与适配年龄

(1)初情期。公猪出现爬跨行为，阴茎能部分伸出包皮鞘，能首次射出少量精液，这一阶段

称为猪的初情期。这一阶段以射精量小、精子稀薄、畸形率高等为特点。不同品种初情期早迟差异很大。中国优良地方种猪，如内江猪、荣昌猪、太湖猪为 72～90 日龄；而引进育成品种，如大约克夏猪、长白猪、汉普夏猪为 150～180 日龄。

(2)性成熟。公猪生殖器官发育完善，具备典型的第二特征，性机能成熟，能产生正常的精液(成熟的精液)，一旦与母猪交配能使母猪正常受孕，这一时期称为性成熟。性成熟是一渐进的发育过程，可以把初情期视为性成熟的起点，经过一定的时间逐渐达到性成熟。中国地方猪种 3～4 月龄性成熟，国外培育品种一般为 6～7 月龄。

(3)初配年龄(又称适配年龄)。性成熟的公猪，不宜立即用于采精或自然交配。过早配种会影响种公猪的生长发育，缩短利用年限，因此宜在性成熟后隔一段时间再进行初配。中国地方品种 7～8 月龄，体重 50～60 kg 初配；大型培育品种 10～12 月龄，体重 120 kg 以上为宜。初配年龄是人们在实践中总结提出的，一般认为是家畜性成熟后、体成熟前的一定时期，并非家畜生殖机能的发育阶段。

(4)繁殖机能衰退期。公猪 1.5～4 岁时繁殖机能最强，性欲旺盛，射精量大。随着年龄的增大，繁殖机能逐渐减衰，其有效利用年限较母猪短，一般 6～8 岁以后逐渐淘汰。

(二)种母猪的初情期、性成熟与适配年龄

(1)初情期。母猪首次出现发情或排卵的时期称为初情期。从外观征状看，表现出性兴奋，外阴部红肿，出现爬跨等行为。从卵巢变化看，第一次有卵泡成熟和排卵。但整个生殖器官尚未发育完善，尚不具备受孕的条件。中国地方猪种初情期出现早，在 67～75 日龄；引进的国外育成品种初情期较晚，一般在 5～6 月龄。

(2)性成熟。母猪初情期以后，生殖器官逐渐发育完善，能产生正常的生殖细胞，一旦与公猪交配能正常受孕，这个时期称为性成熟。中国地方猪种性成熟早，一般在 3～4 月龄；国外引进培育品种性成熟较晚，一般在 6～7 月龄。

(3)母猪的初配年龄。中国地方品种在 6～7 月龄，体重 50～60 kg；国外引进品种在 8～10 月龄，体重 90～110 kg。

(三)母猪的发情与发情周期

1. 母猪的发情与发情期

母猪的发情是指性成熟后的空怀母猪会周期性出现性兴奋(鸣叫，减食，不安，对环境敏感等现象)、性欲(安静接受公猪爬跨交配)，生殖道充血肿胀、黏膜发红、黏液分泌增多，卵巢上有卵泡发育成熟和排卵现象。从发情外观征状出现到消失的时间称为发情期(或发情持续期)，猪的发情期为 2～4 d，范围 1～7 d。若以母猪安静接受公猪爬跨为标准，则从安静接受爬跨至拒绝爬跨所持续的时间为发情期。以此为标准，猪发情期为 48～72 h。初产母猪发情期较长，老龄母猪发情期较短。

根据母猪发情期内的外观征状，可以把它分为四个时期：发情初期、高潮期、适配期、低潮期。

(1)发情初期。表现鸣叫不安、爬圈、食欲开始减退、阴户开始肿胀、黏膜粉红、微湿润等。

(2)高潮期。表现更兴奋不安，鸣叫，食欲下降甚至拒食(培育品种的不明显)，在圈内起卧不安；爬圈或爬跨同圈母猪，或其他母猪爬跨发情母猪，但不会安静地接受爬跨；阴户及阴蒂肿胀更加明显，黏膜潮红或鲜红；前庭更湿润，有透明黏膜；排尿频繁。

(3)适配期。神情表现呆滞，安静接受公猪或同圈母猪爬跨。阴户肿胀度减退，出现皱褶，黏膜颜色紫红或暗红，黏液变稠。按压母猪腰荐部时，表现安静不动(又称静止反射)，这就是适配期。

(4)低潮期。行为、食欲恢复正常，阴户收缩，红肿消失，拒绝公(母)猪爬跨，发情逐渐终止。

2. 发情周期

性成熟后的空怀母猪会周期性出现发情。从母猪这次发情开始，到下次发情开始所间隔的时间称为一个发情周期。母猪的发情周期为 21 d(范围 18～23 d)。通常可以把发情周期分为两个阶段，即卵泡期和黄体期。母猪的发情周期受神经和生殖内分泌的调节和控制。一头健康的空怀母猪，丘脑下部产生的促性腺激素释放激素(GnRH)通过垂体门脉系统作用于垂体前叶。垂体前叶产生的促卵泡素(FSH)和促黄体素(LH)通过血液传送至卵巢，引起卵巢上卵泡发育和成熟。同时发育的卵泡产生大量的雌激素，引起母猪表现出一系列发情行为；又反馈作用于丘脑下部和垂体，引起促黄体素(LH)分泌出现峰值，导致卵泡成熟和排卵，卵巢上卵泡破裂处逐渐形成黄体。黄体分泌的孕酮对丘脑下部和垂体前叶有负反馈作用，抑制新的卵泡发育，母猪便进入了休情状态。若母猪发情排卵期未受精，则至性周期的第 17 天、第 18 天，母猪子宫中产生的前列腺素又可消除卵巢上的黄体，使血浆中的孕酮水平下降，便解除了孕酮对丘脑下部和垂体前叶的负反馈作用。GnRH 分泌再次提高，导致垂体前叶的 FSH 分泌增加，从而引起卵巢上新的卵泡发育，于是便进入了下一个发情周期。

3. 发情排卵

排卵是指卵泡发育成熟后破裂释放卵子。母猪排卵是在高潮期稍后的一段时间内进行的，即性欲出现后 24～36 h 开始排卵。一次发情期排卵数可达 20～30 枚。排卵是一个连续的过程，从第一枚卵子排出到所有卵子排完需要 2～7 h，平均 4 h。

4. 母猪的异常发情与产后发情

(1)母猪的异常发情。饲养管理不当或环境条件异常，或某些微量元素、维生素不足等原因，导致异常发情。主要有以下几种表现：

①静默发情。母猪发情无明显的外观征状，但卵巢上却有卵泡发育成熟和排卵，这种现象称静默发情。对这种母猪要认真仔细观察，尤其是前庭部黏膜颜色变化、阴蒂的肿胀度变化等。其次，是母猪对试情公猪的反应。一旦观察到出现发情征状，应及时输精配种，防止漏配。

②断续发情。母猪发情时断时续，无固定周期和稳定持续期。出现断续发情直接原因是卵巢机能障碍，导致卵泡交替发育，当发育到一定程度又萎缩退化。一般通过改善饲养管理，辅以激素治疗可以恢复正常。

③慕雄狂。表现为持续、强烈的发情行为，长期经常爬跨其他母猪，多次配种也难受孕。其原因多与卵泡囊肿有关。

④孕后发情。少数母猪受孕后仍有发情现象。出现在配种妊娠后 20～30 d 内。常常是因为黄体分泌的孕酮水平偏低，胎盘产生的雌激素过多。但其发情的外观表现不及正常发情明显，也不排卵。应注意鉴别诊断，防止误配导致流产。

(2)产后发情。母猪的产后发情是指母猪分娩后的首次正常发情。体况良好的母猪，分娩后一周左右有一次发情过程。但这次发情仅有外观征状而无卵泡成熟和排卵。由于母猪产后均为自然哺乳，影响了促性腺激素的正常分泌。只有在断奶后一周左右出现的发情才是正常发情。因此，为了缩短产子间隔，增加母猪的年产窝数，提早断奶是十分必要的。

二、配种方式

猪的配种方式主要有本交和人工授精两种方式。

（一）本交

观察到母猪发情后，将其赶至交配场所，赶入与配公猪与之交配，必要时实施人工辅助。与配的公、母猪体格最好大小相仿，如遇个体大小悬殊时，为保证顺利交配，应设置配种架或采取其他措施。

（二）人工授精

猪的人工授精，则是用人工的方法，把公猪的精液采出来，经过处理，再把它输入发情母猪的子宫内，使母猪受胎的一种配种技术。目前，猪人工授精已是一项成熟的、易于推广且效益显著的实用技术，在欧美等养猪发达地区推广应用率达95%以上，在我国大型养猪企业和部分养猪发达地区也被广泛推广应用。采用人工授精技术可把优秀公猪的最佳遗传效应最大化地体现到繁殖种猪群和商品猪群，并可有效减少公猪与母猪接触，切断疫病的传染链。通过准确的发情鉴定，适时输精，合理有效地管理猪群，可有效地提高母猪的繁殖性能，提升猪场的生产水平和经济效益。

采用人工授精，可大量减少公猪的饲养头数。本交公母饲养比例为1∶(20～25)，而人工授精为1∶100，甚至公猪可以更少。在大型种猪场采用人工授精的方式配种可将优秀公猪的遗传潜能发挥到最大，不仅能大量减少公猪的饲养头数，降低直接成本，而且可以通过充分利用高性能的公猪，全面提升种猪场的生产性能水平，有效提高经济效益。通过测算，优秀公猪与普通公猪的后代商品猪育肥期饲料增重比相差0.2～0.4，对于一个万头猪场，如果饲料增重比降低0.2，则可以节省饲料成本20余万元。

三、发情鉴定

发情鉴定是母猪繁殖配种过程中的一个关键环节，目的是为了预测母猪排卵的时间，并根据排卵时间而准确确定输精或者交配的时间。

绝大部分的母猪发情征状明显，对公猪的接触、气味、声音都很敏感，出现明显的静立反射。一般采用直接观察法，或采用有经验的试情公猪进行试情，如果发现母猪呆立不动，可对该母猪的阴门进行检查并根据压背反射的情况确定其是否真正发情。但也有部分母猪发情没有明显的症状，表现为隐性发情，或发情表征表现时间很短，很难观察。

外激素法是近年来发达国家养猪场用来进行母猪发情鉴定的一种新方法。采用人工合成的公猪性外激素，直接喷洒在被测母猪鼻子上，如果母猪出现呆立、压背反射等发情特征，则确定为发情。

此外，还可以采用播放公猪鸣叫录音，观察母猪对声音的反应等。

母猪在发情期间会出现以下局部或全部征状：

(1)母猪爬跨其他母猪通常是其即将发情的表现。

(2)断奶或后备母猪食欲减退或不食。

(3)当其他母猪休息时，发情母猪烦躁不安，表现出“找公猪”的表情。

(4)对试情或经过的公猪很敏感,发情母猪眼睛失去注意力,出现一种渴望的表情,耳朵竖起或身体颤抖。

(5)出现静立反射,即用手按压背部时站立不动。

(6)阴户红肿,阴道有黏液流出。

(7)把手指放在阴唇间有潮湿、温暖的感觉。用手指接触黏液有黏稠之感。

四、人工授精

(一)人工授精公猪的选择、调教与饲养

1. 人工授精公猪的选择

人工授精的最大效益是把优秀公猪的最佳遗传效应最大化地体现到繁殖种猪群和商品猪群。人工授精用的公猪最好选择经过测定具有优秀遗传性能的公猪,同时其外形要有明显的雄性及品种特征,性欲强,四肢强健,睾丸对称且发育良好。

2. 人工授精公猪的调教

调教前要先花时间管理公猪,并有规律地与其进行交流和接触,使之与人相互熟悉。在假台畜上覆盖麻袋等,使其更像母猪,并在其上保留以前公猪留下的气味或在其上涂抹发情母猪的尿液。当成年公猪采精时可以让其在采精栏旁观察学习,并在采精后将其后备公猪赶入采精栏内调教。公猪的气味会刺激青年公猪爬跨假台畜的兴趣。

3. 人工授精公猪的饲养

对人工授精的公猪必须加强管理,保持良好的种用体况,维持七八成膘为宜,要加强运动,每天可在场内运动 800～1 000 m 或 0.5～1 h。运动和配种均要在喂食半小时后进行。要为其提供干净舒适的生活环境,应激和气温过高,会影响公猪精子的生成,并明显降低其授精能力。同时高品质的饲料是生产高质量和高产量精液的一个关键因素,必须为公猪配制专用日粮。

(二)采精与精液的处理

1. 采精前的准备工作

进行人工授精须有专门的人工授精实验室,在实验室内完成其相关的准备工作。实验室的室温保持在 22～24 ℃,在采精前要准备好集精杯(或瓶)、过滤纸(或纱布)、一次性采精用乳胶手套,用于精液检查的载玻片、滴管、显微镜,用于精液保存与运输的保湿箱、量筒、温度计(2支)、恒温冰箱、保温柜及精液稀释液与器皿,对相关器物进行清洁消毒并干燥保存。将恒温水槽预热到 37 ℃,准备好足够的稀释液,放入恒温水槽预热至相应温度。实验室的工作至少要在采精前 1 h 提前进行。

2. 采精

采精前将采精杯预热至 37 ℃(现多配合使用一次性的采精袋,将其放入杯中并用过滤纸覆盖杯口,以皮筋固定),放入精液运送箱中,送到采精的地方,临采精时置于一个安全且容易拿到的地方。当公猪进入采精室时,戴上双层手套,一旦公猪爬到台畜上,开始抽动时,先挤出包皮中的积尿,并用纸巾擦干净包皮及周围,脱掉外层手套,用手握住阴茎,引诱公猪将阴茎全部伸出来。在紧紧抓住阴茎前,应让其在手中伸缩几次,以便找到锁定位置。对最先射出的液体不采集,当呈奶油状的白色液体开始流出时,就开始用准备好的集精杯采集精液,直到公猪

完全停止射精。立即将采好精液的采精杯放入保温箱中（注意先不要拿掉过滤纸），送到实验室或精液处理处。公猪采完精后，不要急着让它下来，更不要催它或推它，让公猪自己从假母猪上下来。

3. 精液的稀释与分装

根据不同要求，可选用短效（精液稀释好后 24 h 内使用）、中效（4 d 内使用）、长效（8 d 内使用）三种不同类型的稀释粉按比例进行稀释，稀释用水最好用蒸馏水（没有蒸馏水时可用纯净的凉开水代替，但切不可使用自来水）。稀释液至少要在使用前 1 h 配好，并静置一段时间。稀释液的温度在使用前须保持在 37 ℃。

精液采集好后要尽快送到实验室或精液处理处。进行精液处理前必须先检查精液的质量，有条件的要计算精子的活力与密度，没有相关设备的可根据经验进行估测，并做好镜检记录。计算本次采集精液所能分装的头份，要保证每头份至少含有 30 亿的活精子数。在精液的稀释过程中，要尽可能地减少稀释液与精液之间的温度、渗透压和 pH 的差异，通常其温差要求不超过 1 ℃（最好完全一致）。须根据精液的品质决定稀释倍数和稀释液的用量。

在精液的稀释过程中要注意温度的变化，精液的温度只能缓慢降至 34～37 ℃，下降速度不能超过 1 ℃/5 min（精液降温的时间一般需要 15～20 min）。

当精液与稀释液的温度完全一致时，把稀释液倒入精液中进行稀释。先在 2～5 min 的时间内向精液中缓慢地加入等量的稀释液，待其稳定后（一般需要 5～10 min），再将剩下的稀释液缓慢加入。稀释完成，检验合格后再将稀释好的精液分装于事先准备好的输精瓶中，每头份稀释精液约 100 mL，注意装满后瓶内不要留空气，在每瓶精液上贴上标签。

4. 精液的保存与运输

分装好的精液应保存在 17 ℃的恒温冰箱中，每间隔 24 h 左右把输精瓶轻轻转动一次，以保持精子的悬浮状态，要小心冰箱门开关过程中冰箱内温度的变化，应保持其恒温状态。运输途中宜用小瓶装满封严，棉纱布包好，以免在运输途中因剧烈振荡使精子受损伤。如果运输过程所需时间少于 30 min，可以用保温的运送箱，但其箱内必须放入热水袋或冰袋以调节温度。若运输过程所需时间过长，最好用可移动的恒温冰箱。精液在送出前应抽样检查精液样品，只有合格的才能送出使用。

精液及所用仪器、器械等的清洁与消毒非常重要，精液的每一步处理及输精前都要检查活力，只有合格的精液才能用于输精，发现活力下降必须查明原因加以解决。

（三）人工授精

1. 输精时间

由于卵子排出后在输卵管内维持受精能力的时间为 8～10 h，精子维持受精能力的时间为 24～48 h，精子从子宫颈到达输卵管的时间为 2～3 h，且精子在受精之前还需要 6～8 h 的时间才能获能，而断奶母猪的发情持续时间及排卵时间并不完全一致，断奶后出现发情越早，发情持续时间越长，从发情开始到排卵的时间也越长；否则，相反。一般情况下当阴户红肿刚刚开始消退，黏液由厚变薄且有黏性、静立反应明显时正是排卵的时间。实践中可采用以下方法。

（1）对于断奶后 7 d 之内正常发情且有明显静立反射的经产母猪，采用试情公猪在通道走动查情，观察表现症状，确定有静立反射后 8～12 h 进行首次输精，间隔 6～12 h 再进行第二次输精。

（2）对没有明显静立反射的经产母猪，应选择平时与母猪隔离饲养、行动缓慢、唾液分泌多、性欲旺盛的老年公猪担任试情公猪。对于后备母猪、返情母猪、发情不稳定的母猪和断奶后 7 d 以上不发情的母猪，最好采用公猪爬跨的鉴定方法。对部分高瘦肉率品种的后备母猪要增加查情次数，对此类母猪只要出现静立反射，要立即输精，间隔 6～12 h 再进行第二次输精。

2. 输精方法

输精时，先将母猪外阴及周围用高锰酸钾水溶液清洗，而后洗去消毒液，再用柔软的纸巾擦拭干净，以减少污染的机会。然后打开阴户，将输精管斜向上 45°左右仔细而坚定地旋转着插入阴道。可在输精管头部事先涂上润滑液，以方便插入。不能向下插入，否则，易插入尿道及膀胱。要注意插入时的手感，不能硬插，否则会损伤母猪阴道。如果插入正确，输精管就会进入子宫颈，发情的母猪的子宫颈皱褶肿胀，逆时针转动时会将输精管锁定。锁定可避免输精时精液回流，同时可刺激子宫收缩来运送精子到输卵管。若逆时针转动时，输精管很容易从子宫颈内旋转出来，则锁定不正确，应取出再试。正确锁定时，输精管逆时针转动或回拉都会感觉到明显的阻力。

正确插入后，将输精瓶口插入输精管的尾部，向上弯曲输精管，保持输精管在子宫颈的锁定，然后再慢慢地挤压输精瓶，但不可用力强行挤压，最好是让其随重力流入子宫，让母猪自然吸纳。当输入部分精液后，瓶内出现一定空间时，可将倒立的瓶底剪一个小孔，让空气进入输精瓶，以便所有的精液都流入子宫。应注意其输精管中不能留有太多的空气。输精速度不宜太快，一般要持续 5～10 min，有些后备母猪输精时间更长。

输精时，可慢慢地按摩母猪敏感的背部、肋部、乳房或阴户等部位，以使母猪安静下来并促进子宫收缩，甚至于输精人员可以倒骑在母猪的背上输精，这样可提高输精效果。

输精结束时，将输精管尾部折叠，插入输精瓶内，可防止空气进入子宫或精液倒流。不要让母猪马上卧下，应继续按摩母猪 1 min 左右，让精液充分吸收。严禁拍打或使母猪产生应激而导致精液倒流。

瘦肉型母猪，其经产母猪每次输精 100～120 mL，后备母猪 80～100 mL；地方型母猪每次 60～80 mL。每次输精的精子含量约为 30 亿个，要求精子密度在每毫升 0.5 亿个左右，活力在 0.65 以上，畸形率低于 18%。对于非育种猪群采用混合精液输精，其效果可能更好。

第四节　不同阶段猪的饲养管理

一、种公猪的选择、培育与饲养

“母猪好，好一窝，公猪好，好一坡。”种公猪的好坏，决定着猪场生产水平的高低，也是产生经济效益的关键。种公猪管理的主要目标是提高种公猪的配种能力，使种公猪体质结实，体况不肥不瘦，精力充沛，保持旺盛的性欲，良好的精液品质，提高配种受胎率。

（一）种公猪的选择

（1）种公猪必须具备本品种外貌特征。四肢强健，尤其后肢要有力。姿态端正，大腿丰满。腹部略上收而不下垂，肚腹平直。种公猪乳头要求 6 对以上，无瞎奶头，无遗传缺陷，禁选单睾和隐睾公猪。有测定成绩的要根据测定性状成绩和综合选择指数进行选种，其同胞发育好，大小均匀且体质体貌变异小为佳。

(2)引进公猪必须来自非疫区的健康猪群，必要时应进行血清学检查。

(3)引种公猪体重以 60～80 kg 为宜(至少要在计划配种前 60 d 购进，以适应环境)，既可观察到公猪的性欲表现，又可有充分的时间进行隔离并完成各种疫苗注射，保证种公猪可适时使用。

(4)公猪要性欲好。种用公猪必须性欲强盛，体格健壮，繁殖系统器官健全，有明显的雄性特征。公猪的睾丸要求对称、整齐、发育良好，阴茎包皮正常，没有积尿。精液品质良好。

(二)公猪的饲养与管理

(1)后备公猪可自由采食，直到 100～105 kg，然后适当限饲。对新引进公猪要隔离观察一个月，确保安全才能进场。在隔离的中后期可将本场要淘汰的老母猪混入饲养，让其适应本场内的一些特异微生物。隔离后期可开始一些疫苗的注射。

(2)种公猪要单栏饲养，应与母猪保持适当的距离而相对隔离，最好是在单独的猪舍内饲养，应注意防止自淫现象。

(3)种公猪要供给优质饲料，保证其营养需要。以精饲料为主，可适当搭配青饲料，禁止使用霉变饲料和棉粕、菜粕等。公猪的日采食量在 3 kg 左右，一般采食后半小时内不宜配种。种公猪必须加强运动，保持良好的种用体况，维持七八成膘为宜，过瘦、过肥其种用价值都会降低。两天不参加配种的公猪，要在场内运动 800～1 000 m 或 0.5～1 h，可以通过试情来完成。运动和配种均要在采食半小时后进行。夏季要对公猪做好防暑降温工作，为其提供一个相对舒适的环境。

(4)每月对公猪检查两次精液质量。精液活力达到 0.8 以上才能使用，如果一头公猪产生的头部畸形精子比例高于 10%，就应淘汰。对于精液品质不好但性欲旺盛的公猪可用作试情公猪，但不可用于配种。

(5)公猪的射精持续时间在 4～6 min，平均持续时间 4.7 min。青年公猪的使用频率为每周 2～4 次，最好是间天休息。成年公猪每周使用 4～6 次，每周休息 2～3 d，当使用频率较高时，则应给公猪补充优质蛋白质(可在每次配种后投喂鸡蛋等)。

采取自然交配的公母猪比例在常年均匀生产和配种的猪场一般为 1∶(25～30)，人工授精则可以达到 1∶100。但应根据每周需要配种的次数，而不是每头公猪需配的平均母猪数来考虑公猪需求。人工授精的公猪应与本交公猪分开。

(6)青年公猪在开始使用前，应用发情良好的母猪进行调教。对公猪态度要和蔼，严禁恫吓；在配种射精过程中，不得给予任何劣性刺激。

二、公猪的调教与采精

1.调教

调教新公猪需要时间和耐心。与老母猪亲密接触，一般 2～3 次即可；在假台畜上覆盖麻袋等，并保留其他公猪气味或涂抹发情母猪尿液；成年公猪采精时让青年公猪在采精栏旁观察学习，并在采精后将后备公猪赶入采精栏内调教。初期调教时，每天两次，每次 15～20 min，直到公猪爬跨台畜。第一次采精后应在第二天重复采精，隔 3～5 d 再进行第 3 次采精，以帮助其建立良好的条件反射。

2. 采精

公猪爬上台畜，伸出阴茎前挤出包皮积尿，并擦净包皮及周围污物，用手握住阴茎，伸缩几次后锁定，公猪就会安静下来开始射精。采精时需要耐心，一次采精可能要花费 5～20 min。公猪采精时要确保其不受任何形式的伤害。

公猪射精过程不同阶段其精液成分具有差异，最初和最终射出的主要成分是胶体，不需要收集；临近胶体排出时比较清亮的液体中含精子较少，但可以收集；中间阶段射出的乳白色、不透明液体含精子较多，是精液的主要有用部分。为去掉胶体和杂质，采集的精液须采用过滤器过滤。通常一头公猪射精量 150～250 mL。正常精液只有一点腥味，而受包皮污染的精液则具有臊味等异味。

三、后备母猪的选择、培育与饲养

后备母猪的选择与培育是猪场持续再生产的关键。猪场每年必须引种或选留，培育出占种猪群 25%～30%的后备母猪，来更新年老、体弱及繁殖性能低下的母猪。培育后备母猪的任务就是要获得体格健壮、发育良好、具有品种的典型特征和高度种用价值的种猪。

（一）后备母猪的选留

后备母猪的选留重点在三个时期：第一是断奶前后；第二是 40 kg 左右的中猪时期；第三是在配种前后。

(1)出生时窝选。主要看父母和同胞情况。要求父母生产成绩优良，同窝产仔数不低于 7 头。同胞中无遗传缺陷，如锁肛、疝气、隐睾等遗传疾病。

(2)断奶选留。在出生窝选的基础上，断奶时在母猪母性强、产仔头数多、哺育率高、断奶窝重大且同窝仔猪生长发育整齐的窝中选留发育良好的个体。

(3)引种与选留。40～60 kg 的小母猪是选留后备猪的关键时期，可以本场选留或场外引种。选种时要有客观、统一标准，不可将个体作为选种参考标准。选种观察的重点是外阴、乳头及腹线。

体型外貌应具有本品种的典型特征，如毛色、耳型、体高、体长、体宽及四肢粗细等。无遗传缺陷。

生长发育良好，体态丰满，线条流畅，被毛光滑，头颈清秀，肥瘦适度，且必须有一定的腹围。体格健壮，骨骼匀称，四肢及蹄部健壮结实，尤其后肢要强健有力，尾高且粗，行走平稳。

乳房发育良好，乳头在 6 对以上，排列整齐匀称，疏密适中，无乳头缺陷(瞎奶头、副奶头等)。阴户发育良好，阴户较大而松弛下垂。

(4)配种前后的选择。后备母猪在 6 月龄时各组织器官有了相当的发育，其优缺点更加明显，也史容易观察选优。该阶段应以日增重、活体背膘厚和体尺等为重点，制定选择指数，根据留种数的多少，按指数从高到低选留符合条件的个体。

配种前后对后备母猪最后一次选留，淘汰那些性器官发育不良、有繁殖疾患及发情周期不规则、发情征状不明显的后备母猪，淘汰屡配不孕的母猪个体。

(5)核心群选留。种猪场核心群选留，在以上选择的基础上，以 2～5 胎成年母猪为主进行选留。

(二)后备母猪的培育

1. 营养供给

培育后备母猪过程中,应根据生长发育阶段相应调整饲料营养水平,20～40 kg 体重阶段使用小猪料,40～70 kg 体重阶段使用生长料,70～110 kg 体重阶段使用后备母猪料。因肥育料磷含量低,从 40 kg 体重后不主张使用育肥料饲养后备母猪。体重达 70 kg 以上后,对其饲料配方的矿物质和维生素要做特别处理,钙和有效磷含量应比育肥猪料高 0.05%～0.1%。夏季饲养可在后备母猪的日粮中适量添加生物素和维生素 C 及小苏打等预防热应激。

2. 饲喂量

欲获得种用价值高的后备母猪,需要定向培育和选择。首先必须培育中等肥瘦的体型,其衡量方法可用体长与胸围之比来进行,中型品种母猪为 10∶(9～9.2),大型品种为 10∶(8～8.5)。

后备母猪 4 月龄前应自由采食,4 月龄后视情况适当限饲。猪生殖器官的发育旺盛期是 4 月龄前,因此,青年母猪在 4 月龄前要充分饲养促进生殖器官发育。育成阶段(60～90 kg)不宜过食,饲料日喂量应在体重的 2.5%～3.0%,体重达到 90 kg 以上为体重的 2.0%～2.5%。适宜的饲喂量,既可保证后备母猪的良好生长发育,又可控制体重的过快增长,保证各器官的充分发育。

后备母猪在配种前一段时间(10～14 d)内提高饲养水平实行短期优饲,可使后备母猪排卵数达到最大,从而提高头胎产仔数。每天可喂到 3.5～4.0 kg 配合饲料,使每日摄入代谢能提高到 46.0 MJ。但配种后应立即降低饲喂量,按怀孕母猪饲养方式饲喂,每日饲喂妊娠前期料 1.8～2.5 kg。

3. 管理

(1)组群与密度。4 月龄左右对挑选出的后备母猪可转入后备猪舍饲养。应将日龄相近的猪按品种、大小分成小群,每栏 4～10 头(每栏低于 4 头会延迟母猪的初情期)。每头猪占栏舍地面面积 0.8～1.2 m^2 为宜,猪栏最好有运动场,每头占地面积为 2 m^2(含运动场)。饲养密度过高,易出现咬耳、咬尾等恶癖,影响其生长发育。

(2)运动与调教。给予后备猪一定的舍外运动量,可使其躯干发达、四肢结实。阳光对猪的发育有重要影响,对种猪的健康也十分重要。

(3)定期称重。后备母猪最好按月龄进行个体称重。各品种都具有其生长发育规律,根据后备猪月龄体重变化可比较其生长发育程度,并适时调整营养水平和饲喂量。

(4)免疫。后备母猪 4 月龄或 60 kg 以后,视情况进行疫苗注射。对新引进的种猪应进行严格的消毒和隔离饲养,进行血清学检查。检查合格后按本场免疫程序进行免疫接种,方可将其引进本场生产群。配种前 20 d 左右,用本场成年健康产仔母猪的新鲜粪便感染 2～3 d,每头 0.2 kg 左右拌料投喂,两周后重复一次。或者让其与经产母猪接触 15～30 d 再进行配种,可使后备母猪对本场已存在的病原产生免疫力。对后备母猪于配种前 20 d 实行抗生素类的药物添加。

(5)诱情。当后备母猪达到 6 月龄,可将性欲旺盛的成年公猪与其同时放往运动场,或将公猪赶入后备猪栏,进行充分的接触,利用公猪的追逐、拱嗅等来刺激后备母猪发情。7 月龄时应将后备母猪迁入配种猪舍,以利于刺激后备母猪发情。

初次发情的母猪应记录其初情日期,并加以标记,18 d 后第二次发情用不同的方式再次标记,以便观察和区分,此时可考虑是否配种。初配以 9～10 月龄,体重达到 120 kg,第二次或第三次发情时为宜。

四、待配母猪的饲养管理

待配母猪的饲养管理要求就是要改善待配母猪体况，使其正常发情，保证排出卵子的数量与质量，做到适时配种，提高情期受胎率和受孕胚胎数。并合理饲养，不浪费饲料。

（一）母猪的发情与配种

1. 发情

母猪的发情周期在16～25 d，平均为21 d。母猪发情期间，一般食欲会减退；外阴部会发生一系列的变化（阴户红肿至消退，出现浓厚至淡薄的黏液等）；神经症状明显（烦躁不安、弓背及呆立反射等）。大部分后备母猪通常在6～7月龄出现发情表现，断奶母猪通常在断奶后7 d内发情，一般在断奶后的3～5 d，发情持续1～3 d。从外阴部红肿到接受公猪爬跨这段时间为发情前期，母猪表现为对周围环境敏感、不安、四处张望等，但不接受公猪爬跨。发情中期母猪接受公猪爬跨并允许交配，此时母猪神经症状明显，其阴户颜色变浅，流出黏液。当公猪走近时，发情母猪或亲近公猪，或发呆、站立不动、两后腿跨开，可接受交配；少数后备母猪无反应并表现惊慌，但经公猪嗅闻和强制爬跨可接受交配。

排卵一般在开始发情后的28～40 h，发情后60～70 h受精卵进入子宫。

2. 配种

母猪配种的最佳时间是排卵前2～3 h，从表现看即当阴户红肿刚刚消退、黏液由厚变薄、有静立反射。一般来说，本地母猪发情持续时间较长（3～5 d），可在发情开始后第二至第三天配种，培育品种和外来品种发情持续时间较短（2～3 d），应在发情开始的当天下午或第二天上午配种，杂种母猪则介于两者之间，应在发情开始后第二天配种最好，即容许公猪爬跨后10～26 h配种。

由于最佳配种时间较难掌握，可在出现静立反射（即用手按压猪背部或臀部，猪站立不动）时，配第一次，间隔8～12 h复配一次，配种次数以1～2次最好，次数过多，反而不利。对同一猪群应注意“老配早，少配晚，不老不小配中间”。

做好母猪配种记录。一方面为观察妊娠及返情做好准备；另一方面也可跟踪公猪性能，及时发现并淘汰问题公猪。

3. 诱情

成年母猪一般在断奶后3～5 d内发情，对于较长时间不发情的母猪可采用公猪诱情，调栏改变环境，改善营养，加强运动和药物催情等刺激。对成年母猪还可以采用按摩乳房等方法促使母猪正常发情和排卵。

（1）公猪诱情。用试情公猪或性欲旺盛的公猪追逐未发情的母猪，或将公猪和母猪关在一个栏内，每天一次，每次15～30 min，可有效促进母猪发情和排卵。如用后备公猪则要适当控制接触时间，以免造成公猪对配种失去兴趣。

（2）激素催情。对体况良好的母猪可用外源性激素催情。常用的处理方法有：①孕马血清促性腺激素1 000 IU＋绒毛膜促性腺激素500 IU；②PG600处理一次（1头份）；③氯前列烯醇0.2 mg；④律胎素2 mL等颈部肌内注射。对断奶后30 d以上不发情的初产母猪可用氯前列烯醇结合孕马血清进行治疗处理，每头一次肌内注射0.3 mg氯前列烯醇，24 h后再注射

2 000 IU 孕马血清促性腺激素，经 7～14 d 基本可以发情配种。

(3)乳房按摩。对空怀或后备母猪在早晨喂料后，使母猪侧卧于地面，用整个手掌由前往后反复按摩乳房，待母猪乳房皮肤微显红色及按摩者手掌有轻微发热感时即可，一般每天一次，每次 10 min 左右，连续 3～5 d。

(4)改变环境。用调圈及合栏的方法，让不发情的母猪与正在发情的母猪合群饲养，通过发情母猪的爬跨等可促进未发情的母猪发情排卵。另外，在运动场适当驱赶增加运动也有利于母猪发情。

(5)饥饿刺激。对较肥的母猪可限饲 3～7 d，日喂 1 kg 左右，保证充足的饮水，然后再自由采食，也可刺激发情。

(二)待配母猪的饲养与管理

母猪发情时表现出食欲下降，多数母猪在其发情时，采食很少，甚至基本不食，此时应注意投料，不可投多，造成浪费。

应从隔离母仔断奶的前 2～3 d 开始，减少母猪的饲料，特别是减除日粮中有催乳作用的饲料，3 d 内由原来的日喂 5 kg 以上，减少到断奶时的 2.5～3.0 kg。配种前在母猪日粮中适当添加抗生素，能增加母猪的窝产仔数。断奶母猪应根据母猪体况(强弱、肥瘦)分栏饲养，每栏 4～6 头，对过瘦的母猪应特别标记，饲养时加以照顾，适当多喂。

断奶后的母猪在冬天应进行限饲，夏天应自由采食，但在配种后都要立即减少喂量到 1.8～2.2 kg，这样可以充分发挥母猪的繁殖潜力。切不可高水平饲养，即使是膘情差的母猪，其补饲复膘也应安排在妊娠 1 个月以后再进行，尤其是炎热的夏季更应注意。

正常情况下母猪断奶后 4～5 d 即可发情，一周内发情配种率可达到 85%以上。

对于流产后第一次发情的母猪应不予配种，有生殖道炎症的应彻底治疗后再配种。对曾患有子宫炎和阴道炎而配不上的经产母猪，可用 0.1%的高锰酸钾溶液 1 000 mL 左右，输入母猪子宫内冲洗，连洗几次，直到排出的液体变得透明为止，再向子宫内注入青霉素 400 万 U、宫炎清 20～30 mL，每天 1 次，连用 2～3 d。或清洗后用达力朗或宫炎净栓剂宫内投药一次。

对患有慢性子宫内膜炎的母猪可用强效阿莫西林进行治疗，肌内注射强效阿莫西林(1 支/50 kg，以体重计)＋30%安乃近(20 mL)＋地塞米松(10 mg)，并用 0.1%的高锰酸钾溶液1 000 mL 左右冲洗子宫，每天 2 次，连用 3 d。对体弱的母猪同时用 5%的葡萄糖 500 mL＋维生素 C 20 g 进行补液。

五、妊娠母猪的饲养管理

(一)妊娠期饲养管理

1. 妊娠诊断

母猪配种以后，过 18～25 d 如果不再有发情表现，可以判断为已经妊娠。可结合其外在表现加以判断：从眼及被毛看，受孕的母猪眼睛发亮，毛顺且有光泽；从性情看，母猪受孕后，举动轻缓，变得温驯，喜卧睡和休息，走路谨慎；从阴户看，母猪孕后阴户下联合紧闭或收缩，尚有明显的上翘；从食欲和体型看，食欲上升，槽内不再剩料，外观腹部显著增大，乳房开始膨胀；从指压反应看，母猪配种 20 d 后，用手压母猪脊背两侧，不动者且有屈凹现象时为已孕。

(1)尿检。取母猪晨尿 10 mL 放入透明的玻璃杯中，再加入数滴醋，然后滴入碘酒，在文火上加热煮开，如尿液呈红色即为怀孕；如为浅黄色或褐绿色，冷却后颜色很快消失，为未孕。

(2)激素鉴定。在母猪配种后 16～18 d 注射 1 mL 己烯雌酚，2～3 d 后不表现发情为已孕。

(3)超声波诊断。快速而又准确地方法是用超声波妊娠诊断仪，用于 4 周龄以上的妊娠母猪，准确率可达到 100%。

2. 妊娠前期饲养管理

配种后至怀孕第 80 天为妊娠前期。妊娠前期饲养管理的目标是：改善母猪的体况，控制母猪膘情，减少胚胎死亡，促进胎儿发育，防止母猪流产。

在配种后第 18～24 天和第 38～44 天时注意观察是否有返情母猪，通过妊娠诊断鉴别出未孕母猪，以便及时挑出返回配种猪舍。

对已确认妊娠的母猪，将体重和年龄基本相近、配种时间一致的母猪编组，按顺序置于限位栏或小群同栏饲养，以便掌握适宜投料和控制猪的采食量。同时对确定妊娠的母猪要填写好繁殖卡片，并随母猪挂出。

配种后第 9～13 天及第三周是其胚胎死亡的两个高峰期，因此在这段时间要尽可能减少应激，避免合群调栏等。

有研究表明，妊娠第三天的孕酮水平与胚胎成活率呈正相关，因此配种后必须立即减少饲喂量。母猪排卵后 13 d，至少有一半的受精卵在子宫内发育成为胎儿，妊娠早期高水平饲养可导致体增重和肝脏血循环紧张，从而降低孕酮水平，并提高胰岛素水平，胰岛素可促进营养物质从血液到母体细胞而不是到胚胎，这样就会影响胚胎着床和发育。因此在胚胎期对母猪要限饲，不可让母猪摄入的能量太多，中等采食量可增加孕酮水平和降低胰岛素水平，从而可获得理想的胚胎成活率。母猪妊娠的前期即妊娠前 3 个月，饲喂前期料，推荐使用的营养水平消化能 13.02 MJ/kg、粗蛋白质(CP) 14%、钙(Ca) 0.75%、磷(P) 0.65%、赖氨酸(Lys) 0.7%，日采食量控制在 2.5 kg 左右，冬季略高于夏季。但要根据妊娠母猪本身的体况，灵活掌握，注意看猪喂料，给瘦弱的母猪以特殊照顾，保证母猪良好的繁殖体况，妊娠前期的母猪保持六七成膘为宜。妊娠日粮中应保持 6%左右的粗纤维含量或喂以足量的青绿饲料。

妊娠前期也可分为前期(配种后第 1～25 天)和中期(配种后第 25～80 天)两段进行管理。在配种后第 1～25 天采用低能量、低蛋白的妊娠日粮，消化能≤12.6 MJ/kg、CP ≤ 13%、Ca 0.75%、P 0.65%，但要注意氨基酸的平衡及维生素的供应，且母猪不能过瘦。

3. 妊娠后期饲养管理

母猪妊娠的最后 4 周(或 1 个月)即为妊娠后期。其饲养管理的目标是：避免弱仔产生，使产出的仔猪健康、体大、整齐一致。

妊娠后期由于胎儿生长的营养需要，母猪也要储备能量用于哺乳，妊娠母猪建议采用专门的后期料(使用高能量＋蛋白＋脂肪＋亚油酸配方)，其消化能≥ 12.72 MJ/kg、CP ≥ 16%、Lys ≥ 0.8%，脂肪添加量以 8%为宜，不主张在妊娠后期使用泌乳母猪料。日喂料量也应逐步增加到 3～4 kg，但具体情况应据母猪的营养状况灵活掌握，看猪喂料。根据每头母猪的饲养状况不同，可以于怀孕后第 60～80 天即开始逐渐增加日粮。妊娠后期的母猪以七八成膘为宜。

妊娠母猪按预产期在临产前 1 周左右转入分娩舍内待产，以熟悉产房环境，做好分娩的准备工作。妊娠母猪进产房时应进行体表消毒，以减少疾病的传播。

（二）妊娠期免疫及其他

对于后备猪，必须完成猪瘟超剂量免疫及口蹄疫、猪链球菌病、猪伪狂犬病、日本乙型脑炎、猪细小病毒病和其他需要注射的疫苗后才能投入生产。成年种猪每年两次注射猪瘟和伪狂犬病疫苗。口蹄疫则每间隔 4 个月注射一次，每年 3 次。每年蚊虫季节到来前注射一次乙脑和细小病毒二联苗或单苗。链球菌根据猪场情况可以每半年注射一次。一般认为产前 3～4 周适合于大多数疫苗的预防注射。

对于妊娠母猪要减少应激，不可剧烈驱赶，防止冲窜，以免造成流产，临产前 4 周和前 2 周应给母猪注射防止腹泻的疫苗，疫苗的注射要根据具体情况而定，怀疑有伪狂犬病危害的应在产前 1 个月加强伪狂犬病的免疫。繁殖猪群必须保持尽可能高的健康水平和免疫力。

对母猪进行猪瘟预防注射的日期要安排在预产期前，并隔开相当的时间，以便使母猪有足够的时间产生和累积抗体。按胎次逐头免疫是最好的办法，对母猪和仔猪要求双重保护的，应考虑对母乳抗体水平的影响；仅要求重点保护母猪的，则应注意其应激对胚胎的影响，以保证母猪的最佳生产状况。

六、分娩及哺乳母猪的饲养管理

（一）饲喂

怀孕后期的母猪在临产前一周要逐渐减少精饲料的饲喂量。可特殊调配分娩前母猪的饲料，分娩前母猪不主张饲喂泌乳期日粮，因其含矿物质水平高。产前饲粮应有轻泻作用，可以把适量的泻药加入饲料中。此阶段能量的来源应该是脂肪，尤其是不饱和脂肪酸，给每头母猪于分娩前饲喂 0.9～1.1 kg 脂肪添加剂（如猪油、牛油、黄豆油、玉米油等），所添加的脂肪会提高母猪的初乳及乳汁中脂肪的含量，这样有利于提高仔猪的存活率。分娩的当天，一般不要喂常规饲料，但母猪很饥饿时可提供易于消化的饲料。

产后第 2～4 天，饲喂易消化的精饲料 1.0～2.0 kg 和适量的糠麸或适宜的多汁粗饲料。为避免母猪过瘦、产后无奶或少奶，在产后第 2 天即应加强营养。在哺乳料中适量使用膨化大豆等可有效提高其日粮中脂肪的含量及能量水平，可促进仔猪生长，提高断奶重和育成率。第 5 天后可视母猪的健康和食欲情况逐渐增加饲料投喂量（每日递增 0.5 kg 左右），分娩后 7～10 d 实行自由采食，日喂次数增加到 4 餐，保证母猪充分自由采食，此时母猪的采食量大致达到 2.5 kg＋0.5 kg×带仔头数（一般情况下多产 1 头仔猪需要给母猪额外增加精饲料 0.5 kg 左右）。

断奶前 2～3 d 则可逐步减少喂料量，到断奶时日投喂量为 3 kg 左右，但是夏天则不必限饲，让母猪自由采食有利于提高母猪的繁殖性能。对膘情过差的母猪，断奶前则不应减料，反而可考虑适当加料。

（二）分娩管理

1. 分娩安排

分娩猪舍最好实行全进全出制度。分娩舍和产栏必须有 1 周以上的时间用于维修设备和彻底清洗消毒，产房干燥后方可进猪。临产前 1 周的妊娠母猪应调入分娩舍，为便于母猪分娩的管理，待产母猪应按预产期的先后安排产栏。进产床的母猪应进行严格的体表清洗与消毒。母猪临产时要有专人值班，做好接产、断脐、剪齿、断尾、检查胎衣和护理等工作。

2. 临产观察

产前 5～6 d，母猪阴户红肿，尾根两侧下陷，乳房膨胀。即将分娩的母猪表观症状更为明显，外阴松弛红肿，乳房膨胀具有光泽，产前一天最后一对乳房可挤出乳汁。产前 6～8 h 其神经症状较为明显，母猪有用嘴拱地或用前蹄扒地面的习性，卧立不安，频频排尿排粪等，说明临产。临产前应对其乳房及后躯体表用 0.1%的高锰酸钾溶液清洗消毒。

3. 分娩与接产

母猪分娩时一般侧卧，产程 1～4 h，平均分娩时间约 150 min，分娩速度一般情况下每 10～15 min 产出一头，初产略慢，妊娠期缺乏运动的母猪略慢，但一般每头仔猪的出生间隔都在 30 min 之内。分娩时间过长(大于 5 h)会使仔猪的死亡率增加，特别是增加死胎机会，发现难产时应及时处理。如遇母猪分娩过程时间较长(2 h 以上)，则应让先出生的仔猪吃奶，一方面仔猪不致受饿，另一方面有利于母猪继续分娩，可避免因仔猪叫唤声而不安。

母猪产仔时要在臀部周围放些垫草，防止胎衣落入漏缝下。产完后要清点胎衣数是否与产仔数相同，胎衣未尽的要及时处理。母猪产后 3 d 内有少量恶露属正常现象。但量多、色暗红、恶臭，甚至伴有体温升高者，要及时治疗处理。

仔猪出产道后，接生人员应一手托住仔猪，一手将脐带缓缓拉出，立即清除仔猪口鼻中的黏液，然后用稻草或抹布等擦干仔猪全身后放入保温箱。在仔猪产下 5 min 后断脐，并立即用 3%的碘酒对脐带及周围进行消毒。

4. 假死仔猪的处理

仔猪出生时有心跳但无呼吸的为假死。对假死仔猪首先要使其呼吸道畅通，除要彻底清除口鼻中的黏液外，还应特别注意咽喉部是否有胎粪被吸入而阻塞。其排除方法是将仔猪倒悬提起，用力拍打背部、挤压仔猪的胸部，促使其排除异物。

在确认其呼吸道畅通后，可进行人工呼吸，方法是让仔猪仰卧在软物上，用手将两前肢有节律地张合，对仔猪胸部施压；若已发生窒息，可将胶管插入气管，每隔数秒徐徐吹气一次，以使其呼吸；更有效的是采用口对口人工呼吸，即根据正常的呼吸节奏，接产人员口对仔猪的口吹气，持续至恢复自主呼吸。紧急情况下可注射尼可刹米，或用 1‰肾上腺素 1 mL 直接向仔猪心脏注射。

对于假死时间长或出生时出血过多及弱小的仔猪，可能体温会低于正常体温，且不会吸奶，宜将仔猪置于 40 ℃的温水中水浴，帮助其恢复正常体温。并用小碗挤取母猪乳汁，间隔半小时一次灌哺，直至自行吮乳。

5. 难产的处理

破水后半小时仍产不下仔猪，母猪长时间剧烈努责但不产仔，产下几头仔猪后，如超过 1 h 还未产出下一头仔猪，分娩终止，都应视为难产，应进行助产处理。妊娠期延长，阴门排出血色分泌物和胎粪，没有努责或努责微弱不产仔，则可能是死胎，需人工分娩。

难产的情况通常有子宫收缩无力、胎儿阻塞、阴道阻塞等。通过产道检查可以确定难产的原因，其方法是：将母猪保定好，尾拉向一侧，用清水、肥皂水将阴门、尾根、臀部及肛门洗净，再用 1%来苏儿或新洁尔灭冲洗消毒(也可用 0.1%高锰酸钾溶液或 75%的酒精)，检查者剪去指甲并磨平，露出手臂消毒，涂上润滑油，五指并拢，慢慢伸入产道，感觉伸入是否困难，触诊子宫颈是否松软开张以及开张程度，骨盆腔是否狭窄及有无损伤，从而确定胎儿能否通过等，接着将手伸入子宫触摸胎猪大小、死活、姿势以及是否两头胎猪同时楔入产道等。

对于子宫收缩无力而引起的难产（母猪努责无力，产仔间隔时间过长，达半小时以上；或已无努责又不排出胎衣），可肌内或皮下注射垂体后叶素 10～50 IU 或催产素 20～30 IU，间隔 30 min 注射一次，部分猪还应同时注射强心剂。对于产道障碍、胎位不正形成的难产，还有母猪有强烈努责而产不出的难产，则忌用催产素，可徒手或用器械人工助产。助产时应注意清洁卫生并防止对产道造成损伤，助产后母猪应注射抗生素（如长效土霉素类、强效阿莫西林类，或肌内注射青霉素 3 200 000～4 000 000 U、链霉素 1 000 000 U、氨基比林 20 mL 等）以防止感染。同时可口服或拌喂益母草，有助于预防子宫内膜炎和乳腺炎的发生。

6. 母猪死胎的人工分娩

将无菌生理盐水加热至 38～39 ℃。用消毒后的灌肠器胶管或输精管慢慢插入子宫内，注入温热后的生理盐水 400～500 mL。一般经 24 h 左右，干尸和木乃伊胎会开始排出，此时皮下注射 20～30 IU 合成催产素，等其全部排出后，用 0.1%高锰酸钾洗涤子宫，同时肌内注射长效土霉素类，强效阿莫西林类，或肌内注射青霉素、链霉素 3～5 d。处理后的母猪一般可在 1 个月左右发情。

（三）产后管理

1. 护理

母猪产后要加强护理，保持产房内环境的相对稳定。哺乳母猪的适宜温度为 16～22 ℃，要及时开、关窗户以调节室内的温度和通风换气。外界气温低于 6 ℃时，要增加保暖措施；气温高于 30 ℃应加大通风量，高于 33 ℃ 时要采取淋水降温措施。注意母猪是否有子宫炎、产后热、乳腺炎等症状。

夏季生产时建议对母猪都在产后 12 h 内注射一针抗生素，预防产期疾病。可用长效土霉素类、强效阿莫西林类，一次颈部肌内注射。也可用复方青霉素 1 600 000～3 200 000 U、链霉素 1 000 000 U、氨基比林 10 mL，产后注射一次；再用双抗（普鲁卡因青霉素、双氢链霉素混悬液）注射 2～3 次。

2. 免疫与消毒

哺乳期间，应每周进行一次带猪消毒。泌乳期的第 2～3 周可按免疫程序，进行相关疫苗注射，过早会干扰母猪泌乳。

七、仔猪培育

仔猪是养猪生产的基础，是提高猪群质量，降低生产成本的关键。在猪的一生中，仔猪阶段是生长最快、发育最强烈、饲料利用率最高、生产成本最低且开发潜力最大的时期。仔猪饲养管理的目标是使每一头仔猪都吃上初乳，设法提高仔猪成活率。仔猪生产的关键是过好三关，即初生关、补料关和断奶关。

（一）仔猪初生

1. 接产

死胎通常都是在分娩的过程中形成的。母猪分娩时必须有饲养员在旁照顾，协助母猪生产，避免难产或分娩时间过长而造成死胎的发生。

仔猪出产道后，接生人员应一手托住仔猪，一手将脐带缓缓拉出，立即清除仔猪口鼻中的黏液，然后用稻草或抹布等擦干仔猪全身后放入保温箱。

2. 断脐

在仔猪产下 5 min 后断脐，断脐不当会使初生仔猪流血过多，影响仔猪的活力和以后的生长。

3. 超前免疫

对于需要做超前免疫的猪场，应在仔猪出生后吃初乳前半小时左右注射疫苗，而后再哺乳。

4. 假死急救

见分娩与哺乳母猪的饲养管理。

5. 剪齿、断尾和编号

仔猪上下腭两边有 8 颗尖锐的犬齿，应用消过毒的牙剪将每边两个犬齿剪短 1/2，但要小心，不要伤害到齿龈部位，也不能剪得太短。断尾则不能用非常锐利的工具，以免流血过多。断脐、剪齿、断尾必须在生后 24 h 内完成。编剪耳号则可在出生后 3 d 内进行，耳号编剪应易于辨认。

6. 仔猪护理

仔猪的存活率随出生体重的增加而提高，仔猪出生时体重低于 0.9 kg 时，一般情况下 60%的难以存活，对这些体重低于 0.9 kg 的仔猪给予特殊护理是提高育成率的关键。对于初生仔猪的护理主要是保暖防寒，减少应激，哺喂初乳。

7. 保温

初生仔猪必须做好保温工作，分娩舍内的温度一般应保持在 22 ℃左右，分娩舍内母猪(适宜温度为 16～22 ℃)与仔猪所需的温度是不同的。可以通过通风和建立护仔栏并设立保温小区，设置仔猪保暖箱，保暖箱底放置电热板，或保暖箱上增设 150～250 W 红外线灯泡等。原则上仔猪出生后保温在 30～34 ℃最好，仔猪出生 1 周开始降低保温区温度，每周降低 2～3 ℃最为理想。仔猪在保暖箱内均匀分散，说明温度适宜；仔猪远离保温区说明温度太高；仔猪堆挤在保温区内则温度太低。仔猪初生的前两周期间，调节体温的能力很差，因此，这段时间内环境温度的管理至关重要。

8. 哺喂初乳及固定乳头

母猪产后 3 d 内分泌初乳，以后转为常乳，仔猪自身的抗体要在出生 10 d 后才会产生，仔猪出生后 1 h 内应吃到初乳，要协助初生仔猪吮吸初乳，必要时人工辅助固定乳头。

仔猪开始吮乳后，便发生乳头定位，仔猪出生 3～5 d 内，应通过人工辅助固定乳头，每隔 1.5 h 左右放奶一次。适当的调剂和人为的管理和调节，对仔猪生长、提高育成率及窝内均匀度有利。

一般把初生重小的仔猪定位于第 1 或第 6 对乳头上，次小的定位于第 2 或第 5 对乳头上，其他仔猪任意定位。“扶弱控强”是固定乳头的基本原则。

9. 寄养

初产母猪以哺乳 8～10 头为宜，经产母猪可以带仔 10～14 头。为了充分利用母猪功能正常的乳头或发挥母猪的泌乳能力，必要时应调整每窝仔猪数。母猪分娩出现意外情况，如难产、泌乳量不足、乳房发炎、产仔头数过多以及仔猪原有乳头被抢夺而掉奶，仔猪因弱小或病(非传染病)与同窝仔猪相差悬殊而无法固定好乳头的，应进行寄养和并窝，寄养和并窝的两窝仔猪出生日期不宜超过 3 d，最好在分娩后 2 d 内进行。

由于母猪主要通过嗅觉辨认母仔关系，寄养初期要挡住养母的头部不让其闻嗅出被寄养仔猪的异味。寄养时可挤取养母乳汁涂抹于仔猪身上，也可以将母猪的胎衣、黏膜等涂抹于仔猪身上，或将母猪的尿液涂在仔猪身上，或将两窝仔猪关在一起 1 h 以上，使气味混淆，同时在母猪鼻子和仔猪身上擦些碘酒等，使母猪无法区别寄养仔猪，以防止养母攻击被寄养仔猪现象的发生。

（二）开食补料

哺乳仔猪生长发育很快，2 周龄以后母乳就不能满足仔猪日益增长的营养需要，需要及时补饲。

仔猪开食补料越早越好，可以从 7 日龄左右开始，用开食料诱食，经半个月左右时间的诱食，让仔猪在 3～4 周龄习惯吃料并进入旺食期。

仔猪喜食甜食，诱食可选择香甜、清脆、适口性好的饲料诱食。诱食在仔猪活跃时进行可取得最佳效果，每次哺乳之后，每天下午到傍晚是仔猪的活跃期。每次诱食补料要求饲料新鲜、少量，每天 6 次以上。放在仔猪经常游玩的地方任其自由采食。

15 日龄前仔猪的诱食料蛋白质水平不必太高，但 20 日龄前后仔猪已能较好的采食饲料，因此从 15 日龄开始就要逐渐向高水平的全价乳猪料过渡。

（三）补铁和去势

初生仔猪体内储备的铁只有 50 mg 左右，每天从母乳中得到的不足 1 mg，而仔猪生长每天约需要 7 mg，不及时补血就会造成仔猪缺铁性贫血，出现食欲减少、消化不良、下痢等。仔猪在 3～5 日龄和 10～15 日龄进行两次补铁（每次 150 mg），如果腹泻时间较长还需要视情况随时加补。补铁时要注意不同补铁产品的用法用量，不可随意使用。如牲铁素 2～3 日龄用量为 1 mL，用量过大会抑制肠内其他微量元素如锌、镁的吸收，造成缺锌，不仅会降低仔猪的免疫力，增加仔猪对细菌的易感性，而且会导致维生素 E 和硒的缺乏，同时还会引起仔猪的消化不良。

不作为种用的小公猪应于 2 周龄左右去势，小母猪在 35 日龄左右阉割为宜，良种小母猪一般不阉割。

（四）断奶

仔猪在 28 日龄左右断奶时，应以仔猪吃料进入旺食期为条件，减少应激和控制腹泻。对于 4 周龄断奶的仔猪最佳温度为 23 ℃，猪舍温度应在 12～20 ℃，搞好防寒保暖，为仔猪提供一个温暖干燥卫生的环境。

1. 减少应激

应激主要来自 3 个方面，即心理、环境和营养。其中最大的应激来自营养。

心理应激主要是由于母仔分开形成的，可以通过在断奶前 2～3 d 每天几次隔离母猪和仔猪一段时间来减少仔猪对母猪的依赖，转栏时在猪栏内投放少许破碎的小红砖块，分散仔猪的注意力，减少争位打架，降低应激。

环境应激是由于仔猪由产房进入保育栏时周围环境物体、温度、伙伴、群体变化等引起，为仔猪提供一个清洁、干燥、温暖而舒适的环境，可有效降低环境应激。

营养应激是由于仔猪由吮食温暖、流质、奶香味和营养全面的母乳转向采食饲料，而消化道酶系统和生理环境等均不相适应所致。只有通过提早教槽，科学补料，让仔猪提早进入旺食期，减少对母乳的营养依赖才能降低应激。同时要根据仔猪的生理发育和营养需要配制营养适宜、易于消化的饲料。

2. 综合措施

(1)仔猪在哺乳阶段充分做好补料工作。

(2)断奶前 2～3 d 做好母猪的减料工作;适当减少母猪的哺乳次数。如条件许可，在原圈饲养 5～7 d 后再转入培育舍。

(3)做好仔猪培育舍的熏蒸消毒工作。

(4)在断奶仔猪料中加入抗生素，如土霉素、呋喃唑酮、利高霉素等。

(5)适当控制仔猪的喂料，第一天只喂到日采食量的 70%。一般 5 d 内不增加或稍增加饲料量，以防止仔猪腹泻。可模拟仔猪夜间吃奶的习惯，保持 3～7 d 的夜间饲喂，以防止仔猪因过度饥饿后第二天过度采食，投料过程可以通过“三看”来限制。

一看仔猪槽中余料。投喂第二餐时，槽中留有一点饲料粉末，无小堆粉料或粒料，则上顿喂量适中;槽中饲料被舔光，槽底有唾液湿状感，则上顿喂量太少;槽中有明显余料，下顿只能投入上顿的 1/2 的饲料。

二看仔猪粪便色泽及软硬程度。断奶后 3 d 内粪便变细、变黑是正常的。仔猪腹泻大多在 4～5 日龄，观察粪便的最佳时间是 12:00～15:00。粪便变软，色泽正常，投料不减不加。圈栏内少量粪堆，呈黄色，内有饲料细粒，说明个别猪采食过多，投料量应减少至上顿的 80%，下顿再增至原量。仔猪粪便呈糊状，淡灰色，并有零星粪便呈黄色，内有饲料细粒，这是全窝仔猪下痢的预兆，这时应停喂一餐，第二餐也只能投喂常规量的 50%，第三餐则应视粪便的转归情况而定，若栏内只有少许糊状黄色粪便，其余粪堆已变黑、变细，喂料量可增至正常投料量的 80%，下餐可恢复正常;若糊状粪便呈胆绿色，粪便内附有脱落的肠黏膜，恶臭，说明病情严重，这时要停喂两餐，第三餐在槽内撒上少许饲料，以后渐增，3 d 后逐步恢复到原量。

三看仔猪动态。喂料前，仔猪蜂拥至槽前，就可多喂些，过 5～6 min，槽内料已吃净，仔猪仍在槽前抬头张望，这时可再加入一些饲料。有些仔猪在喂料前，虽然拥至槽前，但叫声少而弱，则可少加料或不加料。

另外，断奶后仔猪限饲期间，要保证水质清洁，新鲜不断，最好能喂电解质糖盐水。4 餐投料时间为:7:00、11:30、15:00～15:30、19:00～20:00，经过 10 d 左右的限饲，以后可改为一日多餐，或自由采食。

断奶早期的仔猪料中还应加入一些代乳粉，同时加入 1%的柠檬酸或 1.5%的延胡索酸，也可再加入一些复合酶制剂或酵母。同时降低日粮中的蛋白质水平，使日粮蛋白质控制在 19%～20%，但必须注意其氨基酸的平衡。在调制日粮时尽可能使用熟化豆粕或膨化大豆。

(五)仔猪腹泻控制

仔猪发生腹泻，主要发生于 3 个年龄段:一是出生后 1～3 日龄的仔猪，二是 7～14 日龄的仔猪，三是断奶后的仔猪。引起仔猪腹泻的原因多而复杂，但最易感染的情况就是当某种病原的母源抗体消退时又同时感染这种病原，大量的病原感染超过乳中的抗体免疫控制力，即发生腹泻。

1. 1～3 日龄的腹泻控制

新生仔猪的腹泻主要由细菌引起，一般为红痢、黄痢。

仔猪红痢即猪梭菌性肠炎、猪传染性坏死性肠炎，由 C 型或 A 型产气荚膜梭菌的外毒素所引起。主要发生于3日龄以内的新生仔猪。其特征是排红色粪便，肠黏膜坏死，病程短，病死率高，其病程长短差别很大。最急性病猪排血便，常于出生后当天或第2天死亡。急性病猪排浅红或红褐色水样粪便，多于出生后第3天死亡。亚急性开始排黄色软便，以后粪便呈淘米水样，含有灰色坏死组织碎片，仔猪有食欲，但逐渐消瘦，于5～7日龄死亡。慢性病例呈间歇性或持续性下痢，排灰黄色黏液状粪便，病程十几天，生长很慢，最后常死亡或被淘汰。本病治疗效果不好，或来不及治疗即死亡，主要靠预防：做好猪舍和环境的清洁卫生并加强消毒；对母猪于分娩前20 d左右（初产母猪应2次）注射红黄痢二联苗，可有效预防红痢的发生。如发现红痢，可于仔猪生下后至第3天用青霉素（或青霉素、链霉素并用）进行防治，有一定的效果，预防时80 000 U/kg（以体重计），治疗用100 000 U/kg（以体重计），每日2次。

仔猪黄痢又称早发性大肠杆菌病，以排黄色稀便为其临床特征。发生于出生后1周以内，以1～3日龄最为常见，7日龄以上的仔猪发病极少。发病率高，死亡率高，传染源主要是带菌母猪，猪场内1次流行之后，一般经久不断。最急性的看不到明显的症状，常于分娩后10多个小时死亡。2～3日龄发病的仔猪，病程稍长，粪便黄色或黄白色糊状，严重的呈黄色水样腹泻，有的含有乳凝小块。肛门松弛，在捕捉时，由于挣扎和鸣叫等，肛门常可见稀便冒出。病仔猪精神沉郁，不吃奶，口渴，迅速消瘦，眼球下陷，全身衰弱，终因脱水、衰竭而死。

对红痢和黄痢应以预防为主，合理调配母猪的饲料，保持高水平的环境、卫生条件，注意消毒。接产时用0.1%高锰酸钾消毒母猪乳头和乳房，并挤掉每个乳头中的第一把乳汁，使仔猪尽早吃到初乳，对母猪注射疫苗，可起到较好预防效果。此外，也可使用保健药物加以预防。

治疗时，发现1头病猪，应全窝进行预防性治疗，由于易产生抗药性，最好两种药物同时应用。有条件的应进行细菌分离和药敏实验，选用敏感药物。氟喹诺酮类药物效果较好，常用药物有庆大霉素（每次4～7 mg/kg，以体重计，下同；肌内注射，每天1次），乙基环丙沙星（每次2.5～10 mg/kg，每天2次），硫酸新霉素（15～25 mg/kg，口服，每日2次），青霉素加链霉素（青霉素80 000 U加链霉素80 mg，口服，每天2次），磺胺脒500 mg加甲氧苄氨嘧啶100 mg研末（每次5～10 mg/kg，每日2次），庆增安注射液（0.2 mL/kg，口服，每天2次），及呋喃唑酮、土霉素、磺胺甲基嘧啶等。一般要求连用3 d。

2. 7～14日龄的腹泻控制

这段时期主要是白痢，又称迟发性大肠杆菌病。仔猪白痢是10～30日龄仔猪多发的一种急性肠道传染病，以10～20日龄的仔猪发病最多，一年四季均可发生。发病率高，死亡率低。发病仔猪以排灰白色、有腥臭味的糨糊样稀便为特征。病初即下痢，粪便呈乳白色、淡黄色或灰白色，其中常混有黏液而呈糊状，并含有气泡，有特殊的腥臭。肛门、尾部及周围常粘有粪便。病猪体温变化不大，病初尚有食欲，但日渐消瘦，精神不好，喜卧于垫草中，被毛变得粗乱无光，眼结膜及皮肤苍白，渴欲增加。后常继发肺炎而死亡。发病与诱因有关，如阴雨潮湿、气候剧变、母猪乳汁过浓或栏舍污秽等，可促进此病的发生和发展。一窝仔猪中有一头下痢，若不及时采取措施，就会很快传播。病程的长短和病死率的高低取决于饲养管理的好坏。

加强母猪的饲养管理，保持母猪平衡，仔猪提早补料开食，注射铁剂预防贫血，搞好清洁卫生与环境消毒，可有效预防白痢。另据报道，仔猪口服碳酰苯砷酸钠（第一周10 mg，第二周20 mg，第三周30 mg）可防止本病的发生，并有增重效果。病猪应采取早期治疗，可利用磺胺类药物、抗生素及微生态制剂等。常用药物有：①脒铋酶合剂（磺胺脒、次硝酸铋、含糖胃蛋白酶等量混合）内服，7日龄的仔猪每次0.3 g，14日龄0.5 g，21日龄0.7 g，30日龄1 g；重症一日3次，轻病一日2次，一般服药1～2 d可愈。②强力霉素（2～3 mg/kg）口服，每天1次。③土霉素（1 g加少许糖，溶于60 mL水中）内服，每头每次3 mL，一日2次。④诺氟沙星（每次0.1～0.4 g，一日3次）等。⑤治疗仔猪黄痢的方法，对白痢基本上都有效。对脱水仔猪应急时补液。

3. 断奶仔猪的腹泻控制

断奶仔猪的腹泻率一般在20%～30%，死亡率在2%～4%。断奶仔猪的腹泻一般发生在断奶后的第3～10天，第7天达到高潮，一般形成粥样或水样腹泻，内夹杂不消化的食物，如不及时发现和治疗，很快就会因脱水而死亡。

其原因主要是仔猪断奶后，母源抗体急剧下降，造成抵抗力下降；仔猪消化生理机能不健全，不适应植物蛋白高的饲料，引起胃肠机能紊乱，加之胃肠道pH偏高，消化酶活性不能发挥应有的作用而诱发腹泻；断奶应激，尤其是环境应激，当舍内昼夜温差超过10 ℃时，腹泻率就会升高25%～30%，湿度高的环境也会使腹泻数明显增加；不适当的饲喂方式，如过度限饲及过度饲喂，形成饥饿性和过食性腹泻；免疫反应，尤其是在喂玉米-豆粕型日粮，且含有较多的抗营养因子的生豆饼或生豆粕时，易发生小肠上皮细胞的迟发型变态反应，引起水泻；另外，胃肠道菌群失调也易造成仔猪腹泻。必须采取综合措施过好断奶关。

断奶后腹泻的治疗，可以应用抗生素，如硫酸新霉素＋东莨菪碱混合口服，以及庆大霉素、诺氟沙星等。同时使用收敛药物，如鞣酸蛋白，对严重下痢者还应辅以阿托品。治疗的关键是补水工作，最经济有效的方法是使用口服补液盐（KCl 1.5 g、$NaHCO_3$ 2.5 g、$NaCl$ 3.5 g、加冷开水到1 000 mL，添加20 g葡萄糖效果更好）灌服，腹腔补液也是较为常用的一种方法。

八、保育猪培育

（一）断奶

过好断奶关是养好保育猪的关键。在仔猪哺乳阶段就要采取综合措施，为其过好断奶关做准备。在断奶时尽可能做到“两维持，三过渡”，即维持在原栏管理和维持用原饲料饲养，逐渐做好饲料、饲养制度和生活环境的过渡。

（二）保育猪的饲养管理

1. 分群与调教

仔猪断奶时最好按大小分群饲养，一般每栏10～20头为宜，保证每头猪有适宜的栏位面积（0.4～0.8 m^2/头）。有条件的应设立病猪舍，以方便护理和控制疾病的水平传播。

转群后要立即开始猪只“三点定位”的调教，使猪群从进入新的环境开始就养成固定地点排泄、采食和休息的生活习性，尤其是固定地点排粪的习惯。

2. 管理

保育猪舍最好实行全进全出制度。对病猪要及时隔离到病猪栏或病猪舍以加强护理，可有效控制疾病的水平传播。通过饲料或饮水投药降低健康猪的应激，增强对疾病的抵抗力，对感染严重的病猪坚决予以淘汰。

4 周龄断奶仔猪的猪舍温度应在 12～20 ℃，昼夜温差不宜超过 2 ℃。要采用红外线灯、电热保温板及热风炉等加热保暖，每周可降低 2 ℃。一般情况下仔猪分散卧睡、四处活动，则温度适宜；若仔猪挤卧一起，很少活动，则说明温度过低。寒冷不仅使仔猪生长缓慢，而且导致其对疾病的抵抗力下降。保温的同时，必须注意保育舍的通风换气。

3. 饲养

保育猪应喂给全价优质饲料，饲料由哺乳期的开食料逐步过渡至保育料。断奶早期的仔猪料中还应加入一些代乳粉，同时加入 1%的柠檬酸或 1.5%的延胡索酸，也可再加入一些复合酶制剂或酵母。同时降低日粮中的蛋白质水平，粗蛋白质控制在 18%即可，但必须注意氨基酸的补充与平衡。在调制日粮时尽可能使用熟化豆粕或膨化大豆，尽量少用碱性饲料，不用小苏打等饲喂断奶仔猪，用磷酸二氢钙替代石粉作为钙源等。

在早期饲料中加入抗生素（如土霉素、呋喃唑酮、利高霉素等）、益生素等，同时要适当控制喂料量，第一天只喂到日采食量的 70%。一般 5 d 内不增加或稍增加饲料量，以防止仔猪腹泻，日喂次数减少至 4 次或 3 次，根据情况，前 3 d 还可减少少许，3 d 后视情况逐步增加投喂量。此间可模拟仔猪夜间吃奶的习惯，保持 3～7 d 的夜间饲喂，以防止仔猪因过度饥饿后第二天过度采食而导致消化不良而腹泻。

4. 保健

良好的基础免疫是保证保育猪健康的关键，但过于频繁的疫苗接种也会对其造成很大的应激，甚至会影响免疫应答。因此，要合理安排，不可在保育期内接种过多的疫苗，一般只安排猪瘟、口蹄疫及猪伪狂犬病等 2～3 种疫苗注射。

仔猪断奶后常发生病毒与细菌的混合感染，特别是链球菌病、副猪嗜血杆菌病、水肿病及与支原体肺炎感染有关的呼吸道疾病。可在饲料或饮水中添加药物进行预防，如在每吨饲料中添加 100 g 泰妙菌素和 300 g 金霉素（或 250 g 强力霉素），若有副猪嗜血杆菌混合感染，则可另添加 300 g 阿莫西林。病猪栏的仔猪投药可通过饮水添加，添加量应是饲料用药水平的一半。

九、育肥猪饲养

（一）调教

从小猪进栏开始，必须用 1 周左右的时间认真调教猪群，将脏物清理到墙角潮湿的地方，保证内栏尤其是采食区附近的清洁卫生。由于猪的嗅觉和听觉非常灵敏，可在每天上、下午上班和傍晚时用声音和驱赶方式，训练小猪定点排粪排尿，经 3～7 d 的认真调教，小猪一般能养成定点排便的习惯。

（二）饲养管理

育肥猪最好公母分群饲养，饲喂方式一般采用自由采食，但每次投料不宜太多，最好是吃完再加。适当控制饲料的投喂量，增加投喂的次数，反而能提高育肥猪的采食量，使生长速度增快，缩短出栏时间，提高经济效益。

育肥猪的疾病较少，一旦生病，其排便情况、神经症状、精神和食欲的变化都很明显，容易观察，有条件的最好隔离，从原栏移出进行单独饲养和护理。

育肥猪的采食量与其增重有很强的正相关,其日均采食量如下:

前期:断奶至 30 kg　　1.2～2.0 kg/d

中期:30～60 kg　　1.8～2.5 kg/d

后期:60～90 kg　　2.0～3.5 kg/d

(三)病猪的护理

病猪体弱,兽医人员在进行对症治疗的同时,饲养员应加强护理,良好的护理可以有效促进病猪康复。

病猪在对症治疗的同时,应为其提供适宜的环境条件,小猪对寒冷敏感,大猪对热敏感,小猪生病时应给予更好的保暖防寒条件,不宜将病栏设于猪舍的两头,尤其是冬天,因为猪舍两头通常气温最低,并且极易形成贼风,将病猪置于此无异于雪上加霜。冬天病猪不宜直接卧于水泥地面,而应给予垫草等。

腹泻是临床遇到最多的问题,应从消毒、消炎、补充水分和电解质入手加以解决。对于消化不良造成的腹泻,从粪便的形状和色泽一般可以看出,应通过改善饲料、限食饲养加以改善。群体投药时,必须注意投药均匀。饲料投药时,投药的前一天应减少喂料量,让料槽空料。拌药时应先将药物用适量的饲料稀释,再放到大量饲料中反复拌匀。

十、猪群管理与猪只淘汰标准

通过及时清理没有饲养价值的残次猪和失去种用价值的种猪可有效提高猪场的整体生产水平,因此,猪场应加强猪群管理,建立残次猪和种猪淘汰标准及程序,及时清理猪群。

1. 猪群管理

从种猪培育或引进开始就要建立起种猪群档案,记录清楚每头种猪的培育和生产情况。最好按品种、投入生产的批次或时间存档,对场内猪群要在产仔时即进行编号,简便易行的方法是打上耳缺号,一般要求一猪一号。详细做好产仔记录,要求有母猪号、与配公猪号、配种时间、产仔日期、产仔数、健活仔数及死胎、木乃伊等。

每天对每头猪的异常情况做好记录,每周对有特殊情况的进行一次清理(如疾病、残次、不发情的母猪及老弱猪等),每月对全场种猪群进行一次清理。对部分猪及时提出淘汰报告。

2. 哺乳仔猪淘汰标准

(1)有锁肛、半致死基因等遗传缺陷的仔猪应予淘汰,记为死亡。

(2)肢蹄有严重缺陷或因其他疾患不能治愈的仔猪应予淘汰,记为死亡。

(3)因营养不良等因素致使哺乳仔猪体重过低(如 28 日龄断奶体重还不到 3 kg),也应淘汰,记作死亡。

3. 保育及生长育肥猪的淘汰标准

(1)因各疾患久治不愈的病猪及残次猪应淘汰。

(2)生长性能不好、体况极差、体重过低的僵猪应淘汰。

(3)良种猪淘汰体重参考标准,如表 1-8 所示。

表 1-8 良种猪淘汰体重参考标准

日龄	40	50	60	70	80	90	100	110	120
体重/kg	<6	<8	<10	<11	<13	<15	<16	<18	<20

仔猪及生长育肥猪在淘汰时体重低于 15 kg 应记为死亡，其他则记为淘汰。

4. 后备猪淘汰标准

(1)因育种需要而选留的后备母猪，如在生长发育的过程中表现出体型外貌差或有遗传缺陷(如包皮严重积尿、X 形或 O 形腿等)或生长性能相对差而达不到育种要求的，要分阶段逐步淘汰。

(2)后备猪培育过程中，出现各类疾病没能及时治愈而生长性能受到影响的、体质羸弱、发育不良的，应予以淘汰。

(3)后备母猪超过 300 日龄(10 月龄)仍不发情，且经各种处理仍不能配种的，或后备母猪虽发情，但 3 次配种不能怀孕的(非公猪因素所致)，配上后连续 2 次流产的，要坚决予以淘汰。

(4)对 10 月龄以上无性欲(经数次调教仍不愿意爬跨)、阴茎短小、畸形的公猪，以及参与配种后的后备公猪，在 2 个月内连续 4 次以上检查精液，精液品质差、不合格的，也要坚决予以淘汰。

5. 种母猪淘汰标准

(1)发情不正常的母猪应淘汰：①断奶后不发情，经处理超过 48 d 仍不发情。②虽发情但经 3 次配种仍不能怀孕(非公猪因素所致)。

(2)有以下疾患的母猪应淘汰：①连续 2 次流产且治疗无效的母猪。②出现产后瘫痪或肢蹄有严重疾患的母猪。③因子宫内膜炎久治不愈或患其他病超过 15 d 不能恢复的母猪。

(3)繁殖性能差的母猪应淘汰：①母性不好的母猪。②连续两胎产仔数低于 8 头，且经证明与公猪因素无关的成年母猪。③无效乳头较多或无乳、少乳的母猪(因品种不同而有差异，如杜长大三元杂交仔猪 20 日龄仔猪平均体重低于 5 kg)。④8 胎以上且繁殖力、泌乳力下降的母猪。⑤产畸形后代(如脐疝、锁肛、致死等，种猪场要求无单睾和隐睾等)的母猪。⑥后代生长速度过慢，胴体品质差等。种猪场核心群的母猪后代的生长速度、胴体品质应高于平均水平。⑦生产成绩后 10%的母猪，种猪场排在后 20%的母猪。⑧过肥过瘦的母猪。

6. 种公猪淘汰标准

(1)性行为。①性欲差(如长期不愿意爬跨)，经药物治疗和加强饲养管理等措施处理仍无效的公猪，应予淘汰。②虐待狂式的公猪，应予淘汰。③攻击人的公猪，应予淘汰。

(2)精液品质。①精液质量差，经 1～2 个月连续 4 次以上检查仍为无精、死精或精子活力低于 0.6、精液密度极稀或精液量很少(每次采精量都低于 100 mL)的人工授精公猪，应予淘汰。②配种返情率很高的公猪，应予淘汰。

(3)其他。①种猪场后代出现畸形或有遗传缺陷及后代性能表现差的公猪，应予淘汰。②年龄超过 3.5 岁、育种场有优秀后代替代的公猪，应予淘汰。③育种场适配母猪过少的公猪(近交系数高)，应予淘汰。④有疾患，如肢蹄疾患严重的公猪、久病不愈的公猪等，应予淘汰。⑤体质羸弱或过肥的公猪，应予淘汰。

7. 全场猪群清理

(1)对患肠胃出血等严重急性疾病无法治愈的种公猪、种母猪及中大猪应立即淘汰。

(2)对在猪群抗体水平检测中,发现抗体水平低,经补注疫苗后所产生的抗体依然不能达到有效保护水平的种猪、后备猪,及有免疫缺陷的仔猪和生长猪,都应予以淘汰。

第五节　生猪主要疫病与防控

一、生猪主要疫病与防控

传染病是病毒、细菌等微生物,通过消化道、呼吸道、皮肤创口、吸血昆虫叮咬及配种等途径,传染给健康畜禽,引起与病畜禽相同的临床症状的疾病。病程短、病情剧烈的称为急性传染病;反之称为慢性传染病。与其他疾病相比,传染病来势凶猛、传播速度快、发病率及死亡率高,因此应密切注意和有效预防,发病后做好隔离、治疗或扑杀。

养殖业主应熟知并遵守《中华人民共和国动物防疫法》(以下简称《动物防疫法》)等相关国家法律法规,贯彻"预防为主,防重于治"的方针,制订相应的规章制度,配备专职兽医和相关设施设备,严格执行检疫制度;畜禽舍及饲养管理科学规范,注重环境和饲料卫生安全,提高畜禽的抵抗力;根据疫病免疫程序和控制措施,建立科学有效的防疫制度和体系;配合主管部门做好突发重大疫情应急预案和测报;对病死畜禽进行无害化处理。

畜禽养殖场和隔离场所、屠宰加工场所以及无害化处理场所,应当符合《动物防疫法》规定的动物防疫条件,依法申请"动物防疫条件合格证"。

根据国家《动物防疫法》,养殖场应配合动物疫病预防控制机构,对畜禽疫病的发生、流行等情况进行监测,开展畜禽疫病净化,建设无规定动物疫病生物安全区。

(一)猪瘟

1. 基本介绍

猪瘟是由猪瘟病毒引起猪的高度致死性、接触性传染病。我国将其列为一类动物疫病。本病在自然条件下只感染猪,不同年龄、性别、品种的猪和野猪都易感,一年四季均可发生。

2. 主要危害及典型症状

猪瘟以高热、内脏器官严重出血和高死亡率为特征。根据临床症状可分为最急性、急性、慢性和温和型 4 种类型。典型症状:全身皮肤、浆膜、黏膜和内脏器官有不同程度的出血。全身淋巴结肿胀,充血、出血,切面如大理石状;大肠的回盲瓣处形成纽扣状溃疡;脾脏边缘梗死;喉头黏膜及扁桃体出血;胃、肠黏膜呈卡他性炎症;肾脏色淡,皮质有针尖至小米状的出血点;膀胱黏膜有散在的出血点,如图 1-23 所示。

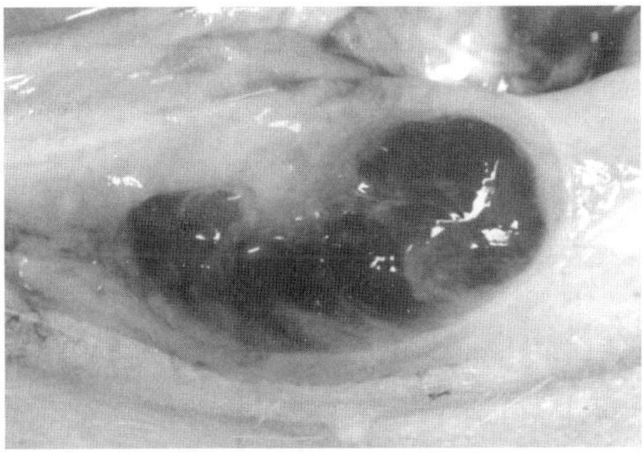

淋巴结出血坏死

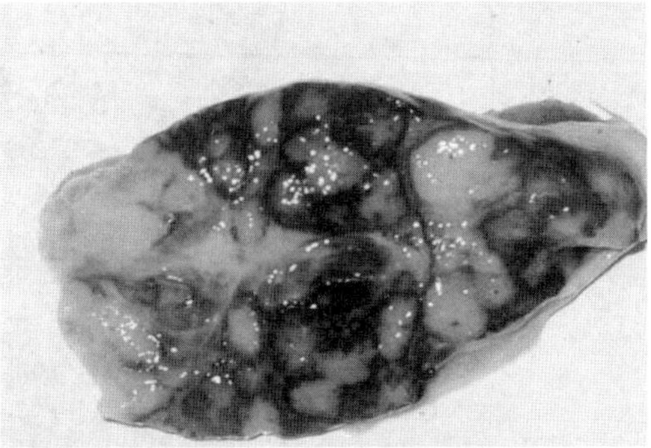

淋巴结切面大理石样

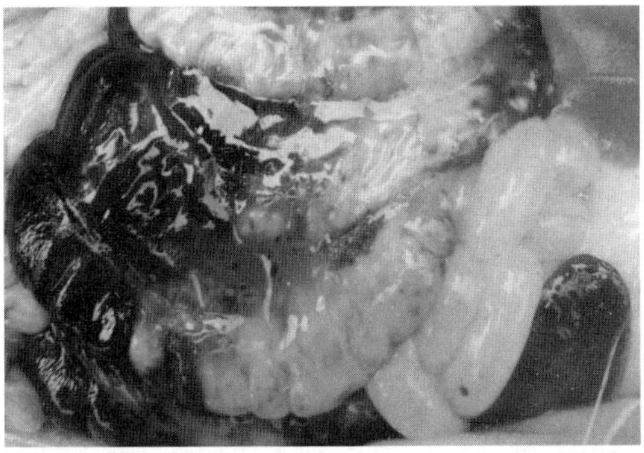

肠出血坏死

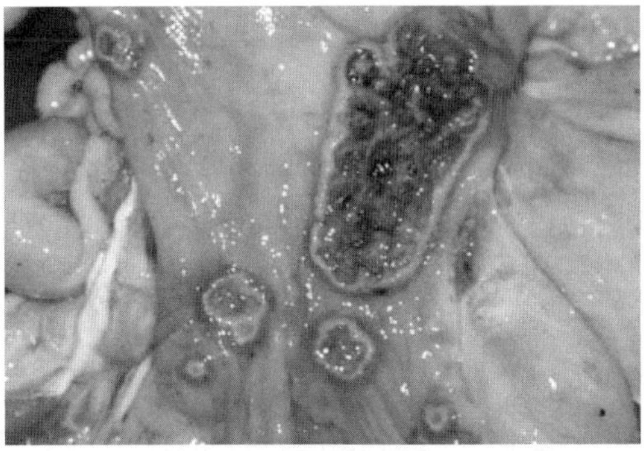

回盲瓣纽扣状溃疡

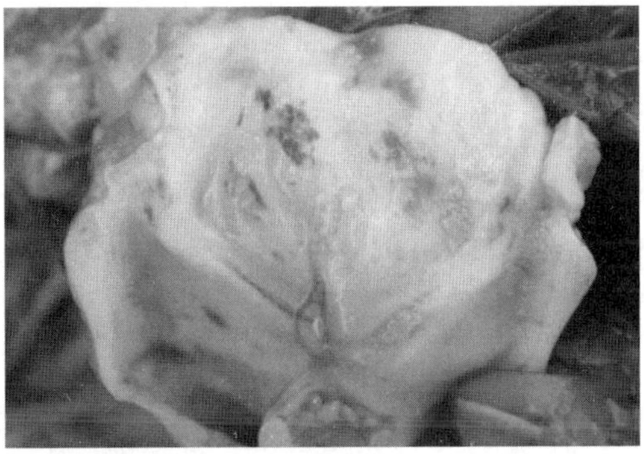

喉头出血点

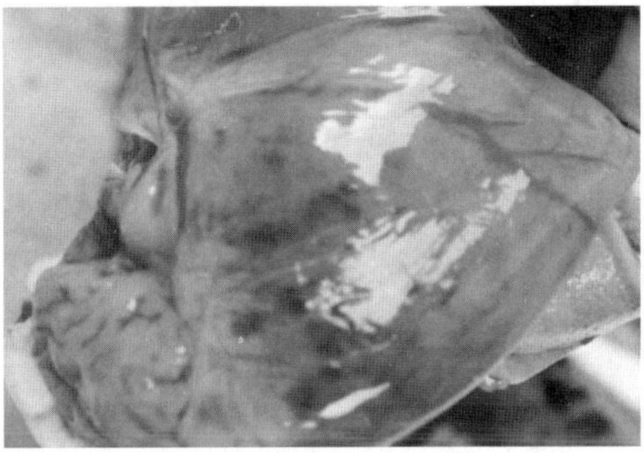

心脏出血点

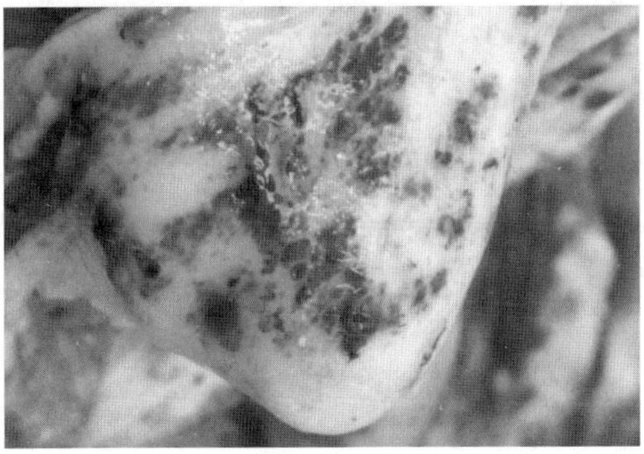

胃底部出血点

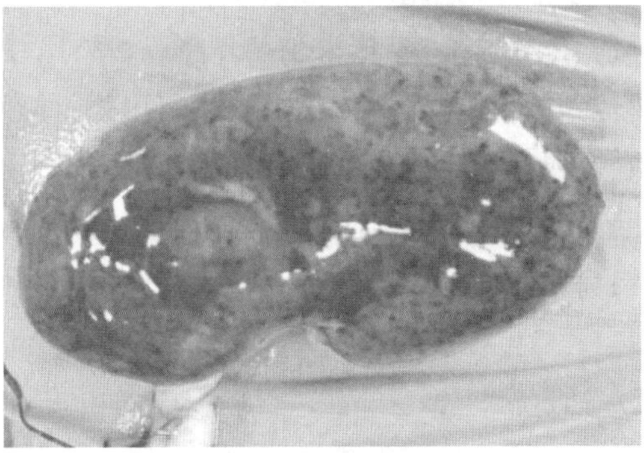

肾表面点状出血

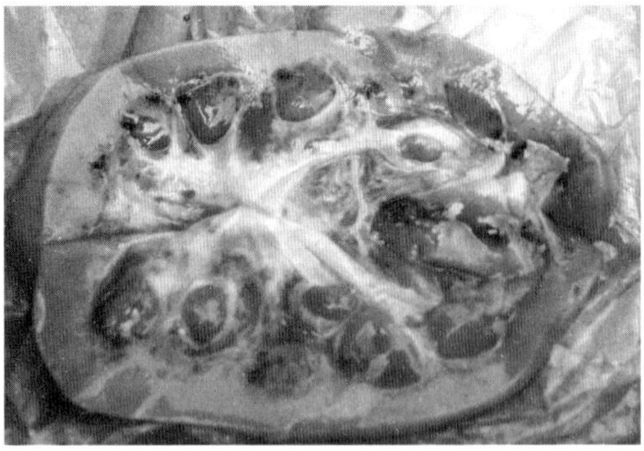

肾切面出血点

图 1-23　猪瘟病毒感染病征及剖检图片

3. 免疫程序

猪瘟活疫苗。种公、母猪：每年春、秋各免疫一次，4 头份/头。后备种猪：配种前免疫一次，4 头份/头。仔猪：20～25 日龄首免，60～65 日龄二免，各 4 头份/头。猪瘟污染区猪场经产母猪产后 28 d 加强免疫一次，4 头份/头。

4. 防控

严格按照程序科学免疫；开展免疫抗体监测；及时淘汰隐性感染带毒种猪；坚持自繁自养或做好引种监测，全进全出；做好猪场、猪舍的隔离、卫生、消毒和杀虫工作，减少猪瘟病毒的侵入。

（二）高致病性猪蓝耳病

1. 基本介绍

高致病性猪蓝耳病又称猪繁殖与呼吸综合征，是由猪繁殖与呼吸综合征病毒引起的一种急性、高度接触性传染病，以成年猪生殖障碍、早产、流产和死胎，以及仔猪呼吸异常为特征，是一种免疫抑制病，常常继发其他病原感染。病猪和带毒猪是主要传染源。主要传播途径是接触感染、空气传播和精液传播，也可通过胎盘垂直传播。

2. 主要危害及典型症状

高致病性猪蓝耳病是一种急性高致死性疫病。仔猪的发病率可达 100%，死亡率可达 50%以上，母猪流产率可达 30%以上，育肥猪也可发病死亡。典型症状：病猪体温明显升高，可达 41 ℃以上，身体末梢循环障碍，耳、尾、腹、外阴发绀发紫；眼结膜炎、眼睑水肿；呼吸困难，通常为腹式呼吸，一般很少咳嗽；妊娠母猪发生早产、后期流产（妊娠 80 d 后）、死胎、木乃伊胎、产弱仔等，临床上母猪流产前会发热、厌食，1～3 d 后才流产。特征性病变：肺弥漫性间质性肺炎；脾脏边缘或表面出现梗死灶；肾脏呈土黄色，表面可见针尖至小米粒大的出血斑点；皮下、扁桃体、心脏、膀胱、肝脏和肠道均可见出血点和出血斑，如图 1-24 所示。

耳尖发绀发紫

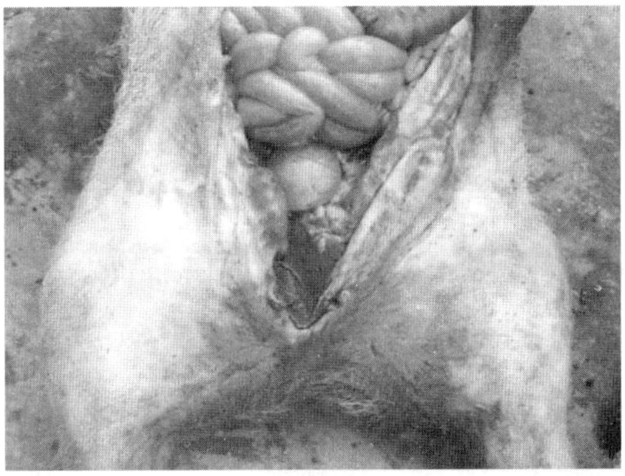

全身蓝紫色

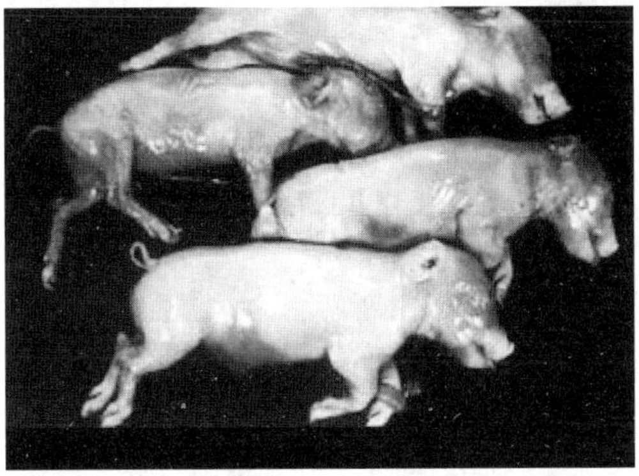

妊娠母猪早产，后期流产

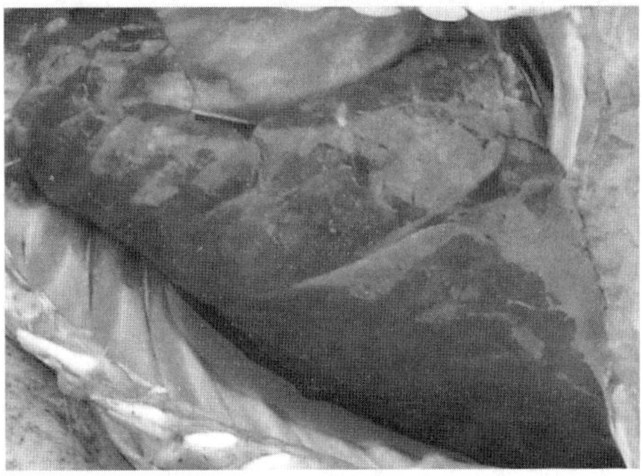

间质性肺炎

图 1-24　高致病性猪蓝耳病病征及剖检图片

3. 免疫程序

猪场应慎重使用疫苗。发病场或不稳定场建议免疫高致病性猪蓝耳病活疫苗，后备种猪免疫一次，1 头份/头；种母猪产后 14 d 免疫一次，1 头份/头；仔猪 14 日龄免疫一次，1 头份/头；种公猪不免疫。

4. 防控

健全生物安全体系，全进全出，定期对猪舍和环境进行消毒，保持猪舍、饲养管理用具及环境的清洁卫生；加强后备母猪的驯化，做好监测工作，健康猪方可混群饲养，坚决禁止引入阳性带毒猪；做好猪群饲养管理，用好料，保证猪群的营养水平，以提高猪群对其他病原微生物的抵抗力；定期对猪群中猪繁殖与呼吸综合征病毒的感染状况进行监测，以了解该病在猪场的存在状况。对发病猪场要严密封锁，流产的胎衣、死胎及死猪无害化处理，产房彻底消毒，隔离病猪，对症治疗，改善饲喂条件等。

（三）伪狂犬病

1. 基本介绍

猪伪狂犬病是由猪伪狂犬病病毒引起的猪的急性、热性传染病。该病在猪群中呈暴发性流行，可引起妊娠母猪流产、死胎，公猪不育，新生仔猪大量死亡，育肥猪呼吸困难、生长停滞等，是危害全球养猪业的重大传染病之一。

2. 主要危害及典型症状

病猪、带毒猪以及带毒鼠类为本病重要传染源。新生仔猪感染伪狂犬病病毒会引起大量死亡，其主要症状为眼结膜充血，体温升高到 41～41.5 ℃，倒地，四肢划水，口吐泡沫，死亡前尖叫。断奶仔猪初期顽固性腹泻，后期出现尖叫、转圈等神经症状。妊娠 60 d 后母猪流产，流产前未见异常。公猪睾丸肿胀、萎缩，丧失种用能力。特征性病变：扁桃体化脓性坏死，出现伪膜；肺点状出血，表面有散在性小叶性坏死灶；肝脏表面有灰白色坏死灶；脾脏增生，有黄白色坏死灶；中枢神经系统症状明显时，脑膜充血、出血，脑脊髓增多，如图 1-25 所示。

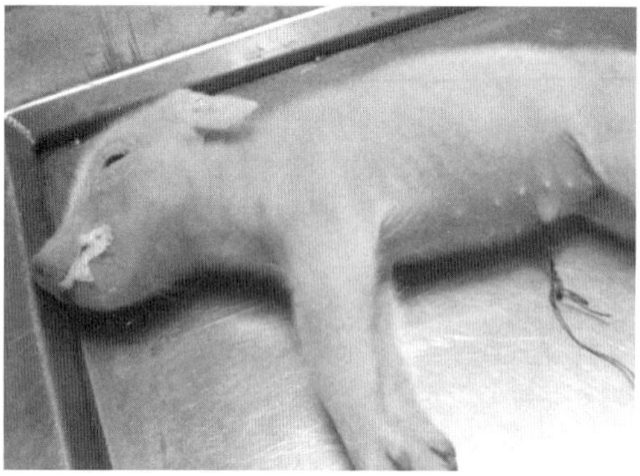

仔猪倒地，口吐白沫

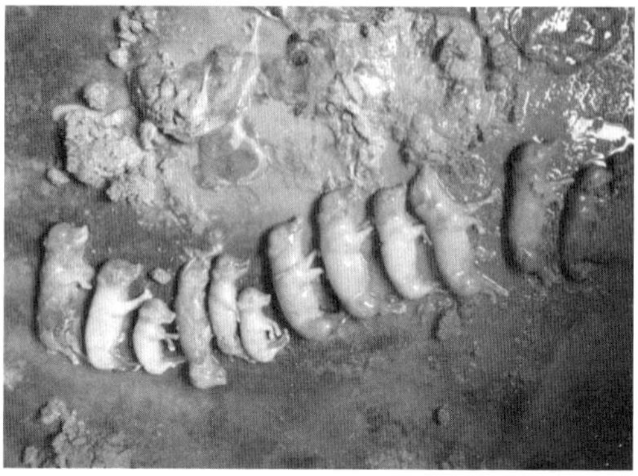

母猪妊娠中后期流产

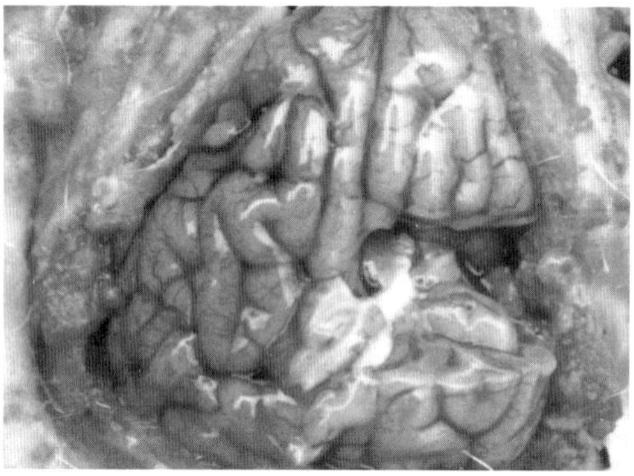

脑充血，出血

扁桃体坏死

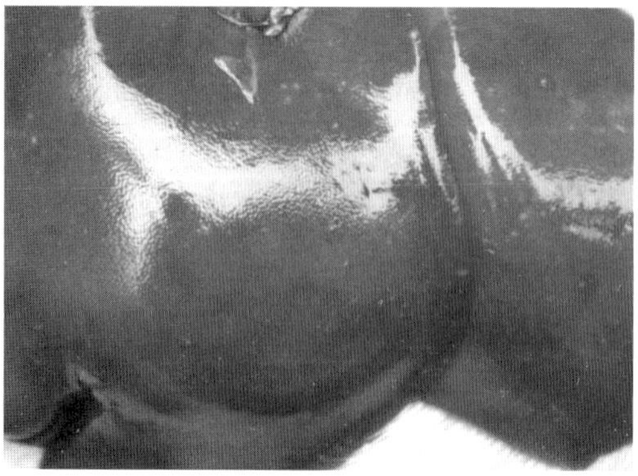

肝灰白色病灶

图 1-25　猪伪狂犬病感染病征及剖检图片

3. 免疫程序

公、母猪群实施普免，每 3 个月免疫一次；仔猪在 0 日龄滴鼻，育肥猪 70 日龄、110 日龄各免疫一次；后备猪配种前免疫一次。

4. 防控

通过免疫阻止母猪排毒；科学评估疫苗免疫效果；通过调查掌握感染日龄；实行批次化生产和全进全出；适时清空易感群体；加强消毒，完善猪场生物安全体系；加强猪群日常管理。

（四）口蹄疫

1. 基本介绍

口蹄疫（属一类动物疫病）俗名“口疮”“辟癀”，是由口蹄疫病毒所引起的偶蹄动物的一种急性、热性、高度接触性传染病。主要侵害偶蹄兽，偶见于人和其他动物。

2. 主要危害及典型症状

口蹄疫是一种急性、热性和高度接触性的传染病。临诊上以猪口腔黏膜、鼻吻部、蹄部以及乳房皮肤发生水疱和溃烂为特征。猪口蹄疫的发病率很高，传染快，流行面大，对仔猪可引起大批死亡，造成严重的经济损失。典型症状：蹄部水疱，体温升高，全身症状明显，蹄冠、蹄叉、蹄踵发红、形成水疱和溃烂，有继发感染时蹄壳可能脱落；病猪跛行，喜卧；病猪鼻盘、口腔、齿龈、舌、乳房（主要是哺乳母猪）也可见到水疱和烂斑；仔猪心肌扩张、色淡，俗称虎斑心，如图 1-26 所示。

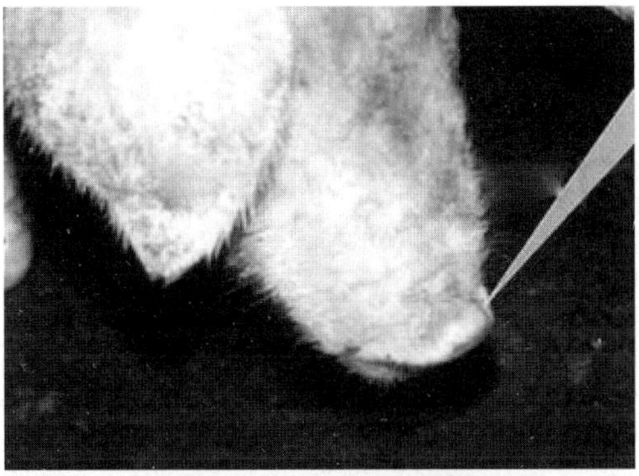

鼻吻部水疱

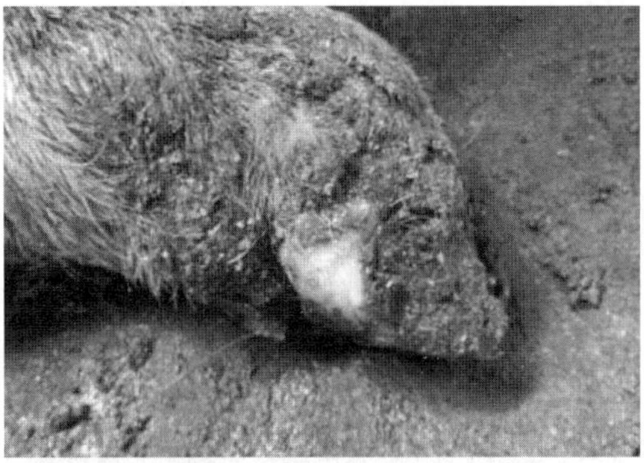

蹄部脱壳

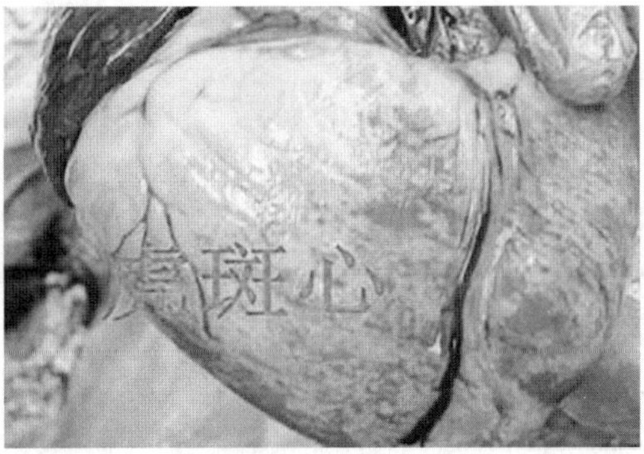

虎斑心

图 1-26　猪口蹄疫病毒感染病征及剖检图片

3. 免疫程序

口蹄疫O型灭活疫苗或口蹄疫二联苗。种公、母猪：每年春、秋各免疫一次，2 mL/头。后备种猪：配种前免疫一次，2 mL/头。仔猪：35日龄首免，90日龄二免，各2 mL/头。

4. 防控

疫情发生后，封锁隔离，及时消除传染源。可根据具体情况决定扑杀动物的范围，扑杀措施由宽到严的次序可为病畜→病畜的同群畜→疫区所有易感动物。预防接种提高易感动物的免疫水平。加强消毒，切断传播途径。

（五）猪流行性腹泻

1. 基本介绍

猪流行性腹泻是由猪流行性腹泻病毒引起的猪的一种急性、高度接触性肠道疾病，临床上以水样腹泻、呕吐和脱水为主要特征。新生仔猪的发病率和死亡率都接近100%。

2. 主要危害及典型症状

本病只发生于猪，各种年龄的猪都能感染发病，病猪是主要传染源。哺乳猪、架子猪或育肥猪的发病率很高，尤以哺乳猪受害最为严重，母猪发病率变动很大，为15%～90%。主要临床症状：呕吐、水样腹泻、消瘦、严重脱水而死亡，最高死亡率达100%。病猪体温正常或稍高，精神沉郁，食欲减退或废绝。主要病理变化：胃底溃疡，内有大量未消化的凝乳块；小肠变薄、呈透明状，内充满黄色液体，肠系膜充血，肠系膜淋巴结水肿，小肠绒毛缩短，如图1-27所示。

呕吐

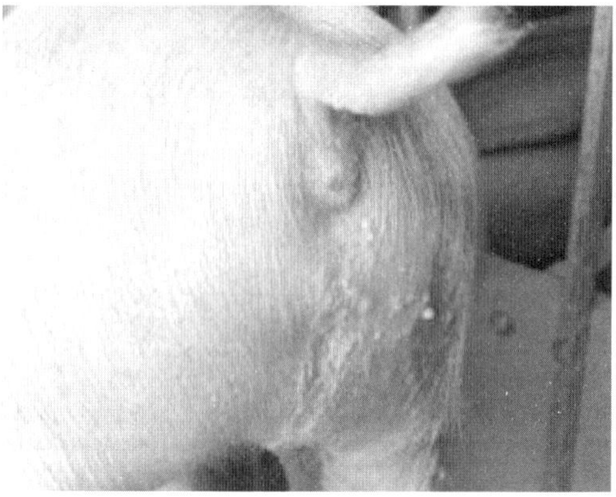

水样腹泻

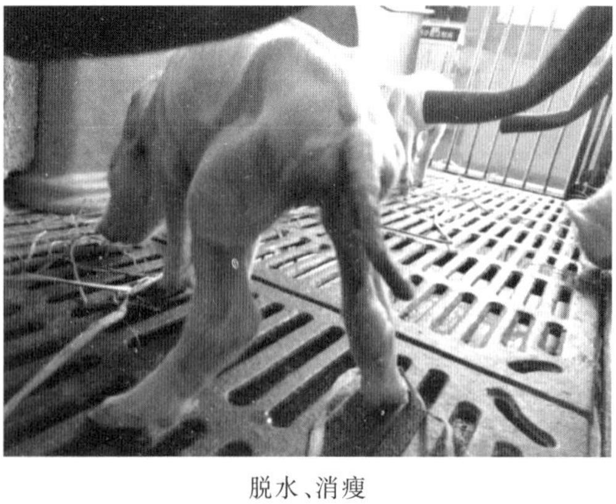

脱水、消瘦

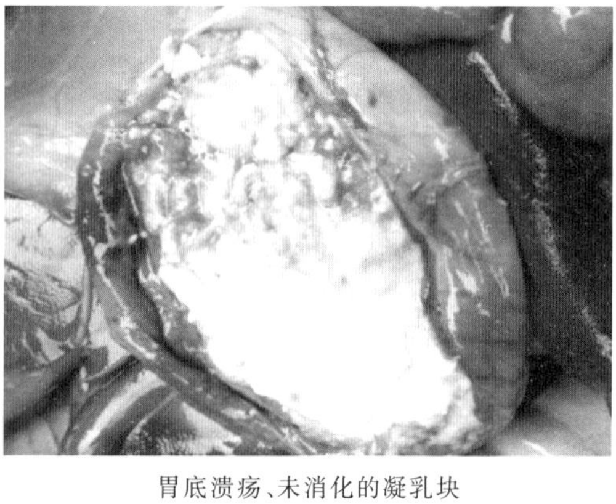

胃底溃疡、未消化的凝乳块

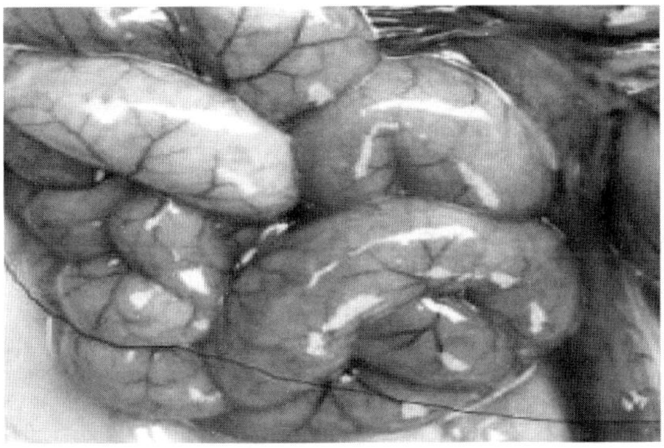

肠壁变薄、呈透明状

图 1-27 猪流行性腹泻病毒感染病征及剖检图片

3. 免疫程序

“普免”和“跟胎免疫”相结合，每年 9 月普免活疫苗 1 头份＋灭活苗 1 头份，间隔 4 周后加强免疫灭活苗 1 头份；母猪产前 40 d 免疫活疫苗 1 头份＋灭活苗 1 头份，一边一针，产前 20 d 加强免疫灭活苗 1 头份。

4. 防控

借助科学的实验室检测，选择与本场毒株匹配的疫苗；定期进行猪流行性腹泻病原监测和抗体检测，建立预警机制。严格内部生物安全操作，阻断粪口传播，降低病毒循环感染。结合科学精细管理、药物辅助保健等综合措施，防患于未然。

二、疫苗与免疫

通过人工方法把病原微生物(病毒、细菌等)毒力致弱或灭活，使其失去对动物致病性的同时又具有良好的免疫原性，接种动物后，动物可产生相应的免疫力以抵抗病原微生物的感染和发病，这种制品均称为疫苗。

(一)疫苗的作用、种类与特点

疫苗的作用：接种动物后可使动物获得针对某种传染病的特异抵抗力，防止动物感染和发病。

疫苗的种类：目前市场上常用的疫苗可以分为活疫苗、灭活疫苗、多肽疫苗、基因工程疫苗四大类。

活疫苗优点是免疫效果好、接种途径多；缺点是可能出现毒力返强，贮藏、运输要求条件较高，免疫效果受免疫动物用药状况影响。灭活疫苗的优点是使用安全和易于保存，免疫效果良好；缺点是必须逐只(头)注射，接种剂量大，动物接种后免疫反应也较大。基因工程疫苗的优点是免疫应答性好，比较安全，缺点是成本高。

(1)猪瘟疫苗的种类。猪瘟疫苗目前主要有四种：猪瘟细胞活疫苗(原代细胞苗、传代细胞苗)、猪瘟乳兔组织活疫苗(组织苗)、猪瘟脾淋活疫苗(组织苗)。

(2)猪蓝耳病疫苗的种类。高致病性蓝耳病活疫苗、高致病性猪蓝耳病灭活疫苗。

(3)猪伪狂犬病疫苗的种类。普通弱毒苗、灭活苗和基因缺失苗三大类。

(4)猪口蹄疫疫苗的种类。口蹄疫O型灭活疫苗、口蹄疫A型疫苗、口蹄疫O型-亚洲Ⅰ型二价灭活疫苗、口蹄疫O型-A型二价灭活疫苗、口蹄疫O型合成肽疫苗。

(5)猪流行性腹泻疫苗的种类。猪流行性腹泻活疫苗、猪流行性腹泻灭活疫苗。

(二)正确选择疫苗

选择GMP验收的大品牌生物制品企业疫苗;具有农业农村部正式生产许可证及批准文号;在选购时应仔细检查疫苗瓶,凡疫苗瓶破裂、无标签、标签字迹不清、瓶盖松动、苗中混有杂质、变色、灭活苗破乳层分离、已过期失效、未按规定保存、无二维码的,均不能使用。

(三)疫苗的保存与运输

1.疫苗的保存

疫苗种类不同,要求的保存条件也不一样。领取疫苗后,一定要仔细阅读疫苗使用说明书或标签,严格按照要求保存疫苗。活疫苗均应低温保存,一般温度越低保存时间越长。国产冻干疫苗一般应在−20 ℃以下保存,进口冻干疫苗一般应在2～8 ℃保存。灭活疫苗应在2～8 ℃保存,切勿冻结,并注意不要曝晒,图1-28为常用的疫苗保存箱。

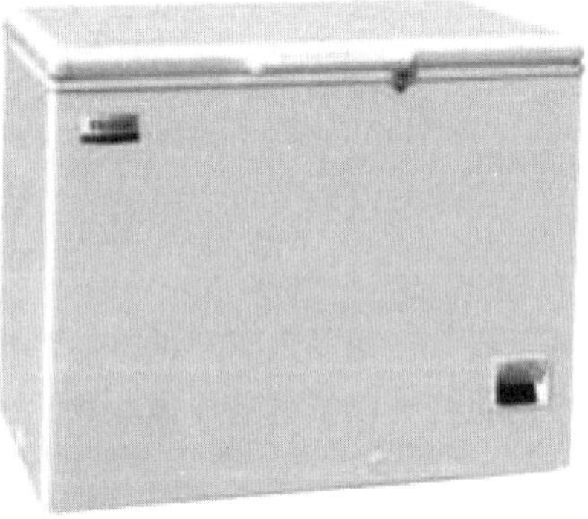

5 ℃疫苗保存箱

2～8 ℃疫苗保存箱

图1-28 疫苗保存箱

2.疫苗的运输

冻干疫苗大量运输时应采用冷藏车,少量运送时可以采用冷藏箱(包)或保温桶加冰块。灭活疫苗大量运输时应采用恒温车,冬季要防冻,夏季要防阳光照射;少量运送时可以使用冷藏箱(包),如图1-29所示。

疫苗冷藏箱

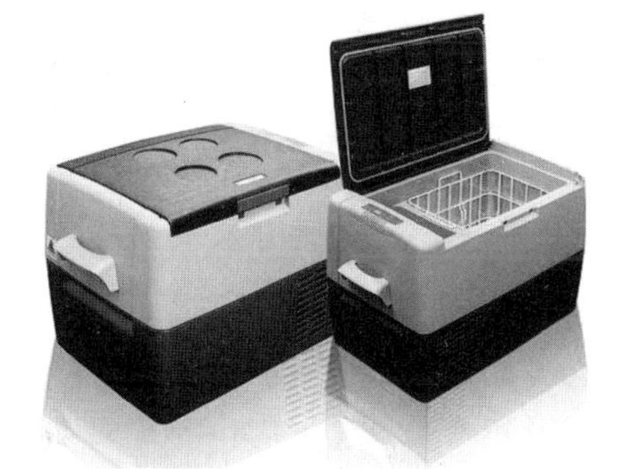

车载疫苗运输箱

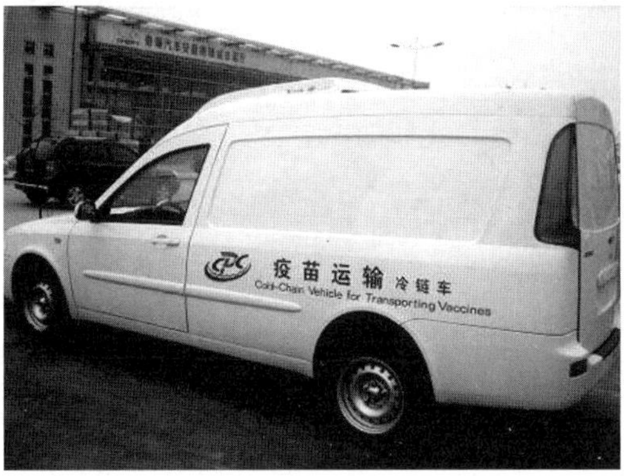

小型疫苗运输车

大型疫苗运输车

图 1-29　疫苗运输箱(车)

(四)疫苗注射

1. 生猪免疫接种方法

生猪免疫接种方法可分为注射免疫(皮下注射、皮内注射、肌内注射、静脉注射、胸腔注射)、滴鼻免疫、气雾免疫、经口免疫等。猪瘟、高致病性猪蓝耳病、口蹄疫疫苗免疫一般采用耳后颈部或臀部肌内注射,如图 1-30 所示。

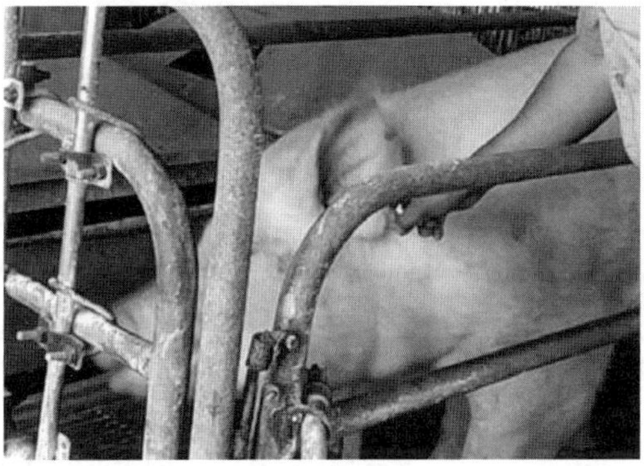

耳后颈部肌内注射

臀部肌内注射

图 1-30　免疫接种方法

2. 免疫接种前准备工作

(1)制订免疫接种工作计划。调查统计本场(片区饲养户)饲养动物种类与数量,计算所需疫苗的品种、数量,确定接种途径和方法、接种日期等,如表1-9所示。

表1-9 某猪场基础群免疫程序

日期	疫苗名称	免疫剂量
2月15日	乙脑弱毒苗	1.5头份/头
2月28日	细小病毒灭活苗	1头份/头
3月15日	伪狂犬病基因缺失弱毒苗	1头份/头
3月30日	猪口蹄疫2价(O型+A型)灭活苗	1头份/头
4月15日	圆环病毒2型灭活苗+支原体灭活苗	1头份/头
4月30日	猪瘟细胞苗	4头份/头
6月15日	伪狂犬病基因缺失弱毒苗	1头份/头
8月30日	细小病毒灭活苗	1头份/头
9月15日	伪狂犬病基因缺失弱毒苗	1头份/头
9月30日	猪口蹄疫2价(O型+A型)灭活苗	1头份/头
10月15日	圆环病毒2型灭活苗+支原体灭活苗	1头份/头
10月30日	流行性腹泻和传染性胃肠炎二联灭活苗	1头份/头

(2)免疫物品准备。注射器、连续注射器、针头、镊子、75%酒精、2%~5%碘酊、搪瓷盘、疫苗、疫苗稀释液、疫苗冷藏箱、冰块、保定器、记号瓶、肾上腺素、免疫登记表、工作服、胶靴、橡胶手套、口罩、工作帽等。

合理选用针头,小猪要用9号20 mm的细短针头;中猪可用12号25~30 mm针头;母猪和大猪一定要用16号38~44 mm的粗长针头。

(3)疫苗的准备(疫苗解冻、稀释等)。灭活疫苗从冰箱中取出,置于室温2 h或37 ℃水浴30 min左右,使用前轻轻振摇均匀。活疫苗按疫苗使用说明书规定的稀释方法、稀释倍数稀释;不带专用稀释液的疫苗应选用蒸馏水或生理盐水稀释;用酒精棉球消毒瓶塞。用注射器抽取稀释液,注入疫苗瓶中,振荡,使其完全溶解。全部抽出,注入疫苗稀释瓶中,然后再抽取稀释液,注入疫苗稀释瓶中,振荡冲洗,抽取干净,注入疫苗稀释瓶中,补充稀释液至规定量即可。

3. 免疫档案建立

猪场免疫时应详细记录疫苗名称、疫苗类型、注射计量、免疫日期、疫苗产地、出厂时间、操作人员姓名等,建立免疫档案,便于漏防、重防和免疫结果等方面的追溯,表1-10为保育、育肥猪免疫记录样表。

表1-10 某猪场免疫记录样表

栋栏号	转入时间	转入头数	35 d口蹄疫一免	60 d猪瘟二免	70 d伪狂犬病二免	90 d口蹄疫二免	110 d伪狂犬病三免	口蹄疫三免	免疫人员
1									
2									
⋮									

4. 注意事项

(1)免疫时机选择。使用疫苗最好在早晨，在使用过程中，应避免阳光照射和高温环境。

(2)免疫前动物健康状况检查。为了保证免疫动物安全及接种效果，接种前首先观察动物的健康状况，怀疑有传染性疫病时，暂缓接种。

(3)免疫副反应的处理与预防。免疫接种后，在接种反应时间内，防疫人员要对被接种动物进行反应情况检查，详细观察饮食、精神、大小便等情况，并抽查体温，对有副反应的动物应予及时抢救、治疗。

(4)废弃物处理。用完的疫苗瓶，用过的酒精棉球、碘酊棉球等医疗废弃物应定点收集后焚烧或交给专业机构进行无害化处理。

(五)免疫效果检测

1. 免疫抗体检测时间确定

活疫苗免疫抗体检测时间一般建议在免疫后 14 d，灭活疫苗免疫抗体检测时间一般建议在免疫后 28 d。猪群健康状况摸底调查可随机采样。

2. 检测血样采集

血样采集尽量在喂食之前或进食 2 h 后进行；样品采集数量应符合统计学一般规律；用兽用一次性采血器(或一次性注射器)，种猪可采用耳缘静脉采血，产房仔猪和保育猪可采用前腔静脉采血，如图 1-31 所示。每份血样采集 2～4 mL，标记要清楚，编号要有规律，样品的排列要有顺序，按要求填写采样记录单，与血样一同送至实验室。

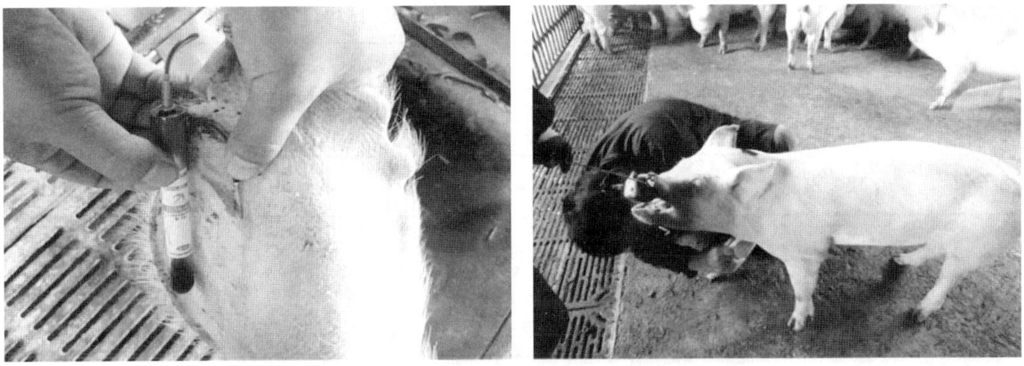

图 1-31　耳缘静脉和前腔静脉采血

3. 检测结果判定

检测结果判定参照试剂盒说明书进行。根据抗体检测结果、免疫背景结合临床健康状况初步评估猪场整体免疫水平，为制定猪场疫病综合防控方案提供重要参考依据。

第六节　粪污处理与资源化利用

一、养猪业污染物排放标准与监测方法

随着公众对环境污染的关注日益强烈，养猪生产者不得不考虑某些措施，尽可能减少猪粪

尿所造成的环境污染，氮和磷是猪粪尿中造成环境污染的主要物质。据初步测算，一个万头猪场的常年存栏量约为6 000头，每天排放粪尿约29 t，全年约为10 585 t。猪群排泄过程及粪便分解时产生的气体也是环境污染源之一。养猪业应积极通过废水和粪便的还田或其他措施对所排放的污染物进行综合利用，实现污染物的资源化。

（一）排放标准

根据《畜禽养殖业污染物排放标准》(GB 18596—2001)，养猪业污染物的排放标准分为水污染物、废渣和恶臭气体三部分。

1. 水污染物排放标准

(1)畜禽养殖业废水不得排入敏感水域和有特殊功能的水域。排放去向应符合国家和地方的有关规定。

(2)标准适用规模范围内的畜禽养殖业的水污染物排放分别执行表1-11、表1-12的规定。

表1-11 集约化养猪业最高允许排水量 m^3/(百头·d)

工艺	水冲工艺		干清粪工艺	
	冬季	夏季	冬季	夏季
标准值	2.5	3.5	1.2	1.8

注：废水最高允许排放量的单位中，百头指存栏数。春、秋季废水最高允许排放量按冬、夏两季的平均值计算。

表1-12 集约化养猪业水污染物最高允许日均排放浓度

控制项目	五日生化需氧量/(mg/L)	化学需氧量/(mg/L)	悬浮物/(mg/L)	氨氮/(mg/L)	总磷(以P计)/(mg/L)	粪大肠杆菌群数/(个/mL)	蛔虫卵/(个/L)
标准值	150	400	200	80	8.0	10 000	2.0

2. 废渣无害化环境标准

(1)畜禽养殖业必须设置废渣的固定储存设施和场所，储存场所要有防止粪液渗漏、溢流措施。

(2)用于直接还田的畜禽粪便，必须进行无害化处理。

(3)禁止直接将废渣倾倒入地表水体或其他环境中。畜禽粪便还田时，不能超过当地的最大农田负荷量，避免造成面源污染和地下水污染。

(4)经无害化处理后的废渣，应符合表1-13的规定。

表1-13 养猪业废渣无害化环境标准

控制项目	指标
蛔虫卵	死亡率≥95%
粪大肠杆菌群数	≤10^5个/kg

3. 恶臭气体排放标准

集约化畜禽养殖业恶臭气体的排放执行表1-14的规定。

表 1-14　集约化畜禽养殖业恶臭气体排放标准

控制项目	标准值
臭气浓度(无量纲)	＜70

(二)监测方法

污染物项目监测的采样点和采样频率应符合国家环境监测技术规范的要求。污染物项目的监测方法按表 1-15 执行。

表 1-15　畜禽养殖业污染物排放配套监测方法

序号	项目	监测方法	方法来源
1	生化需氧量(BOD_5)	稀释与接种法	HJ 505—2009
2	化学需氧量(COD_{Cr})	重铬酸钾法	HJ 828—2007
3	悬浮物(SS)	重量法	GB 11901—89
4	氨氮(NH_3-N)	纳氏试剂比色法 水杨酸分光光度法	HJ 535—2009 HJ 536—2009
5	总磷(以 P 计)	钼蓝比色法	GB 11893—1989
6	微生物指标	多管发酵法、平皿计数法、酶底物法、滤膜法等	GB/T 5750.12—2023
7	蛔虫卵	沉淀集卵法	HJ 775—2015
8	蛔虫卵死亡率、沉降率及其他寄生虫的检查	详见标准	GB 7959—2012
9	臭气浓度	三点式比较臭袋法	HJ 905—2017

二、猪场粪污处理与资源化利用

(一)养猪场清粪方式

1. 水冲粪、水泡粪工艺

这种工艺也称为“粪尿舍内混合法”，是采用高压水枪、漏缝地板，在猪舍内将粪尿混合，冲入排污沟，进入集污池，然后用固液分离机将猪粪残渣与液体污水分开，残渣运去专门加工厂，加工成肥料，污水通过厌氧发酵、好氧发酵处理，排放到农田。在猪舍设计上的特点是地面采用漏缝地板、深排水沟，舍外建有大容量的污水处理设备。

这种方案在我国 20 世纪 80 年代、90 年代较为普遍，是我国学习国外集约化养猪经验的第一阶段。虽然可以节省人工劳力，但它的缺点也很明显，主要是：①用水量大，一个 600 头生产母猪年出栏商品肉猪万头的大型猪场，其每天耗水量在 100～150 t，年排污水量 50 000～70 000 t；②排出的污水 COD、BOD 值较高，由于粪尿在猪舍中先混合，再用固液分离机分离，其污水的 COD 在 13 000～14 000 mg/L，BOD_5 为 8 000～9 600 mg/L，SS 达 134 640～140 000 mg/L，污水难以处理；③处理污水的日常维持费用大，污水泵要日夜工作，而且要有备用；④污水处理池面积大，通常需要有 7～10 d 的污水排放储存量；⑤投资费用也相对较大，污水处理投资通常达到猪场投资的 40%～70%。显然，这个技术路线不适合目前的节水、节能的要求，特别对我国中部和北方地区养猪很不适合。

2. 干清粪工艺

这种方法也称为“粪尿舍内分离法”，是在猪舍内先把粪和尿分开，采用人工清粪，用手推车把粪集中运至推粪场，加工处理，猪舍地面不用漏缝地板，改用水泥浅排污沟，减少冲洗地面用水。这种方案虽然增加了人工费用，但它克服了“粪尿舍内混合法”的缺点，表现在：①猪场每天用水量可大大减少，一般可比“粪尿舍内混合法”减少三分之二。②排出污水的 COD 值只有前法者的 25%左右，BOD 值只有前法的 40%～50%，SS 只有前法的 50%～70%，污水更容易处理。③用本方法生产的有机肥质量更高，有机肥的收入相当于支付清粪工人的工资。④污水池的投资节省，占地面积小，日常维持费用低。

3. 尿泡粪工艺

尿泡粪工艺是改进后的水泡粪，粪便在粪沟内被尿液浸泡稀释成粪液，储存一定时间后，打开排污塞子，将沟中粪水排出。粪水顺粪沟流入粪便主干沟，进入贮粪池。

该工艺的主要目的是定时、有效地清除畜舍内的粪便、尿液，减少粪污清理过程中的劳动力投入，减少冲洗用水，提高养殖场自动化管理水平。

尿泡粪工艺用水量极小，只需首次在粪沟底部放入 20～30 cm 的水，之后用猪本身产生的尿液来软化粪便。这样在能够节省 70%的用水量，解决了水冲粪、传统水泡粪用水量大的问题，同时也解决了干清粪劳动效率低、劳动强度大的问题。

（二）养猪场粪便处理技术

通过干清粪或固液分离出来的粪便中含有大量的有机质和氮、磷、钾等植物必需的营养元素，但也含有大量的微生物（包括有益的微生物群和病原微生物群）和寄生虫（卵）。因此，需要经过无害化处理，消灭病原微生物和寄生虫（卵），才能加以应用。

常见的处理方法有生物发酵法、干燥法及焚烧法等。但焚烧法在燃烧处理时不仅使一些有利用价值的营养元素被烧掉，造成资源浪费，而且容易产生二次污染，不宜提倡。

1. 生物发酵法

生物发酵法的原理是微生物利用粪便中的营养物质在适宜的碳氮比、温度、湿度、通气量和 pH 等条件下大量生长繁殖，降解有机物，同时达到脱水、灭菌的目的。在好氧发酵过程中，好氧菌会消耗大量的碳源和氮源，同时产生大量的热能，使堆肥形成高温。在厌氧发酵过程中，厌氧菌也会消耗碳源和氮源，但有机质的矿化程度不及好氧发酵，粪堆不易产生高温，杀灭病原菌和寄生虫（卵）以及脱水效果不及好氧发酵。

（1）自然堆肥发酵。这是一种比较传统的生物发酵法。将经过预处理的物料堆成堆，在 15～20 d 的腐熟期内，翻堆 1～2 次，起供氧、散热和发酵均匀的作用，此后静置 2～4 个月即可完全腐熟。此法成本低，但占地面积大、处理时间长、易受天气影响，对地表及地下水易造成污染。

（2）好氧高温发酵。好氧高温发酵对有机质分解快、降解彻底、发酵均匀；发酵温度高，一般在 55～65 ℃，高时可达 70 ℃以上；脱水速度快、脱水率高、发酵周期短，一般经 15～20 d 即可发酵腐熟，杀灭病菌、寄生虫（卵）和杂草种子及除臭效果好。

（3）好氧低温发酵。其加工原理是用电脑控制低温堆肥过程，使发酵在密闭的反应器中进行，发酵温度控制在28～45 ℃，发酵结束前短期内使物料温度升至66 ℃以杀灭物料中的有害细菌。好氧低温发酵过程短，只需2 d，对环境无污染，废气经无害化处理，产品无毒无臭。

(4)厌氧发酵。厌氧微生物或兼性厌氧微生物以粪中的糖和氨基酸为养料生长繁殖，进行乳酸发酵、乙醇发酵或沼气发酵。粪料含水量较低的(60%～70%)以乳酸发酵为主，粪料含水量高于80%的则以沼气发酵为主。其优点是无须通气，也不需要翻堆，能耗低，运行费用低；但发酵周期长，占地面积大，脱水干燥效果差。

沼气发酵是由多种微生物在没有氧气存在的条件下分解有机物来完成的。不同的发酵原料和条件下沼气微生物的种类会有所不同，主要有产氢产乙酸菌和产甲烷菌等。猪粪是沼气发酵的主要原料，分解速度相对较快，产气效果好。沼气发酵适宜的粪便污水固体浓度为5%～8%，适合于高水分粪污的处理。与好氧高温发酵相结合，基本上能用生物发酵方式减量化、无害化处理养猪场的粪便污水。

湿式厌氧发酵是近几年来开发出的一种新型厌氧处理技术，已在欧洲得到应用和发展。该技术要求粪便含水量在85%，在热水保温中厌氧发酵，发酵周期为18 d，有机物分解率为75%左右；进行高温厌氧发酵，发酵周期可缩短到15 d，有机物的分解率达80%以上。该技术具有自动化程度高、对环境污染小等优点，但投资、运行费用、工艺控制要求高，适合大型养殖场。

2. 干燥法

干燥处理法是利用燃料、太阳能、风等能量，对粪便进行处理。干燥的目的不仅在于减少粪便中的水分，还要达到除臭和灭菌的效果，因此干燥的粪便大大降低了对环境的污染。而且干燥后的粪便可加工成颗粒肥料。

3. 焚烧法

焚烧法也是一种固体粪便的处理技术。由于粪便的主要固体物质是有机物，其中含有机碳高达25%～30%，借用垃圾焚烧处理技术，在焚烧炉内充分燃烧成为灰渣，产生的热量可用于发电、取暖等。这种方法可使粪便在短时间内减少90%以上，并杀灭粪便中的有害病菌和虫卵。但投资大、处理费用高，燃烧时释放的二氧化碳和其他有害气体对大气环境有不良影响，故一般只在处理病死猪尸体时采用。

在我国，对猪场捡来的干粪和由粪水分离出的干物质，进行好氧高温发酵处理是最佳的固体粪污处置方式。因为好氧高温发酵法比干燥法具有节省燃料、低成本、粪污处理过程中养分损失少等优点，且可达到除臭、灭菌的目的，处理的最终产物较干燥、易包装。

对没有充足土地消化利用粪肥的大中型养殖场，应建立集中处理畜禽粪便的有机肥厂，采用好氧高温发酵方法处理粪便。

(三)养猪场污水处理技术

1. 污水处理总体思路

养猪场污水处理总体上要求建设处理工程的一次性投资低，处理过程中的运行成本低，处理的效率高，废水资源化利用的程度高，根据此原则要求，畜禽粪便污水处理的基本原则有以下几点：

(1)采用用水量少的清粪工艺，如干清粪工艺，使干粪与尿污水分流，最大限度保持粪的肥效，减少污水量及污水中污染物的浓度，减低废水处理难度及成本。

（2）走种养结合的道路。要从根本上解决猪场粪便的污染问题，就必须将现代化、规模化养殖业与种植业相结合。污水经净化处理后可灌溉农田、果树、蔬菜、草地及养鱼等，多余的污水经消毒处理后用于冲洗猪舍。

（3）对于养殖规模小、有土地的偏远山区，尽量采用自然生物处理法。干清粪后，其污水处理可充分利用当地的自然条件和地理优势，利用附近废弃的沟塘、滩涂，采用投资少、运行费用低的自然生物处理法，同时应避免二次污染。

（4）对于大中型养猪场，特别是水冲粪养猪场，以厌氧消化为主，配合好氧处理和其他生物处理方法。此类养猪场废水浓度高，单纯采用好氧法处理必须要稀释和曝气，耗能多且运行费用高。采用厌氧消化处理后水可用于灌溉，多余的废水再经氧化塘好氧处理，基本上可达到排放标准。

总之，污水经生物处理后达标排放，或用于蔬菜、果林地的灌溉水，运行成本低、投资少，可还肥于田，并为有机农业、高效农业的发展奠定了基础，是目前值得推广的处理方法之一。

2. 对污水处理的具体要求

养殖过程中产生的污水应坚持农牧结合的原则，经处理后尽量充分还田，实现污水的资源化利用。污水作为灌溉用水排入农田之前，必须采取有效的措施进行净化处理，达到《农田灌溉水质标准》（GB 5084—2021）的要求，污水的净化处理应根据养殖规模、清粪方式和当地的自然地理条件，选择合理、实用的污水净化处理工艺路线和工艺技术，达到回用标准和排放标准。在养猪场与还田利用的农田之间建立有效的污水输送网络，通过车载或管道的形式将处理后的污水送至农田，严格控制污水输送沿途的跑、漏现象。应在田间配套设置贮存池，以解决农田在非施肥期的污水出路问题，田间贮存池的容积不低于当地农田作物生产用肥的最大间隔时间内养猪场排放污水的总量。

对没有充足土地消化污水的养猪场，可根据当地实际情况选用下列综合利用措施：①经生物发酵后，制成商品液体有机肥。②进行沼气发酵，对沼渣、沼液应尽可能实现综合利用，同时要避免产生新的污染，将沼渣及时清运至粪便贮存场所，与粪便集中处理，沼液尽可能进行还田利用，排放的部分要进行净化处理，达到排放标准，沼气发酵产物应符合《粪便无害化卫生要求》（GB 7959—2012）。

养猪业废水不得排入敏感水域和特殊功能水域。排放去向应符合国家和地方的有关规定。

3. 养猪场污水处理方法

（1）厌氧处理法。处理养猪场高浓度的有机废水，厌氧技术是最为常用的处理技术。因为厌氧消化可将大量的可溶性有机物去除（去除效率达 85%～90%），且运行成本低。目前用于处理养猪场粪污的厌氧工艺很多，其中较为成熟且常用的厌氧工艺有厌氧消化池处理、厌氧滤器处理、上流式厌氧污泥床处理、厌氧复合床反应器处理、两段厌氧消化法处理、升流式污泥床反应器处理等。

（2）厌氧-好氧联合处理法。一般来说，活性污泥等好氧处理法，其 COD 去除率较高，可达排放标准，但工程投资大、运行费用高。自然处理方法成本低，但占地面积太大、周期太长，且依赖于环境温度，在土地紧缺或冬季气温较低的地方难以推广。厌氧生物法可处理含高浓度有机质的污水，自身耗能少、运行费用低，且产生能源，但高浓度有机污水经厌氧处理后难以达到现行的排放标准；此外，在厌氧处理过程中，有机氮转化为氨氮、硫化物转化为硫化氢，使处理后的污水仍具有一定的臭味。

采用厌氧-好氧联合处理工艺，既克服了好氧处理法耗能大和自然处理需要大面积土地的不足，又克服了厌氧处理达不到要求的技术缺陷，具有投资少、运行费用低、净化效果好、能源环境综合效益高等优点，特别适合应用于产生高浓度有机废水的养猪场。

（四）养猪场粪污处理模式

目前，我国养猪场常见的粪污处理模式有两种：能源生态型和能源环保型。不管哪种途径都需要经过沼气过程转化和生物有机肥利用。

1. 能源生态型

能源生态型技术路线如图 1-32 所示，可产生大量的沼气，根据沼气转化率与停留时间的理论关系，厌氧发酵系统要求水力停留时间至少有 30 d，沼气原料才能充分降解转化为沼气；根据国家有关卫生标准要求，厌氧发酵 30 d 后病原菌才能被充分杀尽。原料经过 30 d 以上的厌氧发酵以后，由于能量转化充分，沼渣产量小，沼液中的 COD 只有 2 000 mg/L 以下，使沼液容易净化处理。能源生态模式中，污水作为灌溉用水排入农田前，必须采用有效措施进行净化处理（包括机械的、物理的、化学的和生物学的），并须符合《农田灌溉水质标准》（GB 5084—2021）的要求。可通过以生物技术为主的污水处理组合工艺对沼液进行处理，达到灌溉标准。

按 1 万头规模的猪场每天排出粪污水 80～100 t 计算，厌氧发酵消化器的容积在 2 500 m^3 左右，每天可产生 2 000～2 500 m^3 沼气，可装配 150 kW 的沼气发电机组，产生的电能供猪场工业园自用或者通过国家优惠政策上网。

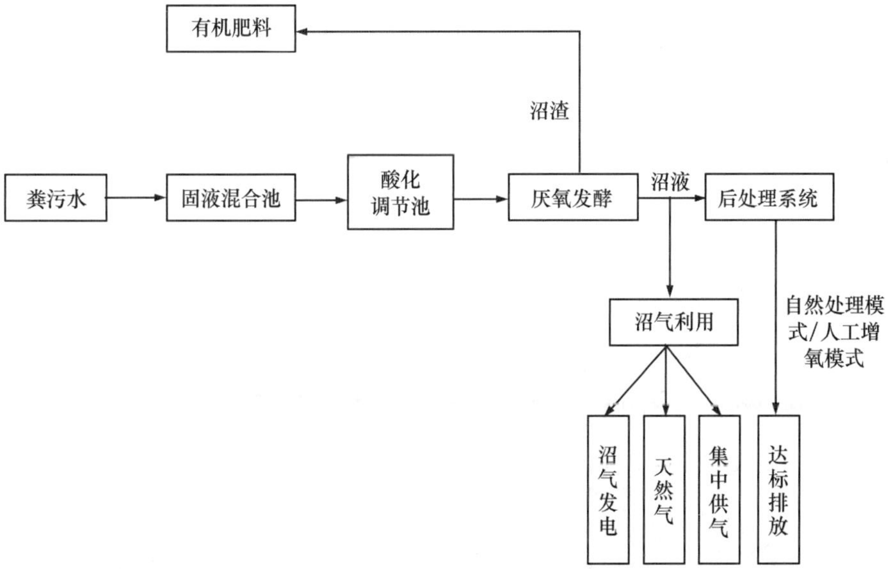

图 1-32　能源生态型技术路线

2. 能源环保型

能源环保型技术路线如图 1-33 所示，粪污经干清粪、隔栅沉淀等固液分离环节后，污水中 COD 从原来的 20 000 mg/L 降至 5 000～7 000 mg/L，粪污水厌氧发酵可产生 100～150 m^3 沼气，处理过程中厌氧发酵及后处理的造价和运行成本大大降低，厌氧发酵后污水(沼液)浓度大大降低，其 COD 为1 000～2 000 mg/L，减轻了后处理的负荷。通过固液分离方法分离出的固形物，可制成优质有机复合肥。

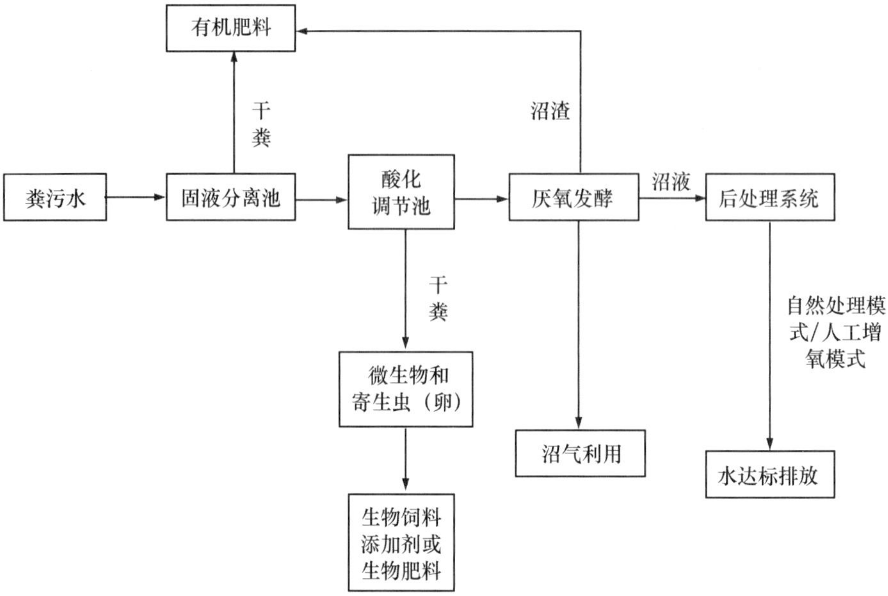

图 1-33　能源环保型技术路线

第二章

肉牛养殖技术

第一节　牛场建设与环境控制技术

一、肉牛场规划设计

牛场规划设计的合理与否，是牛场能长期生存的关键问题之一。建场之前，应全面了解当地的自然资源、社会经济条件及周边环境，结合自身的经济、技术实力，做出比较科学的长远规划，符合国家法律法规的相关规定，适应当前及未来现代化养牛业的需要。

（一）场址选择

1. 总体要求

符合当地土地利用规划，不得在法律、法规明确规定的禁养区建场。

2. 地势

应选择干燥、背风向阳处，总体平坦或具有缓坡，地势应较高、排水良好，地下水位在 2 m 以下，不能在低洼涝地、水道和风口处建场，山区不宜选择山顶或山谷。

3. 水源

要求四季供水充足稳定，取用方便，水质良好，保证生产用水和人畜生活用水，不经处理即能符合《生活饮用水卫生标准》(GB 5749—2022)的最为理想。

4. 草料资源

以放牧为主的，应有足够面积的放牧场地；采用舍饲的，必须有充足的饲草、饲料种植基地或便利廉价的草料来源，减少运费和降低成本。

5. 交通及电力

要求交通方便，有硬化路面直通到场，便于饲草、活牛及粪肥运输，但不应紧邻交通要道。电力供应方便，能满足生产需要。

6. 周边环境

距离屠宰场、肉品加工厂及其他养殖场 5 km 以上；距离化工厂、采矿厂、皮革厂、垃圾场等 3 km 以上；距离交通要道、铁路、集中居民区 1 km 以上；远离高压线。

（二）场区布局

1. 场地面积

牛场的占地面积根据养殖规模、生产方向、饲养方式、管理水平，结合长远规划进行估算。

拴系及散栏式养殖的育肥场，牛舍面积一般占牛场总面积的 20%～30%；发酵床养殖的，牛舍面积一般占牛场总面积的 40%～50%。每头牛占用的牛舍面积（含料槽、走道、清粪道）参考表 2-1。

表 2-1　牛舍面积估算表

m^2/头

生产方向	牛群	拴系式	散栏式	发酵床式
育肥场	育肥前期	3～4	4～5	6～9
	育肥中期	4～5	5～6	9～12
	育肥后期	4～5	6～8	12～15
繁育场	种公牛	—	12～15	15～20
	成年母牛	—	5～8	10～15
	青年牛	—	3～4	6～9
	犊牛	—	2～3	3～5

备注：①采用发酵床式的牛场无须配备运动场，有放牧条件的还可减少 20%～25%的牛舍面积；②采用散栏式的繁育场，且无放牧条件的，需配备牛舍面积 2～3 倍的运动场。

2. 分区及布局

场区与外部环境用围墙或沟渠完全隔离。内部通常分为五个区，即生活管理区、草料贮存区、生产区、病牛隔离区、粪污处理区。应按地势、风向等进行合理布局，同时要兼顾便于管理、顺应作业流程、防疫安全、消防安全、经济用地和节约投资。大型养牛场可以一步设计、分步实施，若不提前通盘构思，一经建成，再想改造或挪动将极为困难。

（1）生活管理区。设置于常年风向的上风处，与生产区间距 50 m 以上；包括办公室、接待室、档案资料室、实验室等生产经营管理区及员工生活的建筑与设施。

（2）草料贮存区。紧邻生产区，便于饲喂；包括地磅房、草料仓库、饲料加工调制间、青贮窖、酒糟池等建筑和设施。

（3）生产区。生产区是牛场的核心区域，用围栏或围墙与其他区隔离，入口处应设有车辆消毒池、消毒间、更衣室等防疫设施；区内主要是各用途牛舍、装卸台，繁育场还可设置配种间、性能测定中心。

（4）病牛隔离区。设在下风处，与生产区间距 100 m 以上，设置单独通道，便于隔离、消毒和污物处理；包括病牛舍、兽医室。育肥场的牛只进出相对频繁，可在场外另建新购进牛的专用隔离场。

（5）粪污处理区。设在下风处及地势较低处，主要包括堆粪场、污水收集和处理池，大型牛场还可建设有机肥加工车间。

3. 道路

场内净道与污道分开，尽量做到互不交叉。宽度应满足运输要求，路面坚实、排水良好。

4. 排水

雨污分离，各自处置。污水及降雨初期 15 min 的雨水，采用暗管排放、汇总到污水处理池进行净化处理；干净的雨水利用地形自然排放，有条件的可收集利用。

二、牛舍设计建造技术

适宜的养殖环境和条件是提高生产性能和管理水平的重要因素。建造牛舍，应根据纬度、海拔、气候等因素和环境条件，为牛提供良好的生活场所，充分发挥生产性能，有利于健康生长和控制疾病，同时要经济实用，方便生产管理，节约投资和运行成本。小规模养殖的，可利用旧厂房、仓库等现有房舍进行修缮和改造。

（一）牛舍类型

根据用途不同，分为种公牛、繁殖母牛、犊牛、育成牛、青年牛、育肥牛及隔离牛等牛舍；按建筑材料，分为钢构式、砖木式、土筑式；按屋面形态，分为单坡式、双坡式、钟楼式、半钟楼式；按墙面开放程度，分为开放式、半开放式、封闭有窗式；按舍内排列方式，分为单列式、双列式、多列式；按饲养方式，分为拴系式、散栏式、发酵床式；按先进性水平，分为人工管理式、机械化管理式、智能化管理式。

（二）设计原则和要求

1. 牛舍选型

严寒地区要充分考虑冬季保温，牛舍多采用有窗封闭式；中东部地区兼顾保温和防暑，多采用半开放式，产犊舍可采用有窗封闭式；南方地区夏季炎热、潮湿，宜采用开放式。大型养牛场采用双列式，小规模养殖单列或双列均可。

2. 符合生产工艺要求

牛舍应坚固结实、抗震、防水防火，便于牛的采食、饮水、运动和躺卧休息，舍内温度、湿度、光照、通风、空气质量等环境良好，冬暖夏凉，地面不透水、不打滑，同时应方便员工的投喂、清粪、防疫、性能测定、生产护理等饲养管理操作。

3. 牛舍排列

根据地形地势、养殖规模、饲养方式、生产阶段等因素进行牛舍的排列布局，便于饲料投喂和牛群周转。牛舍长轴平行、整齐排列，北方地区一般为东西走向，南方地区的东西走向或南北走向均可；建筑紧凑，节约土地，两栋牛舍之间要有 10 m 左右的卫生间隔。

（三）典型牛舍的设计建造

1. 拴系式育肥牛舍

拴系饲养有较好的采食位置和休息环境，可避免打斗和牛的相互干扰，便于个体管理，也能节约房舍建筑面积，缺点是牛不能自由活动，健康福利水平相对不高。

牛舍跨度 11～12 m（根据不同育肥阶段而定），轻钢屋架，双层彩钢板聚氨酯复合板隔热屋顶，水泥防滑地面。合理设计屋檐、屋顶高度和屋面坡度。采用双坡式屋顶的可安装风帽，自然通风。

舍内双列对头式，中央为喂料通道，人工喂料的走道宽 2 m，机械化喂料的宽 3～4 m，两边依次为料槽（含槽帮）宽 0.5 m、牛床和清粪道宽 3～3.5 m；平地式通栏料槽，槽底低于走道 0.1 m、高于牛床 0.1 m，牛侧槽帮高 0.5 m；料槽前离地面 0.6 m 设自动饮水装置，每两头牛 1 个；育肥前期牛位宽 0.8 m、后期 1 m。牛舍纵向、横向坡度 1%～1.5%，设纵沟方便排污。牛舍平面和剖面见图 2-1，实景见图 2-2、图 2-3。

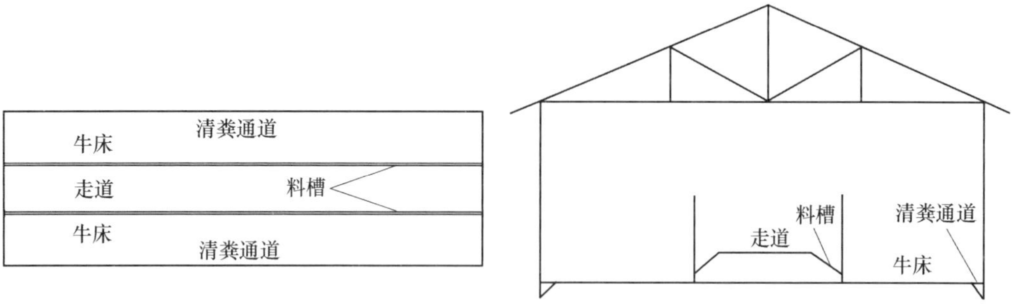

图 2-1　拴系式育肥牛舍平面和剖面图

图 2-2　拴系式牛舍内景

图 2-3　带隔墙的拴系式牛舍

2. 散栏式牛舍

小群围栏散放式饲养，有适合育肥牛的固定小栏，也有适合繁育牛的活动栏或大通栏。要求饲养密度适宜，同栏的育肥牛个体一致，减少打斗；繁育牛应有便捷通道与运动场或放牧场连接。

固定栏的育肥牛舍(图 2-4)跨度 16～18 m，舍内双列对头式，中央喂料通道宽 3～4 m，两边依次为料槽宽 0.5 m、牛床宽 4 m、清粪道宽 2 m，牛床分隔为若干小栏，每小栏 30～40 m^2，相邻的小栏共用 1 个饮水池，平地式通栏料槽；牛舍纵向、横向坡度 1%～1.5%，设纵沟方便排污。

大通栏的繁育牛舍(图 2-5)跨度 10～11 m，舍内双列对头式，中央喂料通道宽 3～4 m，两边依次为料槽宽 0.5 m、牛床宽 3 m，建固定饮水池，设纵沟方便排污。

图 2-4　固定栏育肥牛舍

图 2-5　大通栏繁育牛舍

3. 发酵床牛舍

图 2-6 发酵床牛舍

发酵床牛舍（图 2-6）的养殖密度相对较小，牛舍跨度应较大，一般为钟楼式屋顶，屋檐较高，立面增加防飘雨设计，舍内空间大，注重通风。

（1）平面布局。牛舍跨度 18～36 m。舍内为双列对头式，中央为喂料通道，两边依次为料槽、牛栏。走道宽度根据喂料车型确定，小型车需 2～2.5 m，中型车 2.5～3 m，大型车 3～3.5 m，有经常性技术培训、示范、参观等活动的，可至 5 m 左右。料槽宽度 0.5 m。牛栏用活动式栏杆隔成若干小间，每小栏 60～120 m^2。四周为挡粪墙，牛舍两端设 4 m 宽机械进出口，安装活动挡板。饮水池设在两侧。地坪高于舍外 20 cm。水泥地面，厚度、强度应满足喂料、清粪等大型车辆机械操作需要。地面不透水、不打滑，不需设粪尿沟，但纵向、横向应略有坡度。

（2）主体结构。一般为钢结构，最好是钟楼式屋顶，其通风效果最好；若为双坡式屋顶，则应安装风帽，以增加通风量。屋面主体为彩钢板聚氨酯隔热复合板（图 2-7），可间隔分布透明玻璃钢瓦，以便增加采光（图 2-8、图 2-9）；或是玻璃钢瓦在内、彩钢板在外，采光效果更好（图 2-10）。

图 2-7 主体彩钢板、外侧玻璃钢瓦

图 2-8 内侧间隔玻璃钢瓦

图 2-9 外侧间隔玻璃钢瓦

图 2-10 外侧彩钢板、内侧玻璃钢瓦

(3)立面设计。根据朝向、跨度、屋顶结构及屋面组合的不同，牛舍的立面也灵活多样，比较典型的有两种，一是小跨度双坡式屋顶(图 2-11)，二是大跨度钟楼式屋顶(图 2-12、图 2-13)。

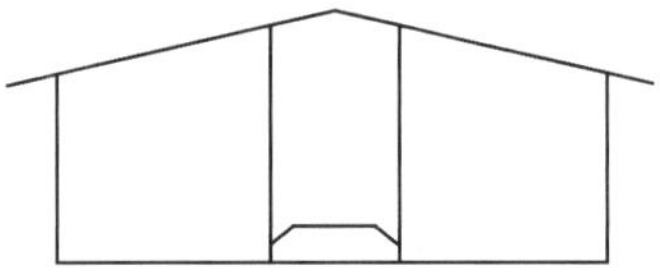

图 2-11　双坡式屋顶剖面图

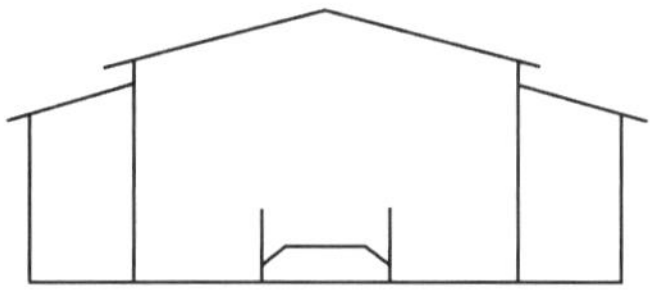

图 2-12　大钟楼式屋顶剖面图

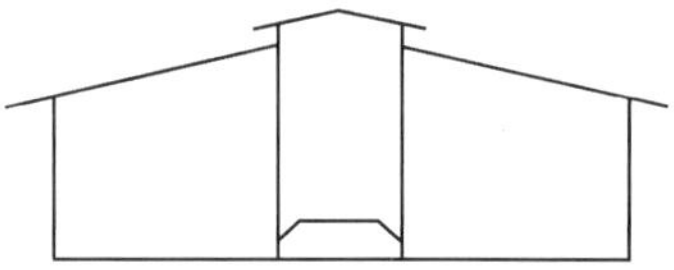

图 2-13　小钟楼式屋顶剖面图

屋檐高度一般为 3.5～4 m，屋顶高度根据屋面坡度和跨度确定。屋檐伸出 1～2 m，较宽的屋檐能减少飘雨。钟楼式两层屋面之间的檐口不能过高，一般 30 cm 较为适宜，檐口的上层屋面也要伸出 40～50 cm，以防飘雨。檐口设计不合理导致飘雨的，后期改装则较为麻烦。

牛舍为东西走向的，北面应安装挡雨板(图 2-14)，南面可敞开，牛舍两端大多封闭上部的 1/3，高度能满足车辆进出即可。牛舍为南北走向的，立面一般为全开放式，上午晒东侧，下午晒西侧。牛舍四周建挡粪墙，应由混凝土浇筑(图 2-15)；高度为 60～80 cm，并安装栏杆。

图 2-14　带挡雨板的牛舍

图 2-15　混凝土浇筑的挡粪墙

4. 旧牛舍改造为发酵床牛舍

传统牛舍以拴系式的为多，开放、半开放、封闭式的均有，跨度一般为 10～15 m，内部为双列对头式，清粪通道在舍内或舍外，饮水碗供水，或是料槽兼具饮水之用。旧牛舍的改造没有标准答案，应具体问题具体分析，通过现场查勘，根据牛舍内外布局、跨度等情况，科学研判和设计。

(1)总体改造思路。根据需求及舍外空间情况，分小改与大改两种。

牛舍跨度大、舍外空间小，可小改。屋面不变；舍内保持双列式，去除单个牛位间的限制隔栏，通栏分隔为 3～4 个小栏，地面不变；料槽和走道高度进行微调；进出通道不变；浇筑挡粪墙；舍外砌饮水池或安装成品水槽；装配挡雨板。

牛舍跨度小、舍外空间大，可大改。保持双列式的，舍外双侧用透明玻璃钢瓦拓宽屋面，对料槽、走道高度、进出通道进行微调；改为单列式的，舍外单侧或双侧用透明玻璃钢瓦拓宽屋面，料槽及饲喂通道改至一侧(东西走向的，走道改至北侧)，进出通道相应变更；分栏、挡粪墙、饮水池、挡雨板等同上。

(2)改造案例一。某牛场最初设计为拴系式,后改为发酵床。由于舍内空间较大,仅改动饮水池、挡粪墙,分小栏,其他不变,改造后场景见图 2-16。不足之处是饲养量大幅削减,料槽和走道利用率较低。

(3)改造案例二。某牛场由拴系式改为发酵床(图 2-17),变双列式为单列式,料槽及饲喂通道改至一侧(北侧),人、牛的进出通道变更,栏杆、挡粪墙、饮水池等相应改动;屋面不变。同样存在饲养量大幅削减、料槽和走道利用率较低的不足。

图 2-16　改造后的牛舍内部(案例一)

图 2-17　改造后的牛舍内部(案例二)

(4)改造案例三。某牛场改造双列式牛舍,拆除舍内地面设施(图 2-18),变为大通栏,舍外单侧拓宽屋面,下方新建料槽及饲喂通道(图 2-19),栏杆、挡粪墙、饮水池等相应改动。其料槽和走道利用率较高,饲养量略有减少。

图 2-18　平整舍内场地

图 2-19　舍内外新建走道

(四)舍内外配套设施

1.料槽

料槽有平地、斜坡、圆弧、沟槽等类型(图 2-20),可灵活选择,高度及尺寸应方便投喂、推料、清理等操作,减少抛洒浪费,同时能使牛舒适采食。料槽上方安装栏杆,有测定、配种等需求的,也可安装颈枷。

图 2-20　带颈枷的平地式料槽

2. 供排水设施

拴系式养殖的，可安装饮水碗，或料槽水槽兼用。舍外设雨水沟，雨水明沟直排，污水通过暗沟或管道排放至污水处理池，应设有分级沉淀系统，与污水池之间有足够落差，以实现自流。散栏式和发酵床式的，牛栏外侧设饮水池，相邻的 2 个小栏可共用 1 个，规格一般为长 2 m、宽 0.5 m、深 0.4 m，球阀自动控制水位。混凝土浇筑或安装成品水槽均可，高 1.2～1.4 m，设置过低则牛饮水困难(图 2-21)。饮水池与牛栏之间须有宽 10 cm 的间隙，或是有导流槽，以免饮水洒入垫床(图 2-22)。

图 2-21　安装偏低的不锈钢水槽

图 2-22　饮水洒入垫床

采用发酵床养殖的，应采取措施减少水进入牛舍，以降低垫床湿度。垫床水分的来源及控制主要包括 3 个方面：一是牛的排泄，一般不进行干预，粪便过稀时，可通过减少青贮、糟渣、叶菜类等饲料原料、提高优质青干草的比例等措施进行调整。二是饮水洒漏，水槽应与牛栏间有一定间隙，水泥池应有导流槽，使洒漏的水能排出舍外；控制水池的水位，不能过高；安装防护栏杆，减少牛的嬉水。三是雨水飘入，牛舍设计时，应合理设置挡雨板，挡雨板可以与屋檐有一定间隙(图 2-23)，必要时加装卷帘或遮雨棚(图 2-24)；钟楼檐口不能过大，屋檐应伸出较长(图 2-25、图 2-26)，较高的屋檐应伸出更长。

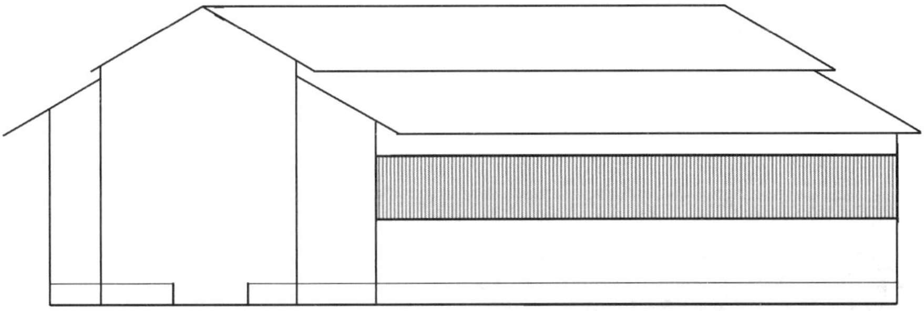

图 2-23　挡雨板示意图

图 2-24　遮雨棚

图 2-25　屋檐较宽,不受飘雨影响

图 2-26　屋檐很短,易飘雨

3. 运动场

散栏式饲养的繁育牛,无放牧条件的,须建运动场。可利用牛舍之间的空间建造,要求平整、干燥,有一定缓坡,或堆成龟背形,以利于排水,周围设排水沟。地面一半为水泥地,一半用夯实过的三合土,中间设隔栏,水泥地面可长期开放,三合土地面在天晴干燥时开放、阴雨泥泞时关闭。图 2-27 为北方典型的舍外运动场和凉棚。运动场内应设凉棚、补饲槽及饮水槽。

图 2-27　舍外运动场和凉棚

4. 围栏

运动场周围及立面无墙的牛舍外围应设置围栏。多采用钢筋水泥桩,预制成方形立柱,高 2 m,植入土中 0.5 m,桩基埋实,立柱间距 5～8 m,桩柱间用镀锌钢管相连,成年牛设上下两根,一根离地 0.7 m,另一根离地 1.1 m;后备牛设 3 根,以免牛从栏内跑出。

三、牛场的配套建筑和设施

(一)草料仓库

传统养牛的精饲料、干草、秸秆等分开贮存,需单独建设精饲料仓库、饲料加工车间、干草棚、酒糟池,如今许多养牛场仅建 1～2 栋草料仓库,所有饲料原料及铲车、全混合日粮搅拌设备等均同库储存,便于就近配制日粮,如图 2-28 所示。

图 2-28 草料仓库

仓库多为轻钢结构,双坡式屋顶,双层隔热彩钢瓦屋面;屋面强度应能抵御大风、雪压等自然灾害侵袭;屋檐高 8 m 左右,便于车辆进出和机械操作;内部宽敞,少设置立柱,避免车辆剐蹭;水泥硬化地面,高出室外 30～50 cm,做隔湿防潮处理;立面半开放,加挡雨板,避免飘雨。应通风良好,设消防用具,注意防火。仓库容量应能满足 6 个月的粗饲料和 2 个月的精饲料供应。

仓库外的空地可建设晒场,水泥硬化。

(二)青贮窖

青贮窖设在草料仓库附近,便于取用,见图 2-29、图 2-30。地上式,钢混结构,强度至少须保证 700 kg/m^{2}的压力要求,坚固耐用。隔墙高 3～5 m,顶宽 30 cm,底宽 50～60 cm,窖的截面呈倒梯形,水泥硬化地面,向出口有一定坡度,避免积水。至少应建 2 个窖,便于交替使用,长、宽、高根据养殖规模而定,储量应能满足 10 个月的需求,每天的掘进量不少于 1 m;青贮料的参考容重为 500～650 kg/m^3。南方多雨地区可在窖上方搭建防雨棚。

图 2-29 青贮窖

图 2-30 带顶棚的青贮窖

(三)酒糟池

酒糟可堆放在草料仓库内,也可单独建设酒糟池(图 2-31)。地上式,砖混结构,高 1.5 m,水泥硬化地面,向出口有一定坡度,安装遮雨棚。酒糟的参考容重 800 kg/m^3,因糟渣类饲料需鲜喂，池的容量能满足 2～3 d 的用量即可。

图 2-31　带顶棚的酒糟池

（四）赶牛通道

赶牛通道设置于牛舍一侧及装卸台之间，用于牛的保定、测定、驱虫、防疫等管理操作（图 2-32）。可借用围墙、围栏等进行建造，要求足够坚固，能耐受牛的挤压和冲撞。处置区的宽度一般为 70～90 cm，牛不能在内调头。

图 2-32　赶牛通道

（五）消毒设施

1. 车辆消毒设施

消毒池宽度应大于卡车的宽度，一般为 2.5 m 以上，长度 4～5 m，深 0.15 m，有 15°斜坡，并设排水口（图 2-33）。还可建设车辆喷淋消毒设施（图 2-34）。

2. 消毒室

用于人员消毒、更衣。一般将消毒室和更衣室串联，各 5～8 m^2。消毒室设小型消毒池和喷雾器；更衣室备有罩衣、长筒胶靴和存衣柜等。

图 2-33　消毒池

图 2-34　车辆喷淋消毒设施

（六）装卸台

在方便车辆转运处设置装卸台（图 2-35），地上式或半地上式。可设置 2 级台高，适应不同车型；台高与车厢齐高，设缓坡与赶牛通道相连。

图 2-35　下沉式装卸台

（七）粪污处理设施

1. 堆粪场

轻钢结构，双坡式屋顶，彩钢瓦屋面，间隔分布透光板，屋面强度应能抵御大风、雪压等自然灾害侵袭。屋檐高度 6 m。水泥硬化地面，防渗漏。至少建 2 个，可以交替使用。大型养牛场可建设有机肥加工车间。

2. 污水处理池

地下式，钢混结构，或铺设防渗黑膜，能防雨、防渗漏、防溢流。按照养殖规模、贮存周期来计算设施容积，至少应能储存 1 个月的污水量，放牧饲养的，其容量可略小。散养户及中小型牛场或采用发酵床养殖的，用污水池处理即可，不建议建造沼气池。拴系或散栏式的大型牛场可建造沼气池，或通过氧化塘、水生植物塘、人工湿地系统进行污水处理。

四、牛场的机械和设备

随着技术的不断进步和畜牧业规模化、集约化的发展，以及劳动力成本的上升，机械化、智能化已成为养牛业的重要发展方向，在牛场的规划设计之初，管理者就应考虑机械的运用，或是为进一步的发展预留空间，已建成投产的，也可以改造升级，以降低生产成本，提高劳动生产效率。

（一）田间机械

仅对牧草及作物的收获机械进行简要介绍，整地、播种、田间管理等阶段的机械不再赘述。

1. 牧草收获机械

机械可以代替人工进行割、搂、集、捆等工序，为养牛场生产鲜草或优质干草，适于草地面积大、牧草收获期降水较少的地区。此类机械主要包括：割草机，将牧草割倒；搂草机（图 2-36），将适当晾晒的牧草搂集成草条；捡拾打捆机，将草条捡起并打捆，有方捆和圆捆两种，草捆密度与机械类型及功率有关。

2. 鲜秸秆收获机械

主要是收获青贮玉米、饲用大麦、饲用油菜等新鲜饲料作物的机械（图 2-37 至图 2-39）。青贮玉米收割机有带料仓和不带料仓两种，割台喂入方式也有区别，大多是收割和切碎一体，单独割倒的较少；根据功率又分为大型、中型和小型，不同机型的收获率差别很大，样方测产为 6 t/亩的青贮玉米，大田收获为 3.8～4.5 t/亩，高级别的机械能捡拾更多，抛撒浪费少。饲用大麦、饲用油菜等作物茎秆较细，需更换青贮玉米收获割台。青贮玉米收获裹包一体机，可将青贮玉米在田间收获、切碎并包膜，运回后直接码垛即可。

图 2-36　搂草机

图 2-37　大型青贮玉米收割机

图 2-38　青贮玉米收割机田间作业

图 2-39　带料仓小型机械收获饲用油菜

3. 干秸秆收获机械

收获麦秸、稻草的搂草机、捡拾打捆机可与牧草收获机械通用，收获玉米棒后的干秸秆，可用玉米秸收获打捆机收获、切短并打捆。

(二)草料加工机械

1.青饲料机械

用铡草机(图 2-40)将新鲜牧草、青绿秸秆、藤蔓等青饲料及南瓜、萝卜等原料切短,适合小规模养殖户。用裹包青贮机将青贮玉米等青饲料裹包青贮,有大包、小包、袋装等类型,具有便于分散运输、方便、商品特性明显等优点,特别适合于种植、农机等合作社向小规模养殖户供货,见图 2-41、图 2-42、图 2-43。

图 2-40　铡草机

图 2-41　裹包机

图 2-42　裹包作业

图 2-43　袋装青贮作业

2.粗饲料机械

用铡草机、粉草机(图 2-44)将干草、秸秆等原料切短或粉碎,方便饲喂。秸秆揉搓机介于铡切与粉碎之间,可将秸秆尤其是玉米秸秆揉碎,完全破坏结节,适口性大幅改进。用打捆机(图 2-45)将松散的干草、秸秆压紧打包,节约存储空间,便于运输和实现商品化。根据压力的不同,低密度草捆一般为 300～350 kg/m^3,高密度的可达 500～600 kg/m^3。用码垛机或叉车装卸草捆、裹包,或将其堆成草垛。制粒机将高品质(如紫花苜蓿)牧草粉碎、制粒,实现商品化。压块机将切短的秸秆压制草块,方便贮存和饲喂。破壁机通过加热、汽喷,使秸秆的细胞壁裂开,提高适口性和消化率。

图 2-44　粉草机

图 2-45　秸秆打捆机

3. 精饲料机械

用粉碎机将玉米等精饲料粉碎。用混合机将各种精饲料、矿物质等饲料原料混合均匀，有立式和卧式两种。用压片机将玉米、小麦等籽实用蒸汽加热后压为薄片，淀粉部分糊化，可提高消化率。用膨化机将大豆、油菜籽等饲料原料进行挤压，机械转动产生的热能使物料成熟，成品体积变大，抗营养因子被破坏，消化率大幅提高。用制粒机将散状的混合精饲料挤压为颗粒状，一般用于犊牛颗粒料。小规模养殖户饲料消耗量小，一般仅需配备粉碎机，其余购买饲料成品，人工混合即可；规模化养殖场也可建设料塔（图 2-46），由饲料加工企业直接供货。

图 2-46　料塔

（三）饲养管理机械及设备

1. 青贮取料机

用于从青贮窖内抓取青贮料，传送至全混合日粮搅拌机内，其切面整齐，可减少青贮料与空气接触，如图 2-47 所示。

图 2-47　青贮取料机

2. 全混合日粮搅拌机

全混合日粮（total mixed ration，TMR）搅拌机是将青贮料、干草、精饲料、糟渣等饲料原料切短、混合及饲喂的设备，按结构分为卧式和立式，按使用方式分为固定式（图 2-48、图 2-49）和移动式（图 2-50），有的移动式兼具抓取青贮料的功能。根据养殖规模选择搅拌机类型和容积，存栏 1 000 头以上的育肥场一般选择固定式,中小规模的选择移动式;搅拌机容积参考表 2-2。

图 2-48 大型搅拌站

图 2-49 小型 TMR 搅拌机作业

图 2-50 带取料功能的 TMR 搅拌车

表 2-2 牛场规模与 TMR 搅拌机容积选择

规模/头	500	1 000	3 000	5 000
容积/m^3	7	12	30	50

3. 撒料车和推料车

用固定式 TMR 搅拌机需配套撒料车(图 2-51)将制作好的日粮撒到料槽中。投料后需视牛的采食情况,用推料车(图 2-52)整理剩余的饲料。

图 2-51 撒料车

图 2-52 推料车

4. 垫床翻耙机械

用旋耕机(图 2-53、图 2-54)定期对垫床进行翻耙。

图 2-53 小型旋耕机

图 2-54 中型旋耕机

(四)环保设备

小规模养牛场一般将牛粪及垫料堆成条垛,用翻抛机(图 2-55、图 2-56)定期翻堆,高温发酵后生产有机肥。大型牛场可配备制粒、烘干、包装等有机肥生产设备。

采用传统养殖方式,需要配备发酵池、氧化塘等污水处理设施设备,肉牛场一般不推荐建沼气设施;采用发酵床养殖方式的,舍内无污水排放,仅对生活污水进行处理即可。

病死牛及医用废弃物等由区域性处理点回收后集中处理,一般不需养殖场配备处理设备。

图 2-55 小型翻抛机

图 2-56 大型翻抛机

(五)其他机械设备

其他如消毒设施、消防设施、监控设备、地磅、犊牛喂奶机、自动加温水槽、屠宰加工设备、撒肥机等,不再细述。

(六)智能设备

人工智能是相对概念,如电子秤能自动感应和显示重量,相较机械秤智能,但随着时代发展,电子秤已经非常普及,其智能性也就感觉不明显,若能与个体识别、数据传输等技术(设备)相结合,实现远程无人测定,又是非常智能。以下介绍(或展望)几种当前比较智能的养牛设备。

1. 个体识别与大数据分析设备

采集牛的毛色、花片、角形等外貌特征,或在牛腿部(颈部)佩带信号发射器(图 2-57),实现个体识别,配合监控设备,可定位、远程查看,工作人员配备手持终端,可单兵寻牛,也可实时或远程调出、输入个体或群体信息,管理更为高效。管理中心采集繁育、分群、性能测定、饲料仓储、配方、健康等各类信息,根据预设程序及指标进行大数据分析和判定,为牛场管理决策提供实时指导及信息预警。

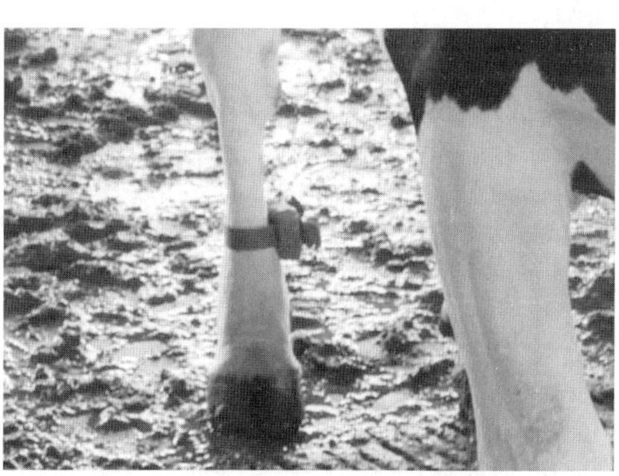

图 2-57 牛腿佩带信号发射器

2. 牛群行为记录系统

牛体佩带的信号发射器,能记录运动步数,通过非接触式信号采集和中转器,定时上传至数据处理中心进行计算分析,若运动量显著低于正常值，则该个体有可能患病，需要临床检查，若繁殖母牛的运动量显著高于正常值，则该个体有可能处于发情期，需要进行鉴定并及时配种。其定位功能还便于山区放牧，配合无人机寻回走失牛。未来可能开发检测体温、心跳、呼吸、反刍等功能。

3. 智能饲喂设备

单栏饲养（或小栏分群）的，可根据该头（小群）牛的采食量，精准投喂，一般用于生产性能测定。TMR 日粮也可用传送带输送至牛舍，实现无人饲喂（图 2-58），配合群体（个体）行为监测，人不需要频繁地进出牛舍。

4. 性能测定设备

性能测定采用非接触个体测定设备，合理设置活动通道，安装测定仪，在牛通过时，可感应识别牛的编号，并自动测定牛的体重、体尺等指标，高效、便捷、省力，无须赶牛、抓牛、保定，避免牛群应激，测定数据可自动上传至处理中心进行分析，评价牛的生长发育、育肥等情况，并能为改进饲养管理提供依据。背膘仪可实现眼肌面积、肌间脂肪等的活体测定（图 2-59），在不屠宰的情况下评价肉用性能。

图 2-58　自动输送 TMR 日粮

图 2-59　肉用性能测定

5. 性别鉴定及控制设备

已有通过分离 X 染色体、Y 染色体精子生产性控冻精的设备，繁育场按需求购买，可于配种阶段控制性别。进行胚胎移植的，可通过组织学、免疫学或分子生物学方法于移植前鉴定其性别。进行常规配种的，可用 B 超诊断，根据设备及操作者的水平，最早可实现孕后 60 d 鉴别。

6. 环境控制设备

包括感应、处理、终端等设备及软件系统，感应器收集温度、湿度、氨气、PM2.5 等环境质量指标并上传；处理中心对数据进行分析，根据预设指标编制控制程序，发送指令或保持沉默；终端设备一般是风机、水阀、卷帘、湿帘等，根据指令启动或停止。环境控制设备多用于封闭式牛舍，并有其控制能力范围，超出范围则无力调控并发出警报。

五、养牛场环境控制技术

（一）舍内环境控制

1. 控风设施

牛舍采用钟楼式屋面、安装风帽、立面开放设计，均有利于自然通风，保证舍内空气良好。

可安装风机，供高温季节防暑降温。冬季确有必要时，可用卷帘等设施挡风保暖(图 2-60)。

2. 控光设施

日间自然采光即可，牛舍南北走向、屋面的透明玻璃瓦、立面开放等设计，均可增加舍内采光，有利于牛的健康。夜间可用节能灯照明。屋面的透明玻璃瓦与彩钢板间隔分布，在保证光照的同时，能起到一定的遮阴作用，有利于高温季节的防暑，否则应覆盖遮阳网(图 2-61)，尤其是跨度小的牛舍更易受晒，应特别注意。

图 2-60　冬季挡风设施

图 2-61　遮阳网防晒

(二)场区绿化

绿化可以阻留空气悬浮物污染，某些树木的花、叶还能分泌杀菌物质，夏季能有效遮阴、降温，冬季挡风，明显改善牛场自然环境，见图 2-62。

场界周边种植高大乔木，多风地区还应根据当地的主风向，在迎风面设立防护林带，常绿乔木、灌木搭配栽植。各功能区用绿化带有效分隔，设有排水明沟的道路两侧种植小乔木或灌木绿篱，暗沟排水的应避免栽植根系发达的植株，以免挤压管道。运动场四周栽植高大、树冠广阔的乔木，株距兼顾遮阴和通风要求。生活区种植乔木、灌木、花卉、草坪等，美化环境。

图 2-62　牛场绿化美化

第二节　肉牛良种繁育技术

一、肉牛品种介绍及引种技术

肉牛的养殖不仅要具有良好的饲养管理技术，品种的选择也至关重要。不同的肉牛品种在生长发育、繁殖、育肥、适应性等方面都有较大差异，养殖户要根据当地的地理环境、气候条件、饲料资源、饲养管理方式、市场需求等因素，综合考虑最适合的肉牛品种进行养殖。

（一）国内肉牛良种

1. 秦川牛

因产于陕西关中地区的“八百里秦川”而得名，渭南、咸阳、宝鸡、扶风、岐山等地为主产区。秦川牛属肉役兼用型地方品种，体格高大，骨骼粗壮，肌肉丰满，体质强健，前躯发育好，如图2-63所示。被毛枣红色，细致而有光泽；头部方正，角短而钝，鼻镜肉红色，部分个体有色斑；肩长而斜，胸宽深，背腰平直，荐骨稍隆起，后躯发育中等，尻稍斜；四肢粗壮结实，两前肢相距较宽；公牛头大颈短，鬐甲高而厚，肉垂发达；母牛头清秀，鬐甲低而薄，肩长而斜，荐骨稍隆起。成年公牛体重620 kg，母牛416 kg；2岁公牛育肥后屠宰测定，平均屠宰率63.1%，净肉率52.9%。

图2-63　秦川牛

2. 南阳牛

产于河南省南阳市的广大平原地区，相邻的许昌、周口、驻马店等地也有分布。体格高大，肌肉发达，结构紧凑，四肢强健，性情温顺。毛色有黄、红、草白3种，以深浅不一的黄色为多，面部、腹部、四肢下部的毛色较浅。额微凹，鼻镜多为肉红色，部分有黑点，角形多为萝卜角，公牛角粗壮，母牛角细；颈短厚而多皱褶，鬐甲较高，肩峰隆起，背腰平直，荐部较高。成年公牛体重490 kg，母牛413 kg；18月龄公牛育肥后屠宰测定，屠宰率55.3%，净肉率45.4%。

3. 晋南牛

主产于山西省南部晋南盆地的运城地区。晋南牛属役肉兼用品种，毛色以枣红为主，红色和黄色次之，富有光泽；体格粗壮，胸围较大，躯体较长，前躯较后躯发达；公牛头短额宽，颈较短粗，背腰平直，垂皮发达，肩峰不明显，臀端较窄；母牛头清秀，体质强健，乳房发育较差。成年公牛体重660 kg，母牛442 kg；2岁育肥公牛屠宰率55%～60%，净肉率45%～50%。

4. 鲁西牛

主产于山东省西南部的菏泽、济宁地区，周边的山东南部、河南东部、河北南部、江苏和安徽北部亦有分布。鲁西牛属肉役兼用型品种，体躯高大，结构紧凑，肌肉发达，前躯较宽深。被毛以黄色居多，也有浅黄和棕红，前躯毛色较后躯深，公牛毛色较母牛深，多具眼圈、口轮、腹下四肢内侧毛色较浅的“三粉”特征。垂皮较发达，角多为龙门角；公牛肩峰宽厚而高，胸深而宽，后躯发育差，前高后低；母牛后躯较好，鬐甲低平，背腰短而平直，尻部稍斜。成年公牛体重 512 kg，母牛 470 kg；18～24 月龄育肥公牛平均屠宰率 55.4%，净肉率 47.6%。

5. 延边牛

主产于吉林省延边朝鲜族自治州，东北三省均有分布。属役肉兼用品种，耐寒、耐粗饲，适应性好。被毛密而厚，毛色为深浅不一的黄色，鼻镜淡褐色，有的有黑斑点。体质结实，结构匀称，骨骼健壮。公牛额宽、角粗大，鬐甲高而宽；母牛角细长，鬐甲较低而平。肩长而斜，尻宽长，乳房发育良好。成年公牛体重 625 kg，母牛 425 kg；成年公牛平均屠宰率 54.4%，净肉率 47.6%。

6. 中国西门塔尔牛

中国农业科学院畜牧研究所吸收国外西门塔尔牛和我国黄牛的优良基因、主持培育而成的肉乳兼用型品种，2002 年通过农业部审定，主要分布于内蒙古、河北、吉林、新疆、黑龙江等省（自治区）。体躯深宽、高大，结构匀称，体质结实，肌肉发达，毛色为红（黄）白花，花片分布整齐，头部为白色或带眼圈，尾梢、四肢和腹部为白色，乳房发育良好；适应性强。成年公牛体重 866 kg，母牛 524 kg；18 月龄育肥公牛平均屠宰率 60.4%，净肉率 50.0%。

7. 华西牛

北京畜牧兽医研究所主持培育的肉牛新品种，2021 年通过农业农村部审定。躯体被毛红色或有少量白色花片，头部白色或带红黄眼圈，肢蹄、腹部、尾梢为白色，如图 2-64 所示。公牛颈部隆起发达，颈胸垂皮明显，体格高大，背腰平直，肋骨方圆深广，背宽肉厚，肌肉发达，后臀丰满，体躯呈圆桶状。母牛体型结构匀称，乳房发育良好，母性好。成年公牛体重 936 kg，母牛 575 kg；20～24 月龄育肥公牛屠宰率 62.4%，净肉率 53.9%。适应性强，耐粗饲，我国南北方地区均可饲养，放牧及舍饲皆宜。

图 2-64　华西牛

（二）湖北省牛品种资源

1. 黄陂黄牛

主产于黄陂、麻城、红安、蕲春等大别山南麓的低山丘陵区，属大别山牛的分支，如图 2-65 所示。黄陂黄牛体型较高大，结构匀称，骨骼粗壮，行动敏捷。毛短贴身，毛色多为红、黄色，其次为褐、草黄色，大部分牛的肋部、大腿内侧、腹下等处毛色淡化，有些牛头颈部毛色加深。头型短宽、平伸，额宽平，眼大有神，角为倒“八”字，肩峰适中，颈垂及胸垂略小，均无脐垂，公牛颈短粗，母牛颈薄而长。背腰较平直，胸深宽，腹较大，尻部短而倾斜。四肢短，筋腱明显，飞节突出，蹄多为黑褐色，蹄质坚实。成年公牛体重 391 kg，母牛 319 kg；自然放牧的 2 岁公、母牛平均屠宰率 52.7%，净肉率 40.8%。

2. 枣北牛

主产于枣阳、襄阳及周边的随州、宜城等县市，属中原黄牛类型，如图 2-66 所示。体型中等偏大，结构匀称，皮薄毛细，骨骼较粗壮，肌肉结实。毛短贴身，毛色以浅黄、红、草白为多，四肢、胸腹底部处较淡，背线及胸腹两侧的色泽浓，颈侧、胸侧无卷毛。公牛头方额宽，颈粗短，肩峰发达；母牛头较窄长清秀，颈细长平直；颈垂及胸垂小或无。角为迎风角。胸较宽深，腹圆大，背腰平直，尻部长而稍斜。成年公牛体重 408 kg，母牛 337 kg；自然放牧的 2 岁公、母牛平均屠宰率 47.4%，净肉率 36.3%。

图 2-65　黄陂黄牛

图 2-66　枣北牛

3. 郧巴黄牛

原名庙垭牛，主产于鄂西北的竹山、竹溪、房县等秦巴山区，属巴山牛的粗壮型，如图 2-67 所示。郧巴黄牛体型紧凑适中，结构匀称，行动敏捷，较早熟，性情温驯，适合山区放牧饲养。公牛体躯长，背腰平直，胸部开张良好；母牛外貌清秀、窄长。被毛短、贴身，额部无长毛，公牛颈部或前躯有卷毛。毛色多为红黄色、褐色，部分牛大腿内侧、腹下、口围处有局部淡化。头较大，长短适中，额宽，鼻梁短，角形以龙门角、笋角为多。公牛肩峰明显，高大丰满，母牛肩峰小；公牛颈垂大，垂皮较发达，多从颈下一直延伸到前胸。无脐垂，尻形长而圆。成年公牛体重 433 kg，母牛 336 kg；平均屠宰率 55%，净肉率 42%。

4. 恩施黄牛

主产于鄂西南的恩施、利川、来凤、宣恩等武陵山区，属巫陵牛的分支，如图 2-68 所示。恩施黄牛体型较小，体质紧凑，前躯发育良好，瘤峰明显，适合山区放牧饲养。被毛有光泽，毛色多为黑、褐、草黄等色。头短，额宽平，公牛较粗重，母牛较清秀。角形以笋角居多。公牛颈短粗，母牛颈薄而长。背腰较宽、平直，腹较大，尻倾斜。四肢短，筋腱明显，关节突出，后肢多内靠。成年公牛体重 406 kg，母牛 318 kg；平均屠宰率 55%，净肉率 42%；青年母牛屠宰率为 51.4%，净肉率 39.6%。

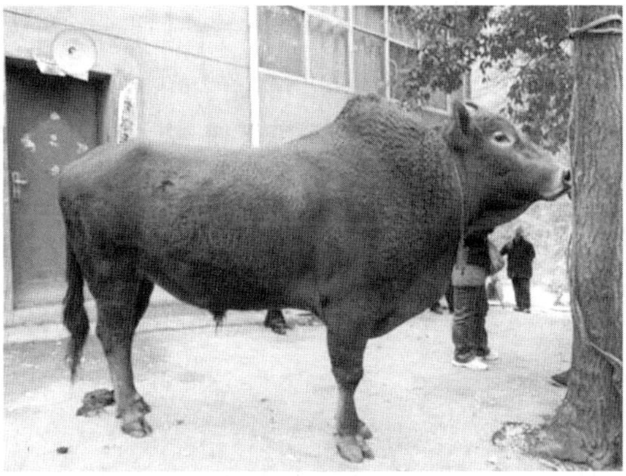

图 2-67　郧巴黄牛

图 2-68　恩施黄牛

5. 夷陵牛

肉役兼用型地方品种，主产于宜昌市的枝江、宜都、当阳、远安等县市，2017 年通过国家畜禽遗传资源委员会鉴定，成为新的畜禽遗传资源。夷陵牛体型中等，骨骼粗壮，结实匀称，善爬坡，主要特征为“两黑一笋”，即黑眼圈、黑鼻镜、笋角，如图 2-69 所示。毛色以棕黄色、板栗色、黑色为主。公牛头颈粗短，肩峰较高；母牛头颈细长，肩峰较小。后肢内靠，腰背平直，腹部圆大，尻下斜。成年公牛体重 379 kg，母牛 320 kg；自然放牧的牛平均屠宰率 47.1%，净肉率 38.9%。肉色鲜亮，肌纤维细密；育肥后呈现大理石花纹。

图 2-69　夷陵牛

（三）引进品种

1. 西门塔尔牛

西门塔尔牛（Simmental）为肉乳兼用的大型品种，原产于瑞士西部的阿尔卑斯山区，主产于西门塔尔平原和萨能平原，现已分布到很多国家。西门塔尔牛体躯高大、肌肉发达、适应性强，是杂交利用的优秀父本，我国自 20 世纪初开始引进，改良地方黄牛效果明显，已成为各地育肥牛的主要类群。如图 2-70 所示，毛色多为黄白花或淡红白花，腹部、尾梢、四肢为白色；角较细而向外上方弯曲；颈长中等，前躯发育良好，体躯长，胸宽深，尻宽平，体躯呈圆桶状，肌肉丰满；乳房发育良好；四肢结实。成年公牛体重 800～1 200 kg，母牛 650～800 kg。公牛育肥期日增重最高可达 1.57 kg；屠宰率 65%，净肉率 50%。乳用型年均产奶量 4 070 kg，乳脂率 3.9%。

2. 夏洛来牛

夏洛来牛（Charolais）原产于法国中部的夏洛来和涅夫勒地区，以体型大、生长快、肉量多而著名，输往世界许多国家。我国分别在 1964 年和 1974 年大批引入，开展杂交改良，杂交牛具有父系明显特征。如图 2-71 所示，夏洛来牛全身为奶油白色，无斑点；头部适中，额部和鼻镜宽，角圆而较长，颈粗短，胸宽深、肋圆、背直而肌肉多，腰宽、臀部大且肌肉发达，体躯呈圆桶状；四肢强壮，骨骼结实。成年公牛体重 1 100～1 200 kg、母牛 700～800 kg。育肥期日增重

1.4 kg，平均屠宰率 60%～70%，净肉率 50%～55%。因纯种繁殖时难产率较高(13.7%)，头胎牛可推迟初次配种时间，或用西门塔尔牛作为父本；经产牛难产情况大幅度减少。

图 2-70　西门塔尔牛

图 2-71　夏洛来牛

3. 安格斯牛

安格斯牛(Angus)原产于英国北部的阿伯丁和安格斯地区，属小型肉牛品种，具有早熟易肥、肉用性能良好等优点，以被毛黑色和无角为主要特征，如图 2-72 所示；也有黑色矮小型的劳莱恩牛(Lowline Angus)，以及被毛红色的红安格斯牛等类群。我国 1974 年开始引进，目前新疆、内蒙古、湖北、陕西等地均有饲养。安格斯牛体质结实，头小而方，额宽，无角，黑色，背腰平直，四肢粗壮，体躯呈圆桶形，肌肉丰满。成年公牛体重 700～900 kg，母牛 500～600 kg。育肥期日增重 1.3 kg，屠宰率 60%～65%，胴体品质好、净肉率高，肌肉大理石纹明显，嫩度和风味好。

图 2-72　安格斯牛

4. 利木赞牛

利木赞牛(Limousin)原产于法国中部的利木赞高原，属大型肉牛品种，现在许多国家都有分布。我国 1974 年起从法国引进，杂交改良优势明显。利木赞牛早熟，生长发育快，具有良好的肉用性能。被毛红色或黄色，背毛浓厚而粗硬，口鼻周围、眼圈周围、四肢内侧毛色较浅，头较短小，额宽，胸宽深，体躯较长，后躯肌肉丰满，四肢粗短。成年公牛体重 950 kg，母牛 600 kg。育肥牛屠宰率 65%左右，胴体脂肪少，净肉率高。

5. 皮埃蒙特牛

皮埃蒙特牛(Pied montese)原产于意大利北部的皮埃蒙特地区，具有双肌基因，是目前公认的肉牛杂交终端父本，如图 2-73 所示。我国于 1987 年和 1992 年先后从意大利引进，开展杂交改良工作。皮埃蒙特牛被毛灰白色或烟熏黑色，幼龄牛为乳黄色，公牛在性成熟时颈部、眼圈和四肢下部多为黑色，母牛多为全白或灰白色，有的眼圈为浅灰色、耳郭四周为黑色。角形为平出微前弯，角尖黑色；体型较大，体躯呈圆桶状，肌肉高度发达。成年公牛体重 1 000～1 300 kg，母牛 650～800 kg。肉用性能好，屠宰率 65%～70%，净肉率 66%，其牛肉胆固醇含量低于一般牛肉。

6. 比利时蓝牛

比利时蓝牛原产于比利时南部，1973 年正式命名，双肌臀特征明显，适于作为商品杂交的终端父本。我国在 2000 年前后引进，杂交效果良好。毛色以白色和蓝白色为主，也有少量带蓝色或黑色斑点，如图 2-74 所示。体型较大，结构紧凑，前额宽阔，颈部粗圆，背腰宽平，体躯强壮；全身肌肉极度发达，臀部丰满，后腿肌肉突出。成年公牛体重 1 100～1 250 kg，母牛 700～750 kg。育肥期日增重 1.6 kg，饲料转化率高，屠宰率可达 70%；与普通牛肉相比，比利时蓝牛肉脂肪少、胆固醇含量低。

图 2-73 皮埃蒙特牛

图 2-74 比利时蓝牛

（四）牛的引种和运输

1. 引种前的准备

（1）品种选择。根据当地气候生态条件、饲养方式、市场需求、生产方向、自身经济实力、技术水平等，合理选择肉牛品种，以免发生水土不服、生长缓慢、疾病频发等情况。如山区放牧的不能选择长期舍饲饲养、体格高大的品种。

（2）确定引种时间和地点。对于长江流域及以北地区，以气温适宜的春秋引种为好；冬季调运应做好防寒工作，炎热的夏季不宜调运。提前调查了解拟引种地的疫病流行情况，不得从疫区购牛。综合考虑引种地的气候、饲养水平、饲养管理方式等条件，尽量选择与本地环境差异较小的地区，或从饲料营养水平较差、饲养管理方式落后于本地的地区引种。初次引种的，可先引少部分进行试养观察、积累经验。

（3）场内准备。做好牛场环境设施、圈舍、草料、饮水、驱虫、防疫等的相关准备，前 15 d 的草料应尽量与引种地接近。牛舍内外彻底清扫，并严格消毒。

2. 检查检疫

（1）选牛。应选来源清晰的健康牛。从事母牛繁育的，优先从具有种畜禽生产经营资质的种牛场引种，系谱档案等资料齐全；从事育肥的，优先选择育肥性能好的杂交牛。现场观察牛的体型外貌、发育情况和健康状况，选择体质健壮的个体。最好聘请有经验的专业人员帮助挑选。

（2）查验资料。索要引种地的饲养管理、疾病防控等技术资料；查验免疫记录，确保拟购牛处于口蹄疫等疫苗的免疫保护期内；进行纯种繁育的，还需要生长发育、系谱等档案资料。

(3)检疫。运输前必须经动物防疫机构进行检疫，并出具产地检疫证明及免疫记录，涉及外贸的还需进行进出口检疫。常见的传染病检疫科目主要有结核病、布鲁氏菌病、口蹄疫等，由检疫部门针对实际情况决定。

3. 活牛运输

(1)人员和车辆。应由有经验的技术员、兽医进行押运。车辆彻底消毒，并取得动物防疫机构出具的消毒合格证明。车辆应有防晒、防风、挡雨设施，封闭条件好的要注意通风换气；车厢底部铺 20～30 cm 厚的秸秆或草帘，防止滑倒；护栏高度不低于 1.4 m。300 kg 左右的架子牛装车面积 1.2～1.5 m^2/头，500 kg 以上的成年牛需 2 m^2/头，夏季装车应适当宽松；双层运输可节约成本。

(2)装车前的准备。选好牛后不要急于启运，尤其是分散选购的牛应在当地的周转牛舍观察 3～5 d。装车前 3～5 h 应停喂青贮饲料、麸皮、鲜草等轻泻性饲料或饼类、豆科牧草等易发酵饲料，少喂精饲料，使牛半饱即可；装车前 2 h 饮口服补液盐溶液 2～3 L/头，不过量饮水。根据路途远近，备足草料和饲喂、饮水、照明等用具。短途运输(1 d 之内)的途中可以不喂；长距离运输的(1 d 以上)要保证途中饮水、吃草料。避免气候恶劣时运输，夏季应选择夜间或早晚凉爽时，冬季注意保暖。

(3)装车及途中管理。装卸及运输过程中，忌粗暴和鞭打；全程不接触其他偶蹄动物。装车不能过密过挤，应对牛进行适当固定，并用栏杆隔开；双层车应上轻下重。运输途中应匀速行驶，严禁急刹。每隔 2～3 h 或有牛惊叫时，要停车检查，及时扶起卧躺的牛，以防踩伤。运输时间 2 d 以上的，每天饮水 3～4 次，每头每天饲喂 3～5 kg 秸秆或青干草。

(4)卸车。车辆到达后，稍休息即可卸车，用卸牛台让牛自行慢慢走下，不要鞭打驱赶。卸牛台周边不得有水塘、青草地，避免抢水抢食。经赶牛通道逐头打耳标编号，称重登记，转入隔离舍，按大小、强弱分群分栏饲养。牛进圈后休息 2 h 后再少量饮水，加口服盐溶液及清热解毒、抗感冒、健胃类中草药，冬季饮用温热水；休息 4～5 h 给予少量秸秆、青干草，不能暴饮暴食。

4. 隔离观察

隔离期至少 15 d，一般为 28 d；饲养场地与工具定期消毒；不得与其他畜禽混合饲养。经常检查牛的食欲、粪便、精神状态，若有外伤、咳嗽、喘粗气、流鼻涕、腹泻、跛行的病牛应单独饲养、治疗。体弱、食欲差的牛静脉注射葡萄糖、维生素 C。发生重大疫病的应立即报告当地兽医防疫部门，按规定执行封锁、消毒等措施。牛群完全稳定后进行检疫、驱虫与免疫接种，确认为健康无病时，方可转入常规牛舍，并对隔离舍彻底清洁消毒处理。

二、肉牛繁殖配种技术

繁殖是增加牛群数量、逐步提高牛群质量的关键技术环节，而牛属于单胎动物，其繁殖率大大低于猪、鸡等畜禽，因此母牛繁殖在肉牛生产中占有重要地位。应充分了解牛的繁殖规律，熟练掌握和应用牛的繁殖技术，做好牛的发情鉴定、繁殖配种工作，加强母牛饲养管理，让母牛多产犊、产好犊。

(一)牛的繁殖规律

1. 性成熟与体成熟

公牛能交配射精、母牛能受胎即称为性成熟，我国地方黄牛一般 8～12 月龄性成熟，但此时不能配种，因为牛的个体还小，过早使用会影响生长发育和以后生产性能的发挥。当牛达到成年体重的 70%左右时基本达到体成熟，此时便可配种，一般公牛 18～24 月龄、母牛 16～18 月龄时初配。

2. 发情周期

母牛性成熟以后表现出一系列周期性的变化，连续两次出现发情的间隔天数称为发情周期。牛的发情周期平均为 21 d，其中青年牛 20 d，经产牛 21～22 d。除生理因素影响外，母牛发情还受营养状况、光照等外界环境因素影响，如北方以放牧饲养为主的牛呈现季节性发情，而南方及舍饲母牛可常年发情，饲养管理水平低的牛发情间隔延长甚至不发情。

根据牛的精神状态、性反应、生殖器官等变化，发情周期可分为 4 个阶段：

(1)发情前期。发情前的 3～5 d，此时卵巢上的黄体已经退化或萎缩，卵泡开始发育，雌激素分泌逐渐增加，孕激素逐渐减少；无明显发情征状。

(2)发情期。有明显发情征状的时期，母牛发情持续期一般为 20 h 左右。发情初期母牛兴奋不安、哞叫、食欲减退、追赶其他牛，但不接受爬跨；阴门肿胀，有少量黏液分泌；卵泡体积逐渐增大。发情盛情母牛性欲强烈，追赶、爬跨其他牛，也接受爬跨，子宫颈口开张，阴道黏液分泌多，具有很强的牵缕性，俗称“吊线”，易粘于尾根或臀部。发情结束期母牛逐渐安静，不再接受爬跨；阴道黏液减少变稠；卵泡增大到 1 cm 以上，壁薄，触诊波动性很强。牛通常在发情结束后 10～12 h 排卵。

(3)发情后期。一般为发情周期的第 3～4 天，母牛性欲停止，阴道黏液分泌减少且变黏稠，外阴不再肿胀，卵泡破裂、排卵，并开始形成新的黄体，孕激素分泌逐渐增加。

(4)间情期。又称休情期，一般为发情周期的第 4～15 天。黄体逐渐生长发育，孕激素分泌增加；随着时间推移，黄体发育停止并逐渐萎缩，孕激素分泌逐渐减少，新的卵泡开始发育，进入下个周期。

3. 产后发情

母牛分娩后需要经过一段时间的生理恢复才会重新发情。产后恢复期一般为 30～40 d，经产、难产及有产科疾病的母牛恢复时间更长。

4. 发情鉴定技术

发情鉴定是肉牛繁殖的重要技术环节，通过综合技术手段来及时发现发情母牛，判断发情阶段，以便确定最佳配种时间并及时配种，提高配种效率和母牛受胎率；同时能判断母牛的异常发情，及时发现和处置繁殖问题。

(1)外部观察法。通过观察母牛的外生殖道、行为表现及精神状态的变化，判断是否发情和发情所处的大致阶段。每日观察不应低于 3 次，每次不少于 20 min。受各种因素的影响，有些母牛的发情表现不明显或不规律，因此在外部观察的同时，可结合直肠检查等方法进一步确定。

(2)试情法。用试情公牛对母牛进行试情，根据爬跨情况来判断母牛的发情程度，适于大群放牧的繁殖群。为便捷化判断试情结果，需要给公牛胸前涂色，爬跨后即可在母牛后躯留下标记；或在母牛尾根涂色，被爬跨后即可擦掉颜色。

(3)直肠检查法。此方法要经过训练的配种技术员才能进行操作,是目前生产中比较准确而常用的方法。将手臂伸入母牛直肠内,隔着肠道触摸卵泡的发育程度,据此判断母牛发情,确定适宜的配种时机。卵泡出现时直径 0.5～0.75 cm,波动不明显,母牛刚开始发情;卵泡增大到 1～1.5 cm 时突出于卵巢,表面光滑、泡壁薄、波动明显,母牛呈现发情;排卵后卵泡破裂,泡液流出,形成小凹陷,发情表现不显著。排卵 6 h 后,原凹陷处形成肉样突出的黄体,表面较为粗糙,随着发育而越变越硬。

(4)其他方法。主要有阴道检查法、计步器法、B 超法、激素测定法、抹片法等,生产中应用不多。

5. 发情异常

(1)安静发情。母牛有卵泡发育、排卵等生理活动,但无外在发情表现,难以观察到;产后牛、瘦弱牛多因激素分泌不足而易发。

(2)持久黄体。因子宫积液、积脓等疾病,引起黄体持久存在,从而造成母牛不发情。

(3)假发情。因激素分泌异常而出现发情,但无卵泡发育、排卵等生理活动,多见于妊娠 5 个月左右的母牛。

(4)卵巢囊肿。分卵泡囊肿和黄体囊肿两种。前者是由于卵泡壁增生、卵细胞死亡、卵泡液被吸收或者增多而形成,并引起卵泡增大、发情持续期延长、发情征状明显等症状,严重时出现慕雄狂。后者是由于未排卵的卵泡发生黄体化或排卵后黄体化不足,黄体增大且呈空腔,母牛长期不发情。

6. 妊娠

(1)妊娠期。母牛配种受胎后进入妊娠期。从最后一次配种之日算起,奶牛妊娠期平均 280 d,地方黄牛 285 d,不同品种间略有差异。

(2)妊娠表现。母牛怀孕后,黄体成为持久的妊娠黄体,血液中孕激素含量高,无卵泡发育,无发情表现;子宫体和子宫角逐渐增大,孕角明显大于空角;子宫血管增加,管壁变厚;阴门收缩紧闭,阴道黏膜苍白;性情变安静,后期行动缓慢、谨慎;新陈代谢加强,食欲增加,体况变好,被毛光润,体重增加;6 个月后腹围增大,孕侧比空侧突出,后期乳房发育。

(3)妊娠诊断技术。散养户多采用外部观察法判定母牛是否怀孕,但早期难以准确判断。直肠检查法是较为常用且准确有效的方法,需要经验丰富的技术员,将手伸入直肠中,触摸卵巢、子宫的变化来确认是否怀孕,最早可于妊娠期第 28 天鉴定。此外还有阴道检查、免疫学诊断、孕酮水平测定、B 超诊断等方法。

7. 分娩及接产

(1)分娩判断。根据预产期预测,或观察母牛的生理变化判断临产,提前做好产前准备。产前 7 d,母牛乳房胀大,外阴部松软、水肿,阴道黏膜潮红;产前 2～3 d,乳房肿胀,乳头变粗,骨盆韧带松弛,尾根两边塌陷,摇动尾根时明显感到尾根与荐骨容易上下移动;产前 1 d,子宫颈塞随黏液排出,呈半透明条索状悬垂于阴门外,母牛表现为活动困难,起卧不安,时常回顾腹部,常做排尿姿势。

(2)产前准备。产前 7 d,将母牛牵入产房,单栏饲养,去掉缰绳、自由活动;给予鲜草、优质青干草等易消化的饲草和少量精饲料,冬天最好饮用温水。准备好干净柔软垫草及剪刀、毛巾、肥皂、碘酊等有关用具和消毒药品。

(3)分娩过程。分娩从子宫出现间歇性收缩、母牛腹部阵痛开始,母牛来回走动、起卧频繁、表现不安，喜欢安静处；随着分娩推进，阵痛加剧，母牛努责，羊膜逐渐露出阴门，膜破后部分羊水流出，胎儿前肢和唇部逐渐露出，母牛多次努责后胎儿排出；母牛轻微努责，子宫缓慢收缩，4～6 h后胎衣排出。

(4)接产与助产。分娩开始时，对母牛外阴及后躯进行消毒；胎儿露出时检查胎位，若有异常应在母牛努责间歇时将胎儿推回、校正；正产时若羊膜未破，可人工扯破，并用毛巾擦净；产程持续长，或倒生(后肢先露出)时，应顺着母牛的努责、协力将胎儿拉出，并避免撕裂会阴或导致子宫脱出。产后母牛及时喂饮少量温水。发生胎位不正、胎儿过大、母牛分娩无力等情况时，应进行必要的助产，尽力做到母子安全。

(二)种牛选择及选配

1. 性能测定

(1)生长发育性状。测定初生及6、12、18、24、36月龄的体重和体尺。清晨空腹测定体重，初生重指擦干被毛后、吃初乳前的体重；用磅秤称量，不具备条件时可用公式估测，并根据膘情上下浮动2%。

$$估测体重(kg)=胸围(cm)\times胸围(cm)\times体斜长(cm)\div 10\ 800$$

测量体尺(图2-75)时必须使牛站立于平坦地面，四肢垂直、端正，头自然前伸，包括以下6项指标：

①体高——鬐甲中部沿前肢后缘垂直到地面的高度，用测杖测量。

②体斜长——肩端前缘到坐骨端外缘的直线长度，用软尺测量。

③胸围——鬐甲后垂直围绕通过胸基的围度，用软尺测量。

④腹围——肚脐前后垂直围绕通过腹部的围度，用软尺测量。

⑤管围——左前肢管部上1/3处的最小围度，用软尺测量。

⑥坐骨端宽——两坐骨端外宽的水平最大宽度，用卡尺(盆测器)测量。

(2)育肥性状。测定育肥牛的始重、末重、饲料消耗，计算平均日增重、饲料转化率。

(3)胴体性状。测定育肥牛的宰前重、胴体重、背膘厚、肉重、骨重，描绘眼肌面积，计算屠宰率、净肉率、肉骨比，评定胴体等级。可以用超声波活体测定牛的背膘厚、眼肌面积和肌间脂肪含量，间接评定肉用性能。

(4)肉质性状。评定肉色、脂肪颜色、大理石花纹、剪切力值、肌肉脂肪含量、pH、滴水损失等指标。

图2-75 牛的体尺测定

(5)繁殖性状。通过查看配种繁殖记录，计算初配年龄、妊娠期、产犊难易度、年产犊数、繁殖成活率、犊牛初生重。

(6)产奶性状。测定或计算母牛的305 d产奶量、校正产奶量、终生产奶量、女儿产奶量，测定乳脂率、乳蛋白率、体细胞数、尿素氮、总固体物等乳品质。

2. 种牛评定

(1)建立生产档案。完善的档案资料是做好牛群选种、选配、繁殖和生产管理的重要基础和前提。至少应有种牛登记、等级鉴定、生长发育、配种产犊、育肥和屠宰测定等记录，以及兽医诊疗、饲养、牛群周转等其他资料。所有数据资料应清楚、准确、完整，分类明晰，专人专柜管理。

(2)系谱评定。通过配种产犊记录建立牛的系谱，随后根据其双亲及祖代的生产性能，估计个体的种用价值，区分种公牛血统。

(3)同胞评定。通过测定半同胞(同父异母)的生产性能，估计个体的种用价值。

(4)体型外貌评定。体型外貌是生产性能的表征，理想型肉用牛的体躯应呈长方形，头宽颈粗，鬐甲、背腰及尻部平而宽，中躯呈粗短圆桶形，腹部紧凑，四肢粗短，腰角丰圆，坐骨端间距宽，肢间距较宽，全身肌肉丰满，并据此制订出外貌评分表及外貌等级表(表 2-3、表 2-4)。因品种、性别、年龄、育种方向的不同，各部位的释义和权重并不固定，等级评定分数也可以调整。

表 2-3　肉牛外貌评分参照

部位	鉴定要求	评分	
		公	母
整体结构	品种特征明显，结构匀称，体质结实，肉用体型明显，肌肉丰满，皮肤柔软有弹性	25	25
前躯	胸深宽，前胸突出，肩胛平宽，肌肉丰满	15	15
中躯	肋骨开张，背腰宽而平直，中躯呈圆桶形，公牛腹部不下垂	15	20
后躯	尻部长、平、宽，大腿肌肉突出，母牛乳房发育良好	25	25
肢蹄	肢蹄端正，两肢间距宽，蹄形正，蹄质坚实，运步正常	20	15
合计		100	100

表 2-4　肉牛外貌等级评定参照

性别	特级	一级	二级	三级
公	85	80	75	70
母	80	75	70	65

(5)后裔测定。通过测定后代的生产性能，评价个体的种用价值。

(6)综合评定。通常采用最佳线性无偏预测(best linear unbiased prediction，BLUP)法进行评定，即根据品种、性别、年龄、育种方向的不同，给予生长发育、肉用性能、繁殖性能、产奶性能、适应性、系谱、同胞、体型外貌、后裔测定等适当得分和权重，最终得到个体的综合选择指数。指数位于群体平均数加 2 倍标准差以上的公牛可评定为特级，高于 1 倍标准差的为一级，其余不作为种用；母牛类似。指数越高，则种用价值越大。

3. 选配

(1)基本原则。分析牛群的性状、遗传、优缺点等基本情况，确定育种或改良目标，为母牛选择最合适的种公牛进行配种。要求与配公牛等级必须高于母牛；各血统的与配母牛数大致相当；血统内部，特级种公牛的与配母牛数占 80%以上；尽量避免近交；青年母牛避免选择家族中易发生难产的公牛品种。

(2)同质选配。与配公、母牛性状、特点相同或相似,巩固和提高牛群已有的优良性状,应避免相同缺陷的公、母牛交配。

(3)异质选配。与配公、母牛性状、特点不同,改良牛群性状和遗传缺陷。应避免不同缺陷的公、母牛交配,严禁弓背配凹背等反补。

(4)近交分析和控制。用近交系数表示个体的近交程度,即个体的两个等位基因来自同一祖先的概率。应避免嫡亲和近亲交配,使牛群的近交系数控制在4%以下。

(三)配种

1.配种时机

受胎率的高低与配种时机关系密切。最佳的配种时间在母牛发情中后期,此时母牛多静立不动,接受爬跨,外阴部肿胀开始消失,子宫颈稍有收缩,黏膜由潮红变为粉红或带有紫褐色,阴户流出透明、弹性强的黏液。直肠检查时卵泡突出于卵巢表面,体积不再增大,富有弹性,泡液波动明显。

采用指定配种或人工授精的,如果一个发情期仅配种一次,一般在母牛接受爬跨后6～8 h内输精;如果输精两次,可在母牛接受爬跨后8～12 h第一次输精,再间隔8～12 h第二次输精。还要掌握"老配早,少配晚,不老不少配中间"的原则。

图2-76 牛的本交

2.本交

(1)自由交配。公、母牛按1∶(25～30)的比例混群饲养,母牛发情时任公牛自由交配(图2-76),传统牧区自由放牧饲养方式下较普遍采用。

(2)指定配种。公、母牛分群饲养,发现母牛发情时,再安排种公牛进行配种。偏远山区的散养户较多采用。

3.人工授精

(1)概念。用器械采取种公牛的精液,经过品质检查、处理、稀释、保存、运输,再用器械把精液输入发情母牛体内,使其怀孕。

(2)优点。大幅度提高种公牛配种效率;提高受胎率;加快遗传育种进展;防止某些疾病传播;节省公牛饲养费用;精液制品可运输,不受地域限制,方便引种。

(3)冻精转运。制作好的冷冻精液,用液氮罐保存和运输,液氮温度 -196 ℃,精液可长期保存。冻精转存时,在罐外停留时间不能超过5 s;取放冻精时,只能提到液氮罐颈基部,不能提到罐口外,若15 s还未结束,则应把提筒放回,经液氮浸泡后再继续提取。

(4)输精操作。用配种架将母牛保定,温水清洗消毒外阴;输精器械消毒;从液氮中取出细管冻精,35 ℃的水20 s解冻,装枪;直肠把握法输精(图2-77),输精部位为子宫颈内口。若有条件,最好检查精子活力,要求不低于0.35,每剂量有效精子数不低于800万个。

图 2-77　牛的人工授精

(四)高效繁育技术

1. 同期发情

(1)概念。又称为同步发情，利用某些激素制剂，人为控制并调整一群空怀母牛的发情周期，使其在预定的时期内集中发情。多用于定时输精及胚胎移植。

(2)牛群选择。所有母牛必须进行直肠检查，确定空怀者才能实施，否则引起孕牛流产；经产牛或头胎牛均可，身体健康，无生殖疾患；带犊母牛要求产后 2 个月以上，子宫恢复正常；中等以上膘情。每批次的适宜规模为每个配种员 50～80 头。

(3)处理时间。以春、秋季为宜，避开驱虫防疫期，耕牛还需避开劳役期。

(4)孕激素处理法。将孕激素制剂埋植于母牛耳背皮下，或栓塞于阴道内，10 d 左右后取出，并肌内注射前列腺素、孕马血清促性腺激素，2～4 d 内多数母牛有卵泡发育并排卵。

(5)前列腺素处理法。母牛肌内注射前列腺素，2～3 d 内部分母牛发情，可以配种，少数未发情的牛需间隔 10～12 d 再处理 1 次。可配合使用孕马血清促性腺激素。

2. 定时输精

(1)概念。利用激素制剂、按照既定程序对母牛进行处理，之后不管是否有发情表现都进行输精。应避免夏季定时输精。

(2)母牛选择。青年牛满 20 月龄、成年牛产后 60 d 未观察到自然发情者，经健康检查，可适时采用定时输精。

(3)处理程序。第 0 天，母牛肌内注射促性腺激素释放激素；第 7 天，肌内注射前列腺素；第 9 天，肌内注射促性腺激素释放激素；根据卵泡发育状况，第 10 天上午或下午输精。处理期间若有发情，可根据卵泡发育状况进行输精。

3. 胚胎移植

(1)概念。通过人工技术手段，将供体母牛体内的胚胎取出，移植到受体母牛的体内，使其着床并继续发育，俗称借腹怀胎。因操作有成本、技术含量高，胚胎的种用价值应大大高于受体母牛。该技术可作为育种和研究手段，充分发挥优秀母牛繁殖潜力，加快良种牛扩繁，人工诱导双胎，代替种牛引进，保存品种资源。

(2)供体牛处理。按既定程序肌内注射促卵泡素、前列腺素使母牛超数排卵，发情后输精；也可与受体牛进行同期发情。

(3)胚胎收集和处理。配种后第 6～7 天冲出胚胎，清洗、镜检分级、处理、装管。合格的鲜胚可直接移植，也可处理后置于液氮中运输或长期保存。

(4)胚胎移植。采用鲜胚的，供体牛、受体牛需同期发情处理。采用冻胚的，按要求解冻后，移植到发情后第 6～8 天受体牛的子宫角深部。

4. 性别控制

(1)性控精液。利用流式细胞仪，可将 X 染色体和 Y 染色体精子分离，生产性控精液，准确率 90%以上，但其价格较高、受胎率相对较低。性控冻精使用技术要点：优先选择青年母牛，其受胎率可望达到50%，经产牛受胎率较低；输精时间在排卵前6 h之内或排卵后4 h之内；细管从液氮罐中取出，空气中停留3～5 s，放入37 ℃水中8～10 s解冻后取出，灭菌纸擦干；直肠检查卵泡发育情况，输精部位在排卵侧的子宫角中部；尽量缩短解冻后至输精的时间，最好是即解冻即输精。

(2)性控胚胎。在开展胚胎移植时，可通过性控冻精配种、体外受精等方式，生产性控胚胎；也可常规授精，再对冲出的胚胎进行性别鉴定。常用聚合酶链式反应技术(polymerase chain reaction，PCR)进行鉴定，先用显微分割仪从桑葚期胚胎上切取5～8个细胞组成的小块样品，用PCR方法在体外扩增牛Y染色体特异性片段，电泳后观察是否出现特异性条带，从而判断雌雄。该技术操作简单快捷，对胚胎损伤小，准确率95%以上。

5. 现代育种手段

(1)分子标记辅助选择(MAS)。充分利用遗传标记、表型和系谱信息，选择与特定数量性状相关的遗传标记，以标记信息作为辅助信息，对该性状进行选择，具有比常规评定方法更大的信息量和准确性。

(2)分子标记辅助导入(MAI)。将供体群的优良基因导入受体群，可用于跟踪鉴别目的基因，同时能加速受体基因组的恢复，类似基因杂交，使受体群在目标性状得到提高的同时，尽量保留原有遗传背景。

(3)全基因组选择(GS)。在传统MAS基础上的创新和改进，用覆盖全基因组的大量标记预测群体的基因组估计育种值，其核心是基于全基因组高密度单核苷酸标记的芯片技术平台，准确度受标记密度、表型记录个体数和重新估计染色体片段效应等影响。该技术能增加选择准确性、提高选择效率、缩短世代间隔、降低生产成本，以及适合低遗传力性状的选择，已成为分子辅助育种的热点和趋势。

(4)遗传修饰育种。即转基因育种，就是将基因工程应用于育种工作中，通过显微注射、精子介导、体细胞核移植等方法导入目的基因，从而培育出新品种。

(五)提高繁殖力的措施

1. 优化群体结构

母牛的繁殖能力和生殖健康水平随着年龄增长而逐渐下降，应提高5胎以内的母牛比例和质量，有计划地淘汰高龄牛，保持牛群旺盛的繁殖能力。

2. 提高配种技术

配种技术员应熟练掌握规范的人工授精技术，熟悉牛群状态，勤观察母牛发情情况，抓住最佳配种时间，输精操作规范，提高情期受胎率。

3. 加强饲养管理

供给营养全面、均衡的饲草饲料，保持中等偏上的膘情，避免过肥或过瘦，适当运动。保持牛舍温湿度、空气等环境良好，做好夏季防暑和冬季保暖工作。加强犊牛护理和培育，提高成活率。

4. 做好产后监控

加强母牛的产后护理和生殖监控，使其尽早恢复休况，提高产后发情配种成功率。严格产房环境及管理环节的消毒，正确接产助产，减少产道损伤和炎症。产后第0～20天，监控恶露的类型、颜色、数量、气味，产后第14、40、60天进行直肠检查，监测子宫与卵巢的大小、状态、质地等变化，若有异常应及早处置。

5. 及时处理繁殖障碍

做好母牛的健康管理，对于不发情、生殖系统炎症、屡配不孕、流产等有繁殖障碍的母牛，应积极查找原因并对症处置，减少无效母牛，缩短产犊间隔。

6. 开发应用高效繁殖技术

合理应用诱导发情、同期发情、定时输精、超数排卵、诱导双胎、胚胎移植等繁殖新技术。

三、肉牛杂交改良技术

我国地方黄牛由于长期以役用为主，体躯不够丰满，尖臀或斜臀，育肥周期长、日增重不高。可利用外来肉牛良种进行杂交，吸收其体躯丰满、增重快、产肉性能好的优点，提高经济效益。

（一）杂种优势

不同种群（品种、品系）杂交所产生的杂种，其生产性能往往优于亲本群体，即为杂种优势。亲本差别大、性状遗传力低、变异系数小的种群，杂种优势一般较大，杂交效果好，若要得知准确效果则需开展杂交组合试验。杂交父本首选生长发育快、体型大、育肥性能好的肉用品种，母本选择适应性好、繁殖力高、群体数量多的品种。

（二）杂交方法

1. 导入杂交

导入杂交也称引入杂交，在一个品种的性能基本满足要求，但又存在某些本品种纯繁无法克服的缺点时，可选择理想品种的公牛与之交配，适当导入外血（1/8～1/4）以改良这些缺点。主要是改良某种缺点，而不是彻底改变被导入品种；要求导入品种与被导入品种的生产方向相同，对被导入品种的缺陷有显著改善。引入杂交仅应用于育种群，不能在生产区或良种区普遍推广。

2. 级进杂交

级进杂交又称改良杂交，当一个品种的生产性能很低，需要从根本上改造时，可应用良种公牛连续与被改良母牛及各代杂种母牛进行杂交。一般级进到第三代即可，逐代分析改良效果，并加强对杂交后代的培育和选择，优良个体组群繁殖。

3. 育成杂交

当原品种不能满足需要时，可采用两个或两个以上的品种进行杂交，把各品种的优良特性集中在杂种后代身上，最终育成一个新品种。一般经过杂交改良、横交固定和扩群提高三个阶段。用两个品种杂交育成新品种称为简单育成杂交，用三个或三个以上品种的称为复杂育成杂交。将繁殖性能高、适应性强、耐粗饲、母性好的品种作为母本，肉用性能好的品种作为父本；作用更大的品种放在参与杂交序列的最后。

4. 经济杂交

这是利用两个品种或多个品种杂交产生的杂种，只供育肥肉用或其他经济用途，但不作为种用的杂交方式。两个品种杂交的称为二元杂交，三个品种杂交称为三元杂交。经济杂交的效果要通过杂交组合试验来确定，以发现最优的组合。

(三)注意事项

开展杂交改良，首先要确定杂交工作的核心目标，据此划定杂交改良的范围和方法；注重地方品种的遗传资源保护，不能造成品种濒危或灭绝；要做好母本群体(地方品种)的选育；一个区域内引进1～2个品种，或采用1～2个杂交组合；应开展性能测定和评价，及时修正杂交方案；良种需要良法的支撑，要改善饲养管理水平和条件，充分发挥出良种的生产性能。

第三节　饲草生产和草料加工利用技术

一、饲草高产栽培技术

牛属于草食动物，日粮以粗饲料为主，其中牧草、青饲作物等新鲜青饲料的用量大、水分含量高、营养丰富，且运输半径小、取材本地化，关键技术易被养牛者掌握和实现，是降低养牛饲料成本的重要途径。应根据当地的气候、土壤、水肥等资源条件，合理选择饲草品种，组织青饲料的生产和供应。

(一)主要饲草品种介绍

1. 青贮玉米

(1)特征和特性。玉米是禾本科一年生草本植物，植株高大，喜温，需水量较多，喜土质疏松、土层深厚、有机质丰富的中性土壤。生育期一般为85～100 d，可通过地上部的茎节数初步判断，早熟品种6～9节、中熟10～12节、晚熟13节以上。

(2)栽培技术。选择适合当地的专用青贮玉米品种。当10 cm土层温度稳定在12 ℃以上时即可播种，南方地区3月中旬至7月下旬均可，北方4—6月播种。种植面积较大的可分期播种，或早、中、晚熟品种合理搭配，分期收获。每亩播种量3～4 kg，条播，播深3 cm，行距60～70 cm，株距15～25 cm，每亩保苗4 500～6 000株。播种前施足基肥，拔节期、孕穗期、抽雄期、开花灌浆期追施氮肥。抽雄前后对水分最敏感，需要及时灌溉。南方降雨量大的地区要注意排水，或采用垄作、台田的栽培方式防止涝害。

(3)收获利用。直接鲜喂的，进入乳熟期后根据需要随时刈割。制作全株青贮料的，乳熟末期至蜡熟初期进行刈割，此时籽粒乳线达到1/2～3/4，不宜过早或过晚收获。中等水肥条件下，亩产鲜草4～5 t。

2. 黑麦草

(1)特征和特性。黑麦草是禾本科一年生或多年生草本，株高80～100 cm，具有较高的分蘖能力和再生能力。喜温暖湿润气候，耐寒，但过热或过冷均不利于生长。喜肥，适宜在肥沃、湿润、排水良好的壤土或黏土种植，不宜在沙壤土或湿地种植。

(2)栽培技术。黑麦草种子细小，播前需精细整地，保持较好墒情，施足底肥。可春播或秋播，最宜9—10月播种，以便冬季和早春能提供青饲料。条播，播种量每亩1～1.5 kg，行距20～30 cm，播深2～3 cm；撒播应适当增加播种量。分蘖、拔节和抽穗期适当灌溉，并追施速效氮肥。

(3)收获利用。南方地区利用冬闲田种植，早春即可刈割鲜喂，至 6 月植株枯黄前可刈割 2～4 次，亩产鲜草 3～5 t。晒制青干草的，于 5 月抽穗期刈割。

3. 苏丹草

(1)特征和特性。原产于非洲的苏丹，为禾本科高粱属一年生草本植物；根系发达，株高 2～3 m，茎粗随密度不同而变化；属喜温植物，不抗寒，怕霜冻，苗期对低温敏感；较耐旱，但生长旺季缺水会影响产量。对土壤要求不严，但瘠薄土壤应注意合理施肥。

(2)栽培技术。苏丹草消耗地力较重，忌连作。翻耕整地，施足底肥。春季播种，条播，行距 40～50 cm，播深 3～4 cm，每亩播种量 1～2 kg。幼苗生长缓慢，应注意中耕除草，干旱时适当灌溉。每次刈割后追施速效氮肥，以提高再生草产量。

(3)收获利用。鲜喂的宜在株高达到 1 m 时刈割，制作青贮饲料或青干草的，于抽穗至开花初期刈割；开花期后茎秆变硬，质量下降。年可刈割 2～3 次，亩产鲜草 4～5 t。苗期及刈割后的再生苗含有氢氰酸，遇干旱或寒冷时含量较高，要注意防止中毒，应在株高 60 cm 以上时刈割，并稍加晾晒。

高丹草、高粱的栽培与利用亦可参考苏丹草。

4. 杂交狼尾草

(1)特征和特性。禾本科多年生草本植物，以象草为父本、美洲狼尾草为母本杂交而成。喜温暖湿润气候，不耐低温，较为抗旱、耐湿。对土壤要求严，喜疏松肥沃的沙土、黏土、微酸性土壤。

(2)栽培技术。可直播、育苗移栽、分蔸或扦插。春季播种，需提早利用的可用温棚育苗移栽，种子易遭虫害，播前须用农药拌种。移栽的，1 kg 种子约需苗床 0.6 亩，可供 40～80 亩大田栽植，条播行距 15 cm，播深 1 cm；2～3 片叶时中耕除杂，4 片叶时适当追肥，5～6 片叶时移栽；行距 60 cm、株距 35～45 cm，穴内施有机肥，浇水。扦插的，选取老熟植株，斩梢去尾，取节芽饱满的中下部茎段，每 2 节切为一个种苗，茎芽朝上、斜插至上位节芽刚入土，行距 50～60 cm，株距 30～40 cm。注意灌溉保墒，每次刈割后及时追施氮肥。

(3)收获利用。鲜喂的宜在株高达到 1.2 m、基部节间开始外露时刈割，留茬高度 15～20 cm，全年可刈割 4～6 次，亩产鲜草 5～10 t。也可制作青贮料或青干草。抽穗后草质粗硬，应尽早收割利用。

象草、狼尾草、皇竹草的栽培与利用亦可参考杂交狼尾草。

5. 饲用油菜

(1)特征和特性。十字花科一年生草本油料作物，耐寒性较强，适于南方地区冬闲田种植。喜土层深厚、肥沃、水分适宜的土壤，以弱酸性或中性土壤为好。

(2)栽培技术。选择饲油 1 号、华油杂 62 等专门的饲用油菜品种，栽培技术与普通油菜基本一致。翻耕精细整地，施基肥，开沟做厢，一般秋季(9—10 月)播种，也可春播。条播，行距 25～30 cm，每亩用种量 0.3～0.5 kg，干旱地区或土壤贫瘠时适当增加播量，播深 1～2 cm；撒播的每亩用种量 0.5～0.6 kg。及时除草、防虫、灌溉，雨后防涝防渍。4～5 叶时追施苗肥，6～8 叶时可喷叶面肥。

(3)收获利用。油菜抽薹后即可刈割饲喂,留茬 10 cm 左右。青贮利用则选择终花期,需晾晒或与作物秸秆混合青贮,以降低含水量。秋季种植、次年春季利用的,亩产鲜草 4～6 t。

(二)饲草高效生产模式

1. 种养结合

饲草种植应与养牛业相结合,养为主体,以畜定草,为养而种,草畜配套。养牛种草的,应根据养殖规模和当地产量,合理确定种植面积。专业化饲草种植的,应提前联系规模化养牛场,双方签订定单、下定金,确保收获后的饲草能转化利用;双方可同时签订牛粪购销协议,促进粪污就近消纳利用。

2. 轮作

轮作能合理搭配作物生产时间,资源利用更充分,并避免某些作物忌连作的问题。两季轮作的,秋冬季种植小麦、大麦、油菜等粮食或经济作物,春季种植青贮玉米、苏丹草等喜温饲草;或是秋冬季种植黑麦草、饲用油菜、饲用大麦等饲草,春季种植水稻、普通玉米、豆类、红薯、烤烟等喜温作物。三季轮作的,秋冬季种植萝卜、白菜等蔬菜,或种植黑麦草、饲用油菜、饲用大麦等饲草,4 月、7 月种植两季青贮玉米,此模式应选择生育期短、较早熟的青贮玉米品种。

3. 间作

间作能充分利用土地,茬口紧密衔接,林地种草还能抑制杂草滋生,提高土壤肥力,有效控制水土流失。粮草间作或套种的,应以作物为主、饲草为辅,不影响粮食生产;疏林地、经济林或幼龄果园种植饲草,应选择产量高、以刈割方式利用的一年生或两年生饲草品种;成林种草选择耐践踏、以放牧方式利用的牧草品种,并将禾本科和豆科进行混播,以避免放牧时臌胀病的发生。

4. 机械化作业

传统的人工种植及收获,已不能适应当前农业及畜牧业生产的需要,饲草生产也是如此。规模化肉牛场的青贮料需求量大,而制作青贮须尽快完成收获和贮存,并准备下一季的播种,人工操作很不现实,宜选择专业化机械进行收获。高级别的机械作业快捷,且能捡起歪斜植株,避免被碾压,留茬低,收获较为干净,切割时基本无外溅,田间浪费少,不同机型的实际收获产量差异可达到 0.5～0.8 t/亩,这也是试验田测产与大田耕作产量差距较大的主要原因。田间管理环节,飞机喷洒除草成本低于传统农机,是未来的发展方向。如图 2-78、图 2-79 所示。

图 2-78　青贮玉米的机械化收获

图 2-79　无人机田间作业

二、草料贮存与加工调制技术

草料通过科学的加工与调制，不仅能做到长久保存，而且可以改变其体积和理化性质，改善适口性，消除原料中的有毒、有害物质及抗营养因子，改善适口性，提高营养价值和吸收转化率，为肉牛养殖提供丰富的物质基础。

（一）青贮技术

1. 青贮饲料的特点

青贮饲料是将新鲜的牧草、饲料作物、青绿秸秆、藤蔓等，切碎装入青贮窖或袋内，压紧密封，经乳酸菌等微生物厌氧发酵而制成的饲料。青贮技术能保存青饲料中的大部分养分，青贮料有酸香味，适口性好、营养丰富、易消化，调制方便，耐久藏，可全年均衡饲喂，是加工贮藏青饲料的重要手段。

2. 技术关键

(1)原料选择。乳酸菌的发酵需要糖分。含糖多的饲料如玉米秸秆、禾本科牧草、稻草、红薯藤等，可以单独青贮；含糖少的饲料如紫花苜蓿、三叶草、饲用油菜、南瓜藤及花生、大豆等豆类秸秆，很难青贮成功，必须与含糖多的原料混合青贮。为提高青贮饲料品质，可以添加乳酸菌、酶制剂等发酵促进剂。

(2)水分控制。青贮原料适宜含水量为65%～75%，水分偏低时适当加清水，或添加高水分原料；水分过多时应推迟收割，或添加干草料。常以手抓法粗略估计含水量，铡碎原料紧握手中，若有较多水滴，其含水量在80%以上；若有少量汁液渗出指缝，其含水量约为70%；若指缝中无汁液渗出，但手上水分明显，含水量约为60%。

(3)密封厌氧。乳酸菌在厌氧条件下才能繁殖。原料应切短、压紧实，尽量排除空气；密封严实，不能漏气。

(4)操作快捷。缩短从原料收获至压窖密封的过程，单个青贮窖的装填封窖应在3 d内完成。

3. 青贮设施设备

根据养殖规模、机械化水平、饲养管理方式配备相关设施设备。窖装青贮的，建青贮窖、青贮壕或青贮塔，有地上式、半地上式和地下式等类型；堆贮的，需宽敞、平坦、地势较高、排水良好的水泥地面；裹包的，需配备青贮裹包设备；袋贮的，需液压打包设备。

4. 方法步骤

根据不同青贮原料的特点，适时收割。收割后应立即运回进行铡切和贮存，联合收割机可在田间完成刈割和铡切，做到“四快”，即快收、快运、快切、快装窖，青贮玉米等粗硬秸秆的切短长度在3～5 cm，黑麦草等茎秆细软的10～15 cm。切好后调节水分，立即装窖，并用机械压实(图2-80)，尽量排出空气，装满超出窖口40～50 cm。上覆塑料膜封严，再压以旧轮胎、沙袋、水箱等重物。封窖后要经常检查密封情况，及时修补，防止通气或渗入雨水。根据环境温度，一般经过30～50 d即可完成发酵。

5. 利用时的注意事项

饲喂之前检查质量好坏，优质的青贮料颜色黄绿、柔软潮湿但不粘手、气味酸香。从上到下、从外到内分段开窖，逐层取用，切勿全面打开，严禁掏洞取草，减少与空气接触，防止二次发酵。喂时要由少到多逐渐增加，让牛有适应过程。

图 2-80　青贮玉米装窖

(二)青干草调制技术

1. 青干草的特点

禾本科、豆科牧草及细茎饲料作物适时刈割后，经自然或人工干燥调制而成的、能够长期贮存的饲料，含水量 10%～15%。优质青干草呈青绿色或黄绿色，多叶，柔韧，营养丰富，适口性好。刈割时期、调制方法和贮藏条件对青干草的营养价值影响很大，应科学调制，尽量保持草的养分。

2. 收获时机

豆科牧草应在现蕾期和开花初期刈割，禾本科牧草应在抽穗期刈穗，野草在伏天收割，此时的草水分含量不很高，木质化程度轻，粗纤维消化率高，营养价值高。收割过早，水分大，产量不高；收割过晚则草质粗硬，营养价值低。应选择具有压扁功能的收割机械，可将牧草茎秆压裂，加快水分蒸发，缩短晒制时间，减少养分损失。

3. 调制方法

(1)地面干燥法。此法简便易行、成本低廉，但干燥时间较长，受气候及环境影响大。夏、秋季节，选择晴朗天气，将牧草适时刈割后，在原地或另选合适处摊开曝晒，勤翻动，使水分尽快降至 50%左右，再用搂草机或人工把草搂成垄，继续干燥降至含水量 35%左右，用集草器或人工集成小堆，再经 1～2 d 晾晒，水分降到 14%～17%时即调制成功。应注意不要过度曝晒和遭受雨淋，以免损失养分。

(2)草架干燥法。潮湿或时逢雨季的地区，牧草往往不能及时干燥，可用树干、木棍或铁丝制作草架，如图 2-81 所示。牧草在田间暴晒 0.5～1 d，运回逐层堆放在草架上，草的顶端朝里，堆成圆锥形或房脊形。堆草应蓬松，厚度不超过 80 cm，最底层离地面 20 cm，堆中留通道，以利于空气流通。牧草堆放完毕后，将草架两侧牧草整理平顺，让雨水沿其侧面流至地表，减少雨水浸入草内。

(3)人工干燥法。配备加热锅炉、大功率鼓风机、通风管道、传送皮带等设备及操作车间，牧草刈割并压扁后，利用高温气流快速完成干燥。此法制作期短、养分损失少，但成本较高。

4. 堆垛贮藏

调制好的青干草应及时妥善保存，避免日晒雨淋和发霉变质，并注意通风和防火。采用露天堆垛的，应选择地势高而平坦、干燥、排水良好的地方，垛底用木条、秸秆等垫起，再堆草垛，最后用塑料膜封顶，避免雨淋。有条件的应建造干草棚或专用仓库，并压缩打捆，便于堆放贮存，并能节约贮藏空间和运输成本，如图 2-82 所示。

图 2-81　草架干燥

图 2-82　堆垛贮藏

（三）精饲料的处理加工

1. 精饲料的特点

精饲料是指粗纤维含量低于 18%，无氮浸出物含量高的饲料，包括作物籽实、粮油加工副产品等。根据养分特点，又分为能量饲料和蛋白质饲料两大类。

（1）能量饲料。指粗纤维含量低于 18%、蛋白质含量低于 20%的饲料，包括玉米、大麦、燕麦、黑麦、小麦、稻谷和高粱等禾本科谷实，麦麸、米糠、次粉、玉米皮、大豆皮、碎米等谷实加工副产品。

（2）蛋白质饲料。指蛋白质含量在 20%以上的饲料，以油脂加工业的饼粕副产品为主，如豆粕、菜籽饼、棉籽饼、花生饼、亚麻籽饼、葵花子饼等；也有直接用豆类籽实或膨化豆类的。我国特别规定，除蛋、奶外，鱼粉、血粉、肉骨粉等动物源性蛋白质饲料不得用于牛羊生产。

2. 精饲料加工

（1）粉碎。谷物籽实含有坚硬种皮，不能直接饲喂，需进行粉碎，以提高消化率。籽实粉碎后不宜长期保存，应及时饲喂。

（2）浸泡。饲料按 1∶1的比例加水拌匀，吸水膨胀后变得柔软易嚼，减少粉尘，提高适口性。注意浸泡时间应根据季节和饲料种类灵活调整，防止变质。

（3）焙炒。籽实经过短时间的焙炒，能破坏抗营养因子，糊化淀粉，提高消化率和营养价值，并改善适口性。

（4）膨化。用膨化设备加工粉状饲料或碎小原料。物料经过螺旋挤压装置的挤压，温度、湿度和压力不断升高，达到设定值后挤出模孔，骤然降压。膨化工艺能使淀粉糊化，有效脱除热敏毒素和抗营养因子，具有膨松多孔、适口性好、消化率高等优点，但因成本较高，一般用于幼畜的开口料、哺乳料和断奶料。

（5）制粒。饲料粉碎后按配方充分混合，用压缩机加工成颗粒状。颗粒料适口性好、消化率高，饲喂方便，有利于机械化饲养。

（6）蒸汽压片。原料在高温蒸汽中处理后压成薄片，多用于处理玉米、大麦等禾本科谷实。

原料进入蒸汽箱，加高温蒸汽，使淀粉充分糊化，再用预热的大型轧辊压成薄片，最后干燥冷却；具有适口性好、易消化吸收、去除抗营养因子效果好等优点，加工成本低于膨化和制粒。

(7)过瘤胃保护。将氨基酸、蛋白质、脂肪等饲料原料进行保护处理，使之能在皱胃和肠道被消化吸收，避免或减少在瘤胃中被分解。保护氨基酸，常用胶囊包被；保护蛋白质，有甲醛处理、氢氧化钠处理、加热处理、聚合物包被、单宁保护等方法；保护脂肪，多是制作脂肪酸钙盐。

3. 饼粕的脱毒处理

(1)菜籽饼(粕)的脱毒。普通油菜籽加工的饼粕含有硫苷、芥酸，有辛辣味，适口性差，且硫苷可转化为硫氰酸盐，对畜禽健康有害。用坑埋法进行脱毒处理，选择干燥、向阳的地方挖土坑，按比例 1∶1.2 加水混匀，泡软后埋入坑里 2 个月；或是用水浸法，按比例 1∶5 加水浸泡 2 d，再用清水冲洗即可。因毒素仍有残留，应控制喂量，不超过精饲料的 10%～15%。双低油菜品种的毒素少，可直接加工饲喂。

(2)棉籽饼(粕)的脱毒。棉籽中含有棉酚，对血液、神经等有毒害作用。一般用清水泡、碱水(1%～2%)泡或煮沸等法处理，其中煮沸去毒效果较好；也可添加硫酸亚铁进行脱毒，土榨法的棉籽饼按 1 kg 饼加 10 g 硫酸亚铁，螺旋压榨法则加 3.5 g，混匀即可。控制喂量，不宜超过精饲料的 15%。

(3)亚麻仁饼的脱毒。亚麻苷被亚麻酶分解后，形成的氢氰酸对牛羊有毒性。常用凉水浸泡或蒸煮法进行脱毒处理。控制喂量，不宜超过精饲料的 10%。

(四)秸秆加工技术

1. 物理加工处理

(1)切短和揉碎。利用机械将秸秆铡碎、粉碎或揉搓，是最简单、最常用的方法。秸秆通过切短和揉碎，便于肉牛采食、咀嚼，提高采食量，减少饲喂过程的浪费，也便于消化。粉碎不应太细，以 2～3 cm 为宜，以便反刍。

(2)浸泡。饲喂前用少量清水将秸秆泡软，可以改善适口性，提高采食量。

(3)热加工。包括蒸煮、膨化和热喷，能破坏纤维结构，提高秸秆的适口性和消化率，但成本相对较高。

(4)制粒。将粉碎的秸秆加工成颗粒饲料，具有易投喂、浪费少、适口性好等优点，但成本相对较高。

2. 化学处理

(1)碱化。用石灰水、氢氧化钠等碱类物质配制碱水，喷洒在切碎的秸秆上，搅拌均匀，经 1～2 d 后即可饲喂。此法操作简单，成本低，能提高半纤维素和木质素的消化率。

(2)氨化。将秸秆、水和氨源(尿素、液氨、氨水等)混合密封，能使秸秆软化、膨胀，改善适口性，提高消化率；氨与秸秆中的有机物发生氨解反应，形成铵盐，改进秸秆的营养价值。氨化过程依环境温度的不同，夏季需 10～15 d，冬季需 2 个月。开封后首先通风，使氨味消散；当天取出的应放至阴凉通风处，次日再喂；开始喂时应由少到多添加，让牛逐渐适应。

3. 生物处理

(1)微生物发酵法。秸秆切碎后加水浸湿，再按比例添加枯草芽孢杆菌、酵母菌、乳酸菌、米曲霉等微生物菌剂，充分混合均匀，密封发酵 30 d 左右即可。微贮秸秆带有酸、香、酒味，适口性好，消化率高。

(2)秸秆的酶处理法。秸秆切碎后加水浸湿，按比例添加木聚糖酶、纤维素酶等制剂，在温暖的条件下进行发酵。难以消化的木质素、半纤维素通过酶的作用而裂解，便于牛羊的消化。

(3)人工瘤胃发酵。根据牛羊瘤胃功能特点，采用人工仿生制作，通过有益微生物发酵降解纤维素，提高秸秆消化率。其核心是创造类似瘤胃的主要生理条件，即温度 40 ℃左右，pH 为 6～8，厌氧环境，以及必要的氮、钙和矿物质营养等，并添加瘤胃液或菌种。每天搅拌 1～2 次，2～3 d 发酵即可完成。

（五）糟渣的贮存技术

1. 糟渣类饲料的特点

糟渣是食品加工的副产物，如酒糟、甜菜渣、豆腐渣、淀粉渣、苹果渣等，具有营养丰富、易消化等特点，但新鲜糟渣的含水量很高，贮藏不当则极易腐败变质，如夏季的豆腐渣当天就会变质，不能即时饲喂的，必须进行适当的加工处理。

2. 干燥法

自然干燥易受天气和场地的影响，较少采用，多是先用螺旋挤压法进行脱水，再用干燥设备烘干。生产中已有干酒糟(DDGS)、甜菜渣颗粒等产品供应。

3. 厌氧发酵法

糟渣可单贮，也可与秸秆混贮，技术工艺类似制作青贮饲料。以混贮为例，将稻草、玉米秸等揉搓或切短至 3～5 cm，与新鲜糟渣混合均匀，调节含水量为 65%～70%，装窖、逐层铺平、压实压紧，排出空气，再用塑料膜密封；也可装袋贮藏，同样需保持密封厌氧。密封贮藏 30～45 d 后即可，每次取后须盖好密封。

三、日粮配制技术

肉牛属于反刍动物，它的胃由瘤胃、网胃、瓣胃和皱胃四个胃室组成，进入瘤胃的部分饲料返回到口腔内再咀嚼的过程称为反刍。瘤胃内有数以亿计的细菌、原虫和真菌等厌氧微生物，能够利用饲料原料合成大量的微生物蛋白质，进入皱胃和肠道后又被牛消化利用，这就是牛能大量采食牧草、秸秆等粗饲料的原因。应根据牛的消化生理特点进行日粮配制，合理供给营养，满足生理维持和生产需要。

（一）日粮配制原则

1. 符合饲养标准

日粮要保证供给肉牛生理维持、生长发育、妊娠、泌乳、育肥等所需的营养物质，即符合标准。饲养标准仅是理论值，应根据各地自然条件和肉牛的生产情况灵活调整。

2. 适合牛的需要

日粮的营养物质和体积要适于牛的不同体重、不同生理时期及消化生理特点，既能全部吃下，又要营养充分；适于拴系、发酵床、放牧等不同饲养方式的需要；要有一定粒度，即不能粉碎过细，以免影响反刍和胃肠道的正常活动；不同阶段更换日粮配方时，要有 5～7 d 的过渡期。

3. 因地制宜

要因地制宜选用饲料原料，以降低成本。尽量选择来源广泛、价格低廉、质量可靠的饲料原料，以保证日粮质量的相对稳定，并降低饲料成本。

4. 原料种类多样化

各种饲料原料都有其独特性，单一原料是不能满足牛的营养需要的，有些饲料含有未知的有益因子，原料的多样化能使养分互补，提高日粮的全价性和饲养效益。

5. 合理的精粗比

以日粮干物质计，繁殖牛群的精粗比一般为2∶8，青饲料喂量大、粗饲料品质好、牛群膘情好的精粗比1∶9甚至不加精饲料；育肥牛根据所处阶段，精粗比4∶6至6∶4，生产雪花牛肉的育肥后期精粗比可达到8∶2至9∶1。计算精粗比时，鲜草、青贮、糟渣、瓜菜等饲料原料均归为粗饲料。

6. 注意禁忌和限额

日粮中不能添加鱼粉、肉骨粉等国家明令禁止的原料和三聚氰胺、瘦肉精等化学制剂，使用药物添加剂应遵守国家相关规定。饲料原料根据其特点进行必要的预处理，如秸秆应切短或揉搓，饼粕类应进行脱毒处理。掌握饲喂限额和禁忌，如糟渣、瓜菜喂量过多易导致腹泻，犊牛不喂青贮料和酒糟。

（二）日粮配制方法

1. 拟定配方

(1)咨询法。缺乏养牛经验的，可通过咨询养殖同行、饲料经销商或专业技术人员，获知肉牛的日粮配方等相关知识。

(2)查阅法。可查阅养牛专业书籍、杂志、报刊等资料获取配方。通过网络、短视频等电子媒介获取的资料，应注意良莠鉴别。

(3)自拟法。有一定知识技能的，可根据牛的营养需要和原料养分自拟配方，用电脑软件、手机 App、手工计算均可。

2. 配制日粮

牛的日粮一般由鲜草、青贮、干草、秸秆、精饲料、糟渣、瓜菜等组成，这些原料经必要的粉碎、揉搓、脱毒等处理后，按配方混合均匀即可，应现配现喂。自配精饲料可一次配制20～30 d的量，并添加食盐、石粉、小苏打、矿物质等添加剂。

3. 实践检验与调整

无论何种途径获得的配方，都应注意理论与实践相结合，根据原料养分、季节、环境温度、牛群状态等进行合理调整，以达到预期饲喂效果。

（三）全混合日粮

1. 全混合日粮的特点

全混合日粮(TMR)是根据肉牛的营养需要制定日粮配方，按照一定的比例和顺序，把粗饲料、精饲料等原料等放入专用搅拌设备进行充分混合，得到的一种混合均匀、营养相对平衡的日粮。优点是改变传统的精粗分饲，有效减少饲喂程序，机械化投料、节省劳力；减少争抢、挑食，提高采食量和饲料利用率，改善牛群健康。缺点是对牛场道路及牛舍建筑要求较高；机械投入和维护费用较大；以分群饲养为基础，对个体牛照顾不到。

2. 设备选择

选择装有自动计量装置的TMR搅拌机。根据牛群大小、干物质采食量、每天的饲喂次数等，兼顾未来规模发展，确定搅拌机的容积大小，存栏500头左右的小型养牛场搅拌机有效容积参考值为7 m^3，存栏1 000头左右的中型养牛场约需12 m^3，存栏2 000头以上的大型养牛场需30 m^3。TMR搅拌机的有效容积约为最大容积的80%。机械应定期校正、保养和维护。

因牛舍结构、场区道路等限制，使搅拌车无法直接投喂的养牛场，应当选择固定式搅拌机，加工好后再由其他运载工具运入牛舍进行饲喂。牛舍和道路宽敞的，可以选择移动式搅拌车(图 2-83)，直接进行加工和投放。

图 2-83 移动式 TMR 搅拌车

养牛户也可以人工配制全混合日粮，选择平坦、清洁的水泥地，将青贮饲料均匀摊开，依次铺撒精饲料、干草、糟渣，适当加水喷湿，人工翻混均匀即可。

3. 肉牛合理分群

合理分群是采用 TMR 饲养技术的前提和基础，须结合实际情况进行分群。育肥场按照育肥阶段，可分为适应期、育肥前期、育肥中期、育肥后期 4 群。繁育场一般按照生产阶段分群，育成牛群(7 月龄至初配)、青年牛群(初配至产前)、带犊母牛群、断奶母牛群，每群头数不少于 30 头。初产的、膘情差的、头胎的母牛调整到营养水平高一档次的群，过肥的牛调整到营养水平低一档次的群。调群尽可能安排在同一天，时间选择晚上；调群不能过于频繁。犊牛(6 月龄之前)单独组群，不使用 TMR 饲养。

4. 日粮制作和评价

(1)TMR 日粮制作。大型草捆应提前打开；去除发霉变质的饲料，清除塑料包装袋、铁器、石块、包装绳等异物；块根、块茎类饲料应冲洗干净。加料遵循先干后湿、先长后短、先轻后重、最后加水的原则，最佳含水量 40%～50%，冬季应加温水。装载量占总容积的 70%～80%。边加料边搅拌，加入最后一种原料后继续搅拌 5～8 min，总的混合时间 20～30 min。不随意变换日粮配方，确需变换，应有 7 d 左右的过渡期。

(2)TMR 日粮评价。多用感官法评价，要求各种饲料原料混合充分，色泽均匀，无可见草团、干料团，松散而不分离，不结块，不发热。奶牛场常用宾州筛法评价，肉牛场较少采用。

5. 饲喂管理

每天投料 2～3 次；饲喂前进行加料和混合，当日喂完；投料应均匀。剩料量控制在 3%～5%，防止过多和过少。及时推料，每天推料不少于 6 次。及时清扫饲槽，夏季在发料之前清扫，冬季每日清扫一次。

第四节 肉牛饲养管理技术

一、肉牛的常规管理技术

饲养管理技术是影响肉牛生产能力的重要因素，拥有良好的肉牛品种并不等于有了较高的产肉能力，良种需要良法相配套。因此，必须针对牛的生产方向和不同生产阶段，结合养殖场生产实际，科学制定饲养管理操作规程，不断提高生产水平。

(一)牛的生长发育规律

1. 体重增长规律

牛在生长过程中,前期生长比较迅速,后期生长比较缓慢,地方品种的生长转缓点一般在18～24月龄,引进品种的在8～18月龄。牛的增重速度受品种、年龄、性别、饲养管理等多种因素影响,公牛的增重相对较快、饲料转化率高,阉牛和母牛较慢,应根据其特点制定相应的饲养管理方案。

2. 组织生长规律

牛在生长期间,各组织的生长顺序依次为神经、骨骼、肌肉、脂肪。胎儿期主要是神经生长;犊牛和育成前期的骨骼(骨架)生长较快;育成后期以肌肉生长为主,体重增加较快;成年后主要是脂肪生长,依次沉积为内脏脂肪、皮下脂肪、肌间脂肪。应根据牛的生长特点,及时调整日粮配方。

3. 消化器官增长规律

牛的胃容积,尤其是瘤胃增长速度相对较快,大肠增长快于小肠,消化器官发育进度快于体重增长。因此在肉牛生产中,应及早训练犊牛吃粗饲料,以促进消化器官发育,提高成年后的采食量和消化能力;培育种公牛的,则幼龄时期不宜饲喂过多粗饲料,以防形成草腹,影响种用价值。

(二)常规饲养管理

1. 饲料选择及搭配

牧草、鲜秸秆应现割现喂,不能堆积发热,隔夜草应摊薄散放;青贮料随取随用;糟渣类应新鲜;叶菜类含水量高,应控制喂量,避免腹泻;块根块茎类应去除泥沙,清洗干净;精饲料不应有结块和霉变;添加剂严格按说明书配比,不可随意增加用量。谨防饲料中混入铁钉、铁丝、绳、包装袋等杂物。各类饲料原料进行必要的加工和处理,再根据不同牛群的需求,合理搭配日粮,并做到称重准确、混合均匀,用量较少的矿物质和添加剂要逐级混合。

2. 饲喂

每日早晚各饲喂1次,定时定量,让牛吃饱且不浪费,减少剩料量。不能随意改动饲喂方式,也不能突然变换日粮;若必须改变饲喂习惯,应逐步更改,使牛有适应过程。关注草料采食情况,发现异常及时处理。

3. 饮水

装配水槽或饮水器,自由饮水,保证饮水的洁净、充足。夏季不饮太阳晒的水;冬季不饮冰水,母牛和犊牛最好饮用温水。

4. 编号和分群

用耳标法对牛进行编号,繁育场在犊牛出生时编号,育肥场在架子牛选购或进场时编号。根据品种、性别、年龄、体重、生产阶段、体质强弱、膘情及饲养方式,合理分群饲养,方便投喂和管理。

5. 称重

架子牛于进场时全群称重,以便合理分群和饲养。育肥牛每月抽样称重,早晨饲喂前空腹称重,取连续2 d的测定平均值,及时了解育肥效果和改进日粮配方。繁育群抽样称重即可。经验丰富的也可以肉眼估重。

6. 运动

适当的运动对牛的健康具有重要意义，能保持良好的体况，促进消化和新陈代谢，增强适应能力和抵抗力，减缓体质衰退，减少肢蹄疾病发生。运动对繁育牛群尤为重要，应保持种公牛、繁育母牛有适当的运动。

7. 防暑防寒

牛场选址和牛舍结构应有利于通风，场区栽植绿荫乔木，改善局部小气候。夏季做好防暑降温工作，必要时安装风扇。冬天注意防寒保暖，繁育群增加垫草。

8. 环境卫生

注意牛舍、牛体、草料和饮水卫生。拴系式和散栏式牛舍要勤打扫、勤清粪，保持干净卫生；发酵床牛舍保持合理的垫床湿度。保持牛舍环境安静。喂料前清扫料槽；及时清洗水槽；清粪、喂料工具严格分开，定期清洗消毒。场区道路、沟渠要定期清扫，清除杂草，保持整洁。牛舍内外及场区定期消毒，育肥牛出栏后彻底清扫消毒牛舍；减少参观，避免外来人员未经消毒进场。

（三）发酵床的管理技术

1. 垫料原料和菌种

（1）垫料原料。因地制宜，选择容易购买、价格低廉、不易板结、碳含量高、具有良好的通透性和吸水性、易干燥的原料。可选择稻壳、锯木屑、刨花、玉米芯、秸秆、花生壳及其他农林副产品等原料。为降低成本，垫料也可采用多种原料混合制作，或是用经过干燥和粉碎的废弃草料、发酵牛粪、食用菌糠等作为垫料。腐败或发霉的物料不宜用作垫料。

（2）发酵菌种。由乳酸菌、芽孢杆菌、酵母菌、黑曲霉等有益微生物按一定比例混合制成，能够产生分解酶进行固态发酵，迅速分解粪污中的大分子有机物，降低环境臭味，同时能有效抑制病原菌繁殖。

2. 垫床制作

发酵床厚度为 40～50 cm。也可初期铺 15 cm 厚，后期分批补充。根据季节、牛舍面积、铺设厚度，计算所需垫料的用量，参考混合比例（体积比）：秸秆 30％～40％、谷壳 40％～50％、锯末 10％～20％。菌种用量应参照产品说明书。有湿式（提前发酵）和干式两种发酵床技术，前者是菌种与垫料均匀混合、发酵后再铺设；后者是先铺垫料，再撒菌种。不论采用何种方法，只要能混合均匀、充分发酵即可。

3. 垫床维护

（1）翻耙。板结的垫床不利于发酵，应根据牛粪与垫料混合程度、垫床蓬松度等情况，用小型旋耕机进行垫床翻耙，每月翻耙 1～2 次，保持垫床的通透性。

（2）含水量调节。发酵床的适宜含水量为 40％～55％。水分过高时应及时补充新垫料，并翻耙均匀。可采用感官判断法估计含水量，即抓起一团垫料握紧后松开，若垫料十燥，或略有潮湿感、不能成团，则含水量低于 30％；若感觉垫料潮湿、手松开后部分成团、碰触即散，则含水量为 40％～50％；若垫料明显潮湿，能成团，但手指缝无水，则含水量约为 60％；用力握垫料，能挤出水，则含水量高于 60％。

（3）补菌。垫床老化、牛的排泄量大、外界气温较低时，会影响发酵效果，此时需要适当补菌。一般每 3～4 个月补充一次，并翻耙均匀。

（4）垫料补充与更新。当垫料厚度不足或水分过高时，应及时补充新垫料，并翻耙均匀。

当厚度过大时，应清理30%～60%的垫料。当发酵床使用1年后，应部分更新，使用2年后应全部更新。当发酵床运行缓慢甚至停止、不升温、舍内臭味较浓时，且通过翻耙、补料、补菌等手段亦不能解决的，应全部更新。

4. 发酵床的注意事项

(1)散养不拴系，牛自由活动。饲养密度10～15 m^2/头，每小栏8～12头。饲料中可适当添加益生菌。

(2)发酵床不能喷洒杀菌药物，以防杀死发酵菌种。必须消毒时，消毒后应添加发酵菌种。

(3)夏季自然通风，或用风机降温，用遮阳网覆盖遮阴。冬季用卷帘挡风保暖，在日粮中添加益生菌，补充新垫料，适当降低养殖密度，降低垫床湿度。

二、繁育牛群的饲养管理技术

母牛繁育是肉牛育肥的基础，尤其是牛的繁殖周期长、效率低，更应重视繁育牛群的饲养管理，从合理饲养、精心管理、加强保健、合理利用等方面着手，保持繁育群良好的健康状态、较高的繁殖效能和较长的生产寿命，减少因健康恶化、未老先衰等导致的提前淘汰。

(一)繁育母牛饲养管理

1. 围产期管理

围产期是指母牛产前、产后各半个月的时期。此期的饲养管理好坏，不仅影响本胎次牛的健康和犊牛哺乳，而且影响以后的健康和繁殖配种。因而不可掉以轻心，也不可只管产后不管产前。

(1)围产前期。根据预产期，做好产房清洗消毒及准备工作。母牛在分娩前15 d转入产房，不拴系，自由活动。饲喂营养丰富、品质优良、易于消化的饲料，补充微量元素及维生素，保持母牛有良好的膘情，同时避免过肥。禁喂冰冻、变质和酸性强的饲料。

(2)分娩。重点做好接犊和母牛护理。临产前消毒后躯，铺以柔软、清洁垫料；对发生难产的母牛及时助产，确保母子平安；胎衣脱落后，清洗消毒后躯，特别是臀部、尾根、外阴部。母牛分娩后喂饮麸皮温盐水(麸皮0.5 kg、食盐0.05 kg、碳酸钙0.05 kg、温水10 kg)。此后视母牛食欲，日粮以优质干草为主，青饲料和精饲料由少到多增加，逐步达到标准。产后7 d内不宜饮用冷水。

(3)围产后期。重点是恢复母牛体质。日粮以干草为主，精饲料和青饲料逐渐增加，并根据母牛消化和乳房变化等情况做适当调整。若消化不良或乳房水肿，就要适当减少精饲料和青饲料，以免造成乳腺炎或消化障碍。至产后7～10 d时，精饲料和青饲料达到正常水平。每天饲喂精饲料2～3 kg，青贮料10～12 kg，优质干草3～5 kg，日粮干物质采食量9～12 kg。

2. 哺乳期管理

(1)饲养管理。哺乳期适当增加精饲料和青绿饲草的喂量，注意营养物质的全价和均衡供应，使母牛及时恢复体况和有足够的乳汁供给，保证犊牛正常生长。增加巡视次数，重点观察母牛的健康状态和犊牛吮乳等。做好牛舍和运动场的清洁消毒，母牛适量运动，保证充足、新鲜、清洁卫生的饮水，冬季饮温水。发现疾病及时诊治。

(2)及时配种。营养良好的母牛一般在产后40 d左右首次发情，产后90 d内有2～3次发情。母牛分娩40～50 d后，进行生殖系统检查，做好发情观察和配种。

3. 妊娠期管理

根据当地饲草资源、母牛营养需要和体重变化，合理搭配日粮，适当增加蛋白质饲料供应，保证胎儿的正常发育，保持母牛体重适度增加，为哺乳期储备养分。妊娠后期胎儿发育很快，应适当控制日粮饲喂量、提高营养水平。做好保胎工作，降低饲养密度，减少抢食和相互挤撞；禁喂霉变饲料，不饮脏水，冬季禁喂冰冻饲料、冰碴水；加强运动，保持中等偏上的膘情。日粮组成一般为精饲料 1～2 kg、粗饲料 3～5 kg、青贮 15～20 kg。

(二)犊牛饲养管理

1. 新生期

(1)新生护理。出生后 7 d 以内为新生期，此期的犊牛抵抗力弱，易受各种病菌侵袭，应精心护理。犊牛出生后，立即清理口鼻内的羊水和黏液，距腹壁 6～8 cm 处剪断脐带，消毒后用透气纱布兜起。若有假死，应立即将后肢拎起，拍打背部，倒出喉部羊水或黏液，然后辅助呼吸。让母牛舔干犊牛全身的黏液。测定初生重。

(2)饲喂初乳。关于初乳目前尚无统一定义，通常指母牛分娩后 3 d 内的乳，此后为过渡乳，5 d 之后为常乳。初乳颜色较黄、黏稠，含有丰富的免疫球蛋白、维生素、脂肪、可溶性盐类及其他各种营养，能使犊牛直接获得抗体，保护肠黏膜免受感染，增强体质和抵抗力，减少腹泻等疾病发生，初乳中的镁盐能促进胎粪排出，及早饲喂初乳是犊牛培育的关键。

对于产奶量高的母牛，富余初乳可冷冻保存，以便在急需时饲喂犊牛，但不能与其他牛场混用。冷冻时应分装，每份 2 kg 左右，保存期不超过 1 年。

犊牛通常在出生后 30 min 内能自行站立和觅吮母乳。对于不能自行吃到初乳的犊牛，必须及时进行人工辅助，使其能在 1 h 之内吃到初乳。若母牛死亡或因病初乳不能利用时，可喂其他健康母牛的初乳，若无初乳可用人工初乳代替。

图 2-84　犊牛的人工哺乳

人工哺乳的，要定时、定温、定量和固定饲养员。每日初乳饲喂量为犊牛出生重的 1/7 左右，分 3～5 次喂给。喂前用水浴锅温浴至 36～38 ℃，哺乳后 1～2 h 饮温开水。每次饲喂后奶瓶等用具必须清洗干净，定期消毒，如图 2-84 所示。

(3)环境卫生。产房及犊牛舍应洁净卫生、保温、通风、光照良好，逐步增强犊牛对外界环境的适应能力。舍内铺设垫草或木板，垫料必须干燥、洁净；夏天防暑，冬天防寒，必要时配备取暖设备；定期对环境进行消毒。

2. 哺乳期

(1)哺乳。犊牛的哺乳期一般为 2～4 个月。多采用母带犊模式、自行哺乳，只要母牛健康、营养良好、乳汁分泌正常，一般无须干预。采用人工哺乳模式的较为复杂，犊牛出生后与母牛隔离，在犊牛舍集中饲养，哺乳期为 2～3 个月，全期哺乳量 300～500 kg，日喂奶 2～3 次，技术要点参照新生期。

(2)开食。随着犊牛的生长，对营养的需求量逐渐增加，应及早训练犊牛采食草料，促进瘤胃及消化机能发育与形成，加强对外界环境的适应能力，为断奶奠定基础。

干草从15日龄前后开始添加，应是苜蓿、黑麦草等易消化的豆科或禾本科优质青干草，供犊牛自由采食；2月龄时采食量约0.2 kg，3月龄约0.5 kg。

精饲料（代乳料）从7～10日龄开始添加。应适口性好，粗纤维含量低而蛋白质含量高，最好是购买商品颗粒料。每日饲喂2次，自由采食。投喂量根据粪便情况逐渐增加，过多投喂易引起消化不良和腹泻。每头每日参考喂量：15日龄时50 g左右，20日龄0.1 kg，1月龄0.2 kg，2月龄0.3～0.5 kg，3月龄0.6～0.8 kg，4月龄0.8～1 kg。3月龄后可用同配方的粉料部分代替颗粒料。

饲喂鲜草的1月龄时开始添加，每头每日0.1～0.2 kg，以后逐渐增加，2月龄0.5～1 kg，3月龄1.5～2 kg，4月龄3～4 kg。饲喂青贮料的应在2月龄之后开始，喂量参考鲜草。胡萝卜等多汁饲料应在2月龄后少量添加。

(3)管理。饲料少量多次添加，保持新鲜度。设饮水池自由饮水，冬季需饮温水，水槽定期刷洗。7～15日龄时，用苛性钠法或电烙法进行去角；1月龄时剪除副乳头。保持舍内清洁、卫生、通风和适当日晒，定期消毒；提供足够的空间供犊牛活动，但应避免在场内乱窜。利用喂奶和喂料的机会，经常抚摸牛体，调教犊牛与人亲和，培养温顺性格。

3. 断奶期

(1)断奶时间。哺乳期的长短因生产方向、饲养条件而异，一般要求日采食精饲料达1 kg以上方可断奶。采用母带犊模式的多在4月龄前后断奶，人工哺乳的3月龄断奶。若犊牛采食精饲料不足，即使到了预定断奶时间也应适当延后断奶；生长缓慢、体弱的应适当延后断奶。

(2)断奶方法。母带犊模式的，减少母子相处时间，经1周左右与母牛彻底分开。人工哺乳的，逐渐减少每日哺乳次数，断奶前1周减少为1次，至完全断奶。

(3)适应期的饲养管理。延用哺乳期的颗粒料和精饲料配方，粗饲料以易消化的鲜草、优质青干草为主，辅以少量青贮料，使犊牛在断奶前后有较好的过渡，减缓断奶应激，不影响正常生长发育。按断奶时间、个体大小分群饲养；保持饮水和饲料的清洁卫生；保持舍内环境卫生，温度、湿度适宜，阳光充足；定期消毒。经常观察犊牛的精神状态及粪便，如有异常应及时处置；避免在适应期驱虫、防疫。犊牛刚断奶时不活泼，被毛光泽度差，只要采食正常就会很快过渡，经1周左右即能适应。

(4)断奶后的饲养管理。逐渐减少至停用颗粒料，增加粉状精饲料，配方过渡为断奶料，日喂量2 kg；优质粗饲料逐渐增加至每头每日1～2 kg，青贮料增加至4～5 kg；避免饲喂稻草、玉米秸秆等低质粗饲料；自由饮水。按月龄、大小、性别以及健康状况分群饲养。有条件的应建设犊牛专用牧场，既能采食新鲜、优质的牧草，又能保证充足的运动和光照。加强巡查，做好疾病防治。

(5)生产指标。犊牛(0～6月龄)全期耗精饲料200～240 kg，粗饲料(青饲料折算为风干标准)230～280 kg。生长发育、体尺体重达到品种预期标准，其中西门塔尔牛的初生重40 kg，6月龄体重200～220 kg。全期死亡率不超过5%。

(三)育成牛饲养管理

1. 育成公牛

(1)培育种公牛。粗饲料以优质青干草、鲜草、青贮料为主，少用或不用酒糟、秸秆、棉籽饼等原料，保证青粗饲料品质，增加精饲料喂量，注意矿物质的补充，日粮精粗比为40∶60至

55∶45，促进其迅速生长和性成熟，并防止形成草腹。为便于管理和调教，10～12 月龄时穿鼻环、拴绳，经常接触和牵引，做到人牛亲和。坚持运动，促进新陈代谢，强健体格，并防止过肥。生长发育正常时，可于 18 月龄开始采精，控制采精频率为每周采精 1 次；2 岁时转入正常采精。西门塔尔牛 12 月龄体重 300～320 kg，18 月龄 400～430 kg。

（2）培育架子牛。用于育肥的公牛，精饲料采用育成料配方，每头每日 1～2 kg，注意矿物质的供给，粗饲料自由采食，用稻草、麦秸秆、玉米秸、花生秸秆等普通粗饲料逐步代替优质青干草，青贮料喂量逐步增加，增强采食和消化能力，保障瘤胃和骨骼发育。10～12 月龄体重达到 250 kg 以上时进入育肥阶段，或是异地育肥。

2. 育成母牛

（1）育成前期（7～12 月龄）。精饲料采用育成料配方，每头每日 1～2 kg，粗饲料自由采食，用普通粗饲料逐步代替优质青干草，青贮料喂量逐步增加至 8～12 kg，增强采食和消化能力。日粮精粗比 15∶85 至 25∶75，西门塔尔牛 12 月龄重 280～300 kg。

（2）育成后期（13～18 月龄）。日粮以青粗饲料为主，促进其消化器官生长，并根据粗饲料品质，合理搭配精饲料。参考配方：青贮玉米 12～15 kg，秸秆或干草 3～5 kg，精饲料 1.5～2 kg。预期日增重 0.6～0.7 kg，18 月龄体重 350～400 kg。14 月龄时开始观察发情规律，以便 16～18 月龄时能顺利配种。按月龄、体重分群饲养，注意观察牛只变化情况，根据体况及时调整。环境应清洁、干燥；供应充足的饮水；注意冬季保温和夏季防暑；保持适当的日光浴，加强运动，促进体格发育，增强体质。

（四）青年母牛饲养管理

1. 饲养

从初配受孕到初次分娩阶段为青年母牛。日粮以青贮、干草、秸秆为主（占日粮干物质的 80%以上），控制精饲料喂量。妊娠后期胎儿生长加快，要适当增加营养供给，精饲料提高至每头每日 2～3 kg，但应避免母牛过肥而影响分娩。

2. 管理

加强饲养管理，注意保胎。保持环境干燥、清洁，注意防暑降温和防寒保暖；加大运动量或适当放牧，减少难产；防止驱赶、跑跳、相互顶撞，防止路面湿滑；冬季不能饮冰水，夏季预防热射病。妊娠中期开始到分娩前 2 个月为止，每日早晚用温水擦洗并适当按摩母牛乳房，每次 3～5 min，促进乳腺组织发育。根据预产期，及时转入产房。

三、肉牛育肥技术

在肉牛出售或屠宰前的一定时期内，通过调整日粮组成、提高营养水平、改善饲养管理等措施，使牛肌肉增长、脂肪沉积，体重迅速增加，产肉量提高，肉的嫩度、大理石花纹、多汁性及风味等品质得到改善。根据牛源特点、育肥期长短、牛肉品质等的不同，肉牛育肥又分架子牛育肥、短期强度育肥、高档育肥等类型。

（一）架子牛育肥技术

1. 架子牛育肥特点

犊牛和育成前期的骨骼生长较快，尤其我国地方牛的饲养管理相对较为粗放，生长潜力未能充分发挥，导致牛的骨架基本长成而肌肉脂肪较少，空有一身架子，因而又被称为架子牛。

根据牛的来源，分为就近育肥和异地育肥，其中后者需要运输和适应期；根据饲养方式，分为放牧育肥和舍饲育肥。

2. 牛源选择

(1)品种。根据当地实际情况，优先选择西门塔尔、夏洛来、安格斯等引进品种及华西牛、夏南牛、蜀宣花牛、辽育白牛等国内培育品种，或是西杂、夏杂、皮杂等杂交改良牛，专门化的肉牛品种具有体型大、增重快、屠宰率高等优势。进行特色牛肉生产的，可选择国内良种或本地品种，其特点是适应性强、肉质好，且成本相对较低。

(2)性别和年龄。多选择 10～12 月龄、不作为种用的青年公牛，体重 250～300 kg。公牛的生长速度和饲料转化率优于阉牛，且胴体瘦肉多、脂肪少，因而一般不进行去势。

(3)地域。最好是自繁自养，或是在当地有架子牛来源，不仅能节约差旅和运输费用，而且可减少长途引种的应激和疫病风险。

(4)体质。要求结构匀称、体宽而深、背腰宽平、腹大而不下垂、四肢端正，各部位发育良好，体型呈长方形，符合肉用牛的外貌特征；健康活泼，食欲好，被毛光亮，排尿排粪正常，精神状态良好。

3. 分阶段育肥

(1)适应期。就近育肥的无适应期；异地育肥的牛进场后需有 15～30 d 的适应期(隔离观察期)。外购牛第 1 天喂清洁水，并加适量营养盐饮液；第 2 天喂优质秸秆或青干草，但少用或不用豆科牧草，自由饮水；第 3 天起逐渐添加禾本科鲜草，少量投喂健胃消食类添加剂；第 7 天时，逐步添加精饲料、青贮料；第 15 天时，可逐步添加糟渣。前 10 d 的日粮组成应尽量与引种地接近，实现平稳过渡。

(2)育肥前期。2～3 个月，牛的采食量逐渐增加，骨骼进一步生长。此期精饲料一般占体重的 1%～1.3%，粗饲料(含鲜草、青贮、糟渣等)自由采食，日粮粗蛋白质 14%～16%，精粗比 40∶60。参考配方：鲜草或青贮 8～10 kg，干草或秸秆 2～3 kg，糟渣 6～8 kg，精饲料(含食盐、矿物质、小苏打等)3～4 kg。

(3)育肥中期。3～5 个月，促进肌肉生长和脂肪发育。此期精饲料一般占体重的 1.2%～1.4%，日粮粗蛋白质 14%～16%，精粗比 50∶50。参考配方：鲜草或青贮 10～12 kg，干草或秸秆 3～4 kg，糟渣 8～10 kg，精饲料(含食盐、矿物质、小苏打等)5～8 kg。牛的颈部、背部肌肉快速生长，体躯逐渐呈现长方形。

(4)育肥后期。2～3 个月，增喂精饲料，促进膘肥肉满、脂肪沉积。此期精饲料一般占体重的 1.4%～1.6%，日粮粗蛋白质 11%～13%，精粗比 60∶40。参考配方：鲜草或青贮 12～15 kg，干草或秸秆 2～3 kg，糟渣 10～12 kg，精饲料(含食盐、矿物质、小苏打等)8～10 kg，少用或不用菜籽饼(粕)、棉籽饼。牛的颈部粗而圆，背部形成背槽，肩胛、后躯肌肉丰满。

4. 管理措施

适应期应安排经验丰富的员工精心饲养，注意精神、食欲、饮水、粪尿等情况，发现异常及时处置。进场 10 d 后、无异常时驱虫，并根据情况接种疫苗。进场 20～30 d、确认健康后转入生产牛舍，按品种、性别、年龄、体重等合理分群。

正式育肥后，采用放牧加补饲育肥的，根据草场质量和放牧时间，合理调整日粮组成，育肥后期转为舍饲。拴系或限位栏养殖的，牛的活动量很少，应注意舍内日照、空气质量和环境卫生，勤观察牛的健康状态。散栏式或发酵床养殖的，牛能自由活动，应注意合理分群、减少打斗。饲喂要定时定量，每日饲喂 2 次；日粮变更应有 3～5 d 的过渡期。自由饮水，北方冬季水槽应有加温装置。做好夏季防暑降温和冬季防寒保暖工作，保持舍内通风和环境卫生，营造舒适饲养环境，提高动物福利。每批牛出栏后要彻底清扫、消毒；春秋驱虫、防疫；勤观察牛的健康状况，发现异常及时处置。测定育肥牛的始重、末重，记录饲料消耗，总结分析育肥效果和经济效益。

5. 适时出栏

育肥期根据牛场生产方向、生产节律及牛的品种、年龄、性别、饲料营养、管理水平而定，兼顾市场行情，以获取最大经济收益为目标。1 岁左右的良种杂交牛，育肥期一般为 8～10 个月，体重达到 600～700 kg 时出栏；当架子牛与育肥牛的价格差异较大时，适当延长育肥时间至 10～12 个月，体重达到 700～800 kg。若是地方品种，或架子牛的年龄较大，则育肥期为 4～6 个月，体重达到 400～600 kg 时出栏。同时应根据出栏时间，合理调整育肥节律。

（二）短期育肥技术

1. 短期育肥特点

繁育场的淘汰母牛，奶牛场的淘汰牛，养殖户淘汰的役用牛，在屠宰前进行 3～4 个月的舍饲育肥后再出栏，称为短期育肥，又称快速育肥或强度育肥。对于规模育肥场来说，优点是成本低、周转快，缺点是牛的调运频繁，不利于疫病防控，因此其牛源应来自本地或周边，不需要长途运输和引种适应。

2. 组建牛群

要求牛群健康状况良好，精神、采食、消化、体况等正常，无明显疾病。牛群转入育肥舍，统一驱虫、健胃，视情况接种疫苗。按品种、性别、体重等合理分群。

3. 饲养管理

育肥前期和后期的日粮配方，根据牛的品种、体重等特点及当地饲养条件而有所不同。前期精饲料一般占体重的 1.2%～1.3%，日粮精粗比为 40∶60；后期分别为 1.3%～1.5% 和 50∶50。短期育肥多采用拴系、散栏或发酵床养殖模式，减少牛的运动量；其他饲养管理技术参考前文的架子牛育肥。受品种、性别、年龄等因素影响，育肥效果差异较大：高者平均日增重可达到 1.1～1.3 kg，4 个月的育肥期总增重 140 kg 左右；低者分别为 0.8～1.1 kg 和 100～130 kg。

（三）奶公犊育肥技术

1. 奶公犊的育肥特点

尽管荷斯坦牛是专门的奶牛品种，但因其体格较大、生长发育较快，加之受架子牛的市场供给紧缺影响，奶公犊的育肥不仅可行，生产中也并不少见。与其他育肥方式不同的是，奶公犊从初生或断奶开始，就转出奶牛场，进入过渡和育肥阶段。

2. 分阶段饲养

(1)奶牛场。奶公犊初生后确定不当后备种牛的，喂养至 2 个月断奶，并度过断奶适应期，然后销售给过渡场；或是仅给予 3～5 d 的初乳喂养就售出。

(2)过渡场。一般设置在距奶牛场运输半径 4 h 以内的地方，以减少转场应激。购买新生犊牛的，用保姆奶牛挤奶喂养，或直接饲喂代乳品，3 月龄前后断奶，再继续培育至 6～8 月龄、体重 200～250 kg，转入育肥场；购买断奶犊牛的，直接进入后续环节。

(3)育肥场。购买过渡场的育成牛，按架子牛育肥方法，经 8～10 个月的育肥，16～20 月龄、体重达到 500 kg 以上出栏。

(四)雪花牛肉生产技术

1. 雪花牛肉生产特点

随着牛的年龄增长和架子牛育肥期的延长，脂肪依次在腹腔(内脏脂肪)、皮下、肌间缓慢发育和沉积，牛肉的肌间脂肪与肌肉纤维形成红、白相间的大理石样花纹，似雪花洒落，因此称为雪花牛肉。肉牛屠宰分割后，上脑、眼肉和外脊是上等的雪花牛肉，价格较高。由于脂肪的大量沉积，内脏脂肪比例较高。

2. 牛源选择

国内外许多品种均可生产雪花牛肉，差别在于雪花牛肉的比例高低。安格斯、和牛是较为著名的品种，国内的秦川牛、枣北牛、夷陵牛等也可生产。公牛在 4～6 月龄去势、1 岁开始育肥，效果更好；超过 2 岁的淘汰牛不宜用来生产雪花牛肉。

3. 分阶段育肥

适应期、育肥前期、育肥中期的饲养管理与架子牛的基本类似，但持续时间略长，宜以发酵床模式饲养。育肥后期的主要目标是沉积脂肪，日粮以能量饲料为主，精饲料一般占体重的 1.3%～1.5%，日粮粗蛋白质占 11%～13%，精粗比为 70∶30 至 80∶20。精饲料中麦类原料(大麦、燕麦、小麦)的比例提高到 25%，蒸汽压片工艺处理的更佳，不用胡萝卜、黄玉米等色素高的原料，少用或不用菜籽饼(粕)、棉籽饼。良种牛 23～26 月龄、体重 700 kg 左右，地方牛 28～30 月龄、体重 400～500 kg 时出栏。

四、养牛场经营管理技术

经营管理是牛场生产的重要组成部分。科学的经营管理，可使牛场科学有效地决策，有效组织生产，降低综合成本，提高劳动生产效率和生产水平。人是生产的第一要素，养牛场首先是人员的管理，其次是牛场各部门、各生产环节的组织和衔接，最后是牛的管理。没有较高的经营管理水平，则很难获得较好的生产效益。

(一)人员管理

1. 管理体系

中小型养牛场多是投资者亲自管理，全面负责技术、采购、销售、财务等各个环节，聘请 1 名专职或兼职执业兽医师，以及数名饲养员。大型养牛场则是建立现代企业管理制度，成立独立法人公司，由投资方组建董事会，聘请总经理，设置办公、生产、采购、销售等部门，引进专业管理和技术人才，依照公司制定通过的管理章程实施生产、经营、管理活动，建立“按劳取酬、多劳多得、奖罚分明、优胜劣汰”的分配原则和管理机制，各司其职，团结协作。

2. 管理制度

(1)根据牛场规模和生产特点设置部门和岗位，组成精干、务实、高效管理班子，制定相应的岗位职责，实行目标考核管理制。

(2)制订各级目标任务和责任书，实行年度经济指标责任制；管理技术人员实行任期考核聘用制，工人实行劳动用工合同制。

(3)根据生产工艺，制订各生产阶段(车间)的切实可行的技术操作手册和考核指标，分工协作，确保项目目标的实现。

3. 技术培训

根据生产技术要求，对所有员工开展经常性的技术培训。对员工进行岗前培训，了解养殖的基本技术和操作中要注意的事项，采取集体培训和个别辅导相结合。通过举办知识讲座、现场技术指导、邀请教授课堂讲授、资料函授和联网等多种形式，开展培训活动，或分批轮流选派员工到其他相关单位进行培训。

4. 安全生产

(1)劳动安全。制定安全生产操作规程，认真贯彻安全生产责任制，实行全面安全管理。加强职工安全生产教育，提高职工素质，并使之制度化和安全检查经常化。职工必须经过培训合格取得上岗证后才能上岗作业，减少生产事故。凡新员工、实习人员、调换岗位等均须通过三级安全教育，并审查合格后方可上岗。配备消防设施，注重消防安全。

(2)劳动卫生。对产生废气、粉尘的地方，采取通风除尘措施，满足车间卫生要求。员工定期组织健康检查，加强职业病防护及卫生保健。按不同工种岗位发放劳保用品，员工必须按规定穿戴劳动保护用品上岗。

(二)部门管理及衔接

1. 生产计划

生产部门制订牛场年度生产总计划，包括饲养规模、品种、群体结构、繁殖周转、草料需求、产品定位和产量等内容，明确各项生产技术指标，进而制订各月份计划和工作重点。根据年度总计划，技术人员制定繁育、饲养、保健、防疫等技术规程；采购部门制订架子牛采购计划，组织草料的采购、生产和供应；销售部门制订市场营销策略和方案；财务部门制订资金周转计划，预测各月份的资金流量。

2. 生产流程

根据牛场生产特点和部门设置，制定生产流程总图，主要是母牛、育肥牛、饲料、其他物料等生产要素在场内的流转，如架子牛的采购、隔离观察、进场、育肥、出售等生产环节，涉及采购、生产、销售、财务、统计等部门，通过流程图来指导部门间的衔接。各部门(主要是生产部)也可制定内部管理流程图。

3. 成本管理

牛场的生产总成本主要由架子牛引种费、草料费、燃料动力费、医疗费、低值易耗品更新费、人员费、管理费、折旧费、维修费等组成，其中人员费、折旧费、维修费为固定成本，其余为变动成本，是挖掘潜力、降低成本的主要环节。繁育母牛属于固定资产，其淘汰和更新也是成本控制的重要内容。根据同行业平均生产水平和本场上年度生产情况，财务部门进行成本预测和成本核算，结合市场行情，计算成本控制线、保本销售率、利润率等财务指标。

4. 大数据管理

大数据管理是通过配备自动化、智能化采集设备，获取牛群周转、饲料存储、日粮配方、性能测定、环境质量等数据，自动传输至管理中心(或是手工输入)，通过软件自动分析处理，为牛场管理决策提供实时指导和预警。工作人员也可配备手持终端，实时录入数据或查看相关信息。大数据管理的核心是数据信息的全面、准确采集及分析处理。

(三)牛群管理

技术层面的牛群管理，是根据牛场的生产方向和特点，制定并落实饲养管理技术方案，不断提高生产技术指标。而管理层面的牛群管理，则是生产计划的制订落实，确定最适养殖规模和牛群结构，牛的合理分群、周转，群体更新，购进和出栏时机把控，统计月度报表、年度报表并进行总结，产品质量安全控制；更重要的是通过部门、人员的管理，把制定好的饲养管理技术措施落到实处，才能获得预期收益。

五、养牛场粪污处理技术

粪污处理是牛场生产管理的重要环节，它不仅关系到牛场自身环境，而且影响周边生态环境和养牛业的可持续发展。牛场粪污同时又是可利用资源，施用有机肥能提高土壤有机质含量，改良和修复土壤，促进有机肥对化肥的有效替代，增加作物产量，改善农产品品质，保护农田生态环境。应合理选择和设计适合当地条件的粪污处理工艺，达到变废为宝的目标。

（一）肉牛场粪污特点和处理原则

1. 肉牛粪污特点

（1）排放量。牛是大型草食动物，采食量和排泄量较大，多采用干清粪工艺，无冲洗水。据有关资料，1 头肉牛年排粪 10 t、尿 5 t，30 头肉牛相当于 100 个猪当量（衡量畜禽氮、磷排泄量的度量单位，1 头猪为 1 个猪当量）。牛粪含水量约为 82%，新鲜牛粪、尿的含氮量分别为 4.37 kg/t、8 kg/t，粪污收集处理过程中氮、磷的留存率分别为 62%和 72%，牛粪烘干样的氮、磷、钾分别为 23.4 kg/t、7.1 kg/t、28.3 kg/t，有机质占 79.2%。采用发酵床模式的，牛粪和垫料经反复踩踏，不同程度熟化和发酵，无污水排放。

（2）消纳面积。根据猪当量进行计算，种植一季大田作物，1 头肉牛需要 2.8～3 亩耕地消纳粪肥，种植两季或是果园，则需要 1.5 亩。根据牛粪含氮量进行计算，种植一季大田作物，1 头肉牛需要配套 4～5 亩耕地。

2. 处理原则

（1）减量化收集。实行干清粪工艺，采取雨污分离、干湿分离等措施，雨水不进污水处理设施，减轻后续处理压力。

（2）无害化处理。收集和处理场所无渗漏、不溢流，处理过程污染小，处理后的粪便可以还田利用，出水可以灌溉。

（3）资源化利用。干粪转化为生物有机肥，替代化肥用于农田施肥；污水处理后用于农作物和经济作物灌溉。

（4）可靠性和简便性。要求处理技术先进、工艺成熟、质量可靠，并不断吸取先进技术和经验，提高运行管理水平。

（5）综合效益。兼顾环境效益、社会效益、经济效益，将治理污染与资源开发有机结合，使粪污处理的产出大于投入，提高综合效益。

（二）粪污的收集与预处理技术

1. 粪污收集

拴系或散栏饲养的，采取干清粪工艺，粪便由人工或机械进行清扫和收集，运送至存放或处理地点；污水采用沟渠或管道自流，进入污水池进行后续处理。发酵床养殖的，根据需要定期机械化清理和运输。所有收集通道都要进行防渗处理，沟渠加盖，做到雨污分离，减轻后续处理量。存放及处理地点建造遮雨棚。

2. 预处理

肉牛粪污一般不需要预处理。有些后续处理工艺要求粪便的含水量不能过高，可将粪便置于晒场，摊薄晾晒进行脱水，适用于降水少、空气干燥、地广人稀的地方采用。污水中混有较多粪便、需要固液分离的，可采用沉淀池自然沉降法进行分离。

(三)牛粪的处理与综合利用技术

1. 堆肥

(1)概念。即堆积发酵，是目前广泛使用的处理方式。将牛粪和辅料按一定比例进行混合，调节含水量，控制堆体的氧气和温度，通过微生物的作用，发酵制成腐熟粪肥，无臭味、质地疏松、含水率低，便于运输和后续商品肥加工，代替化肥用于农业生产。按是否需要氧气，分为好氧堆肥和厌氧堆肥；按堆肥温度，分为高温堆肥和中温堆肥；按机械化程度，分为自然堆肥和机械化堆肥。

(2)好氧堆肥工艺。牛粪中加入秸秆粉、米糠、玉米芯、花生壳等辅料，调节含水量至40%～60%，添加生物发酵菌剂，混合均匀。条垛式堆积，每周翻堆一次；槽式的每3 d翻堆一次；或铺设带孔管道，静态通气堆积。当堆心温度持续在40 ℃以下，物料呈褐色或黑褐色、基本无臭味、质地疏松，发酵即告完成。条垛式堆积的，冬季发酵时间为90 d左右，夏季为75 d；槽式翻堆和静态通气的，发酵时间比条垛式堆积的少15 d。

2. 制作有机肥

堆肥完成后，根据发酵粪肥及目标产品的养分含量，适当添加无机肥料及微量元素，造粒、干燥、筛分、包装，制成有机无机复混肥或生物有机复合肥。

3. 生物链转化

将牛粪经过一定处理后，添加适当辅料，栽培食用菌，或养殖蚯蚓，进行生物链转化，实现资源化利用和多产业共同发展。

(四)肉牛场的污水处理

1. 氧化塘法

氧化塘为钢筋混凝土结构，或铺设防渗黑膜，分为自然氧化塘和人工曝气塘。自然氧化塘的占地面积较大，一般不建造顶棚，但池壁应高于地平面，防止雨水流入；其设施简单、投资小、处理工艺简便可靠、运行费用很小。人工曝气塘的占地面积小、处理效率高，其曝气池装配管道和微孔曝气头，通过正压风机把空气鼓入池水中。曝气池的深度为4～6 m，容积为每天污水量的4～5倍；曝气池后续还需配套一定面积的自然氧化塘。

2. 人工湿地

人工湿地又称水生生物塘，是人工建造的类似于沼泽的工程化湿地系统，人工控制其运行。污水在湿地中按照一定的方向流动，经过湿地中的土壤、植物、微生物的多重作用进行净化。其处理效果好，尾水可以达标排放，也可用于农田灌溉、养鱼、种植莲藕等多种用途，是较理想的污水处理方式。

3. 絮凝沉淀

经氧化塘和人工湿地处理后的尾水若达不到排放要求，就需在水中添加絮凝剂(如石灰、硫酸亚铁等)，形成沉淀物，达到净化目的。

4. 沼气转化法

沼气工程由预处理、沼气发酵、储存净化和利用、后处理四个单元组成。经过厌氧发酵后的沼液和沼渣，不能直接利用或排放，需要进行一定的处理。沼液可用于种植业灌溉，但利用前要在储存池中至少存放 10 d，降低其还原性。灌溉也存在季节性和节律性，因此要在田间建造沼液储存池。

沼气法的缺点是工程投资较大，设计、施工、运行、管理和维护需要专业人员指导，沼气使用需要专业培训，沼气产量受温度的影响很大，且与使用季节相矛盾，大量的沼液和沼渣需要再次处理和利用。

5. 好氧厌氧结合法

经过沼气发酵后的沼液，也可以按照好氧处理方法，经过自然塘、人工塘或人工湿地进行无害化处理。沼渣可与粪便混合，进行好氧堆积发酵、生产有机肥。

（五）发酵床养殖工艺

牛舍内建造发酵床，铺设稻壳、锯末、秸秆等有机物垫料，添加菌种，通过牛的踩踏和人工辅助翻耙，粪尿和垫料充分混合，通过微生物的发酵，使粪尿中的有机物质分解和转化，无污水排放。发酵后的垫料可用于农田、果园施肥，或生产生物有机肥。该模式的粪污处理较为简便。

（六）典型处理利用模式

1. 种养结合就地利用

适于分散且具有一定农田面积的家庭农场和中小型养殖场。特点是把粪污收集、贮存和农田消纳有机结合，有效收集和及时就近、就地消纳，较好解决小型养殖场粪污处理问题，环境改善效果显著。为了降低运输成本，就地消纳的运输半径应在 10 km 以内。

2. 集中处理异地利用

适于周边农田无法有效消纳的养殖密集区或大型养殖场。特点是建设集中处理厂，对周边多个养殖场的固体粪便进行收集、运输和集中处理，生产有机肥或生物有机肥，实现一定半径异地利用。

3. 能源转化循环利用

适于能够辐射大量农田、蔬菜基地、果树、林地的大中型规模化养殖场。特点是把粪污通过厌氧发酵生产沼气，能源化利用。

4. 基质转化综合利用

适于自有大量农田或耕地进行特色种养的大中型规模化养殖场。特点是将粪便转化为其他农产品的原料基料，例如牛粪作为蚯蚓养殖培养基、开展食用菌种植或回床垫料转化基料等综合利用方式，是规模化养殖场的自循环利用模式。

5. 深度处理达标排放

适于没有或少量自有农田的大中型规模化养殖场。特点是把粪便直接售卖或处理后循环利用，废水经厌氧或好氧等一般处理后，再进行脱氮除磷、除臭抑菌等深度处理，达到排放标准要求。

6. 整县推进“链融体”

适于具有一定产业链条基础、粪污治理存在短板的大型养殖龙头企业，且当地政府积极扶持。特点是立足畜禽养殖基础，着眼于养殖废弃物处理与资源化，延伸产业链条，推动多产业相互融合、相互促进和共同发展，形成种植、饲料、养殖、屠宰、能源环保等产业融合的“链融体”模式。

第五节　湖北省规模化肉牛场简介

一、沙洋县汉江牛业发展有限公司

公司成立于2013年，主要从事西门塔尔牛良种选育、优质肉牛育肥、屠宰加工及秸秆饲料开发；占地面积800亩，建有标准化牛舍10栋，存栏西门塔尔种牛1 600头，其中国家育种核心群参测种牛330头，性能测定数据同步上传国家肉牛遗传评估中心；被认定为国家肉牛核心育种场、部级标准化示范场，是全国西门塔尔育种联盟企业之一，与中国农科院北京畜牧所、湖北省农科院畜牧兽医研究所、华中农业大学进行产学研合作，建有院士专家工作站、湖北省校企共建肉牛育种及配套技术研发中心，致力于高品质肉牛品种培育、加快国家肉牛遗传改良进程、推动肉牛产业快速发展。

二、荆门华中农业股份有限公司

公司成立于2011年，是一家绿色肉牛养殖、食用菌种植、秸秆饲料加工及销售的省级农业产业化龙头企业。占地面积1 300亩，建成标准化牛舍13栋，标准化食用菌种植基地30 000 m^2，配套建设放牧场3 000亩，形成“秸秆养牛、牛粪种菇、废料还田”的生态循环产业链条。公司与湖北省农科院畜牧兽医研究所共建畜牧禽循环经济研发中心，先后被评为湖北省高新技术企业、湖北省龙头企业，被认定为国家安格斯核心育种场。公司秉承“生产出大家消费得起的健康的生态牛肉”发展理念，突出“高新技术、知名品牌、循环经济、自主创新”四大重点，实施种养加有机结合，畜牧业生产和环境保护有机结合、生态链和产业链有机结合，带动周边地区传统农业产业升级。

三、湖北庚源惠科技有限责任公司

公司成立于2020年，位于仙桃市沙湖镇，由湖北省畜禽育种中心全额投资建成。占地面积888亩，现存栏纯种西门塔尔牛和夏洛来牛369头。公司以冻精生产、种牛繁育、技术推广为基础，按照“公司＋合作社(基地)＋农户”的发展模式，积极打造一流种源企业，努力建立集饲草种植、秸秆利用、生物肥料、种牛繁育、肉牛育肥、屠宰加工、物流配送、观光旅游为一体的全产业链，为现代畜牧业发展助力。

四、湖北丰联佳沃农业开发有限公司

公司成立于2014年，是以肉牛养殖为主的综合性现代农业科技开发企业，业务涉及肉牛繁育、牛肉加工销售、餐饮及旅游观光、“互联网＋智慧牛业”等领域，形成一、二、三产业融合、绿色发展模式，是湖北省农牧业产业化经营的典范。肉牛育肥场占地400亩，建有标准化牛舍11栋，养殖规模2 000头，配套饲草种植基地500亩；建有牛肉标准化精细分割车间300 m^2；夷陵牛主题餐饮店2个。被认定为部级肉牛标准化示范场、湖北省农业产业化重点龙头企业、夷陵牛核心保种场，共建院士专家工作站，是宜昌市畜牧产业协会会长单位。注册一品“良牛”

“国牛”“牛未央”等商标，取得无公害农产品产地认证。

五、湖北祥牛牧业有限公司

公司成立于2011年，是湖北立业生物制品有限公司全资控股的子公司，主要从事肉牛育肥、有机肥生产、秸秆综合利用。位于钟祥市官庄湖农场。占地223亩，大跨度牛舍、草料仓库、有机肥生产车间等面积51 900 m^2，采料、配料由进口设备自动处理，发酵床养牛技术的应用处于同行业领先水平，养殖作业机械化程度高。建立“秸秆利用-肉牛养殖-有机肥生产-种植”的循环经济模式，年出栏肉牛7 000头、生产销售各种有机肥2.5万t，转化利用秸秆8万t，为当地种植户增收逾2 000万元，经济效益和社会效益显著。公司着力打造湖北最大的肉牛产业园，利用生物有机肥种植有机粮油、果蔬、饲草，生产优质肉牛，屠宰精细分割和深加工，延伸肉牛产业链，农牧融合，助力乡村振兴。

第六节　牛的疫病防治

一、牛的传染病防治

（一）牛的重大疫病

1. 牛的疫病病种

根据国家农业农村部《一、二、三类动物疫病病种名录》（2022年），畜禽重大疫病分为三类，其中涉及牛的有：

（1）一类动物疫病。包括口蹄疫、牛海绵状脑病、牛瘟、牛传染性胸膜肺炎。

（2）二类动物疫病。多种动物共患病：狂犬病、布鲁氏菌病、棘球蚴病、日本脑炎、炭疽、日本血吸虫病。牛病：牛结节性皮肤病、牛传染性鼻气管炎（传染性脓疱外阴阴道炎）、牛结核病。

（3）三类动物疫病。多种动物共患病：伪狂犬病、轮状病毒感染、产气荚膜梭菌病、大肠杆菌病、巴氏杆菌病、沙门氏菌病、李氏杆菌病、链球菌病、溶血性曼氏杆菌病、副结核病、类鼻疽、支原体病、衣原体病、附红细胞体病、Q热、钩端螺旋体病、东毕吸虫病、华支睾吸虫病、囊尾蚴病、片形吸虫病、旋毛虫病、血矛线虫病、弓形虫病、伊氏锥虫病、隐孢子虫病。牛病：牛病毒性腹泻、牛恶性卡他热、地方流行性牛白血病、牛流行热、牛冠状病毒感染、牛赤羽病、牛生殖道弯曲杆菌病、毛滴虫病、牛梨形虫病、牛无浆体病。

2. 人畜共患传染病

根据国家农业农村部《人畜共患传染病名录》（2022年），与牛相关的人畜共患传染病分别为：牛海绵状脑病、狂犬病、炭疽、布鲁氏菌病、弓形虫病、棘球蚴病、钩端螺旋体病、沙门氏菌病、牛结核病、日本血吸虫病、日本脑炎、旋毛虫病、囊尾蚴病、李氏杆菌病、类鼻疽、片形吸虫病、Q热、利什曼原虫病、华支睾吸虫病等。

（二）防疫

1. 防疫制度

建立科学有效的防疫体系，遵守国家强制免疫的相关规定，履行动物疫病强制免疫义务，做好免疫、消毒等疫病预防工作，自觉开展、积极配合疫病监测工作，有效防止重大疫病发生；疑似重大疫情要迅速上报；引种时，必须进行两病(布鲁氏菌病、结核病)检测，并实施引种隔离；有条件的可开展抗体监测工作。

2. 免疫接种

根据国家《动物防疫法》和当地兽医主管部门的要求，按照强制免疫计划和技术规范，结合当地疫病流行特点等实际情况，制定科学合理的疫病免疫程序，选择合适的疫苗和免疫方法，开展预防接种工作。同时按照国家有关规定建立免疫档案、加施畜禽标识，保证可追溯。季节性免疫(春防、秋防)与常规补充相结合，按疫苗的使用说明书进行注射，不同疫苗的注射时间间隔不少于 15 d。注意做好免疫记录，有条件的可开展抗体监测，以便科学评价及修正防疫计划。常用免疫程序参考表 2-5。

表 2-5 肉牛常用免疫程序

免疫时间	疫苗种类	免疫方法	预防疫病	保护期
1 周龄以上	无毒炭疽芽孢苗，Ⅱ号炭疽芽孢苗，炭疽芽孢氢氧化铝苗	皮下注射，以后每年春季免疫 1 次	炭疽	1 年
1～2 月龄	牛气肿疽灭活苗	皮下或肌内注射	气肿疽	1 年
3 月龄	牛口蹄疫疫苗(O 型，A 型)	皮下或肌内注射	口蹄疫	半年
4 月龄	牛口蹄疫疫苗(O 型，A 型)	加强免疫，皮下或肌内注射；以后每年春、秋季各免疫 1 次	口蹄疫	半年
4～5 月龄	牛巴氏杆菌灭活苗	皮下或肌内注射	牛出血性败血症	9 个月
4～5 月龄	牛产气荚膜梭菌灭活苗	皮下或肌内注射；以后每年春、秋季各免疫 1 次	产气荚膜梭菌病	半年
6 月龄	牛气肿疽灭活苗	皮下或肌内注射	气肿疽	1 年

(三)牛的常见传染病防治

1. 布鲁氏菌病

(1)概况。人畜共患慢性传染病，主要侵害生殖系统。病原为布鲁氏菌，对热敏感，70 ℃中 10 min 即可死亡。病菌主要是流产后随胎儿、胎衣、羊水、子宫阴道分泌物等排出体外，也可随乳汁、精液、脓汁等排出，通过交配、消化道、皮肤伤口、呼吸道等途径传染。

(2)症状。多为隐性感染，以流产和睾丸炎为特征。母牛一般于怀孕中后期流产，伴有胎衣滞留和子宫炎症，继发不孕；公牛患睾丸炎，性欲减退；偶发关节炎、关节水肿，导致跛行。

(3)防控。根据国家强制免疫规定，一类地区的种牛禁止免疫，非种牛应免疫；二类地区原则上禁止免疫，需免疫的应向当地兽医主管部门提出申请，经批准后可免疫。加强群体监测，阳性应立即隔离、淘汰清除，清理污染物，彻底消毒；严格引种检疫，避免带回隐性携带者；在主管部门的指导下，开展监测和净化工作，彻底消除布鲁氏菌病。员工接触病牛及其排泄物后易感，出现乏力、头痛、肌肉痛、关节痛、生殖系统炎症等症状，丧失生育力和劳动力，病情时好时坏、终身难愈，应特别注意防护。

2. 结核病

(1)概况。由分枝杆菌引起的慢性、消耗性人畜共患病，主要通过呼吸道、消化道传播，病菌对外界环境的抵抗力强。

(2)症状。消瘦、咳嗽，肺、乳房等组织器官中呈现干酪样坏死和钙化结节性病灶；病情恶化者体温升高，呼吸困难，心力衰竭。

(3)防控。加强引种检疫，防止引进隐性携带者；定期开展群体监测和净化，及早发现和清除阳性牛。

3. 传染性胸膜肺炎

(1)概况。又称支原体性肺炎(牛肺疫)，是极易蔓延且死亡率较高的传染病，冬、春季节较多，常因引种而暴发，亚健康的隐性带菌者受运输、环境改变等应激而极易患病，并通过呼吸道传播。

(2)症状。一般在运输到场后 7～15 d 发病，咳嗽、口鼻流出白色泡沫，呼吸困难，体温升高，精神沉郁，食欲减退，有的并发关节炎、腹泻、角膜结膜炎；后期常因肺部严重感染而死亡；慢性者逐渐消瘦，被毛蓬乱，经常咳嗽、流鼻涕；剖检可见肺与胸膜粘连，胸腔有淡黄色絮状物。

(3)防控。注重引种防护，减少应激；新进牛必须隔离观察 15 d，确认健康方可混群。密切观察，及时发现发病初期和病情轻的牛，尽早治疗，舍内外严格消毒。支原体对青霉素、链霉素和磺胺有抵抗力，建议用四环素类、环丙沙星、泰妙菌素(支原净)、大环内酯类(红霉素、泰乐菌素、替米考星、阿奇霉素)等进行治疗，轻者肌内注射，重者配合葡萄糖静脉注射；临床用药疗效不佳，与治疗不及时、耐药性和混合感染等多种因素有关。治愈后长期携带，应隔离饲养。

4. 巴氏杆菌病

(1)概况。由多杀性巴氏杆菌引起的传染病，又称出血性败血病(牛出败)，多发于犊牛。抵抗力差者，易因气候剧变、饲养管理条件差、长途运输、气候多变等诱发本病。

(2)症状。潜伏期 2～5 d，症状分为败血型、浮肿型和肺炎型 3 种类型。败血型：腹痛下痢，粪中混有黏液、血液。浮肿型：颈部、咽喉及胸部水肿，流涎，皮肤和黏膜发绀，呼吸困难。肺炎型：呼吸困难，胸腔有絮状纤维样沉积。病死率较高，痊愈牛有免疫力。

(3)防控。加强饲养管理，定期预防接种，增强抵抗力。病牛立即隔离，同群的假定健康牛紧急免疫接种，污染区严格消毒；可选用青霉素、氟苯尼考等治疗。

二、牛场的卫生管理

(一)牛的保健

1. 季节性保健

春季注意气候的突然变化，预防感冒、咳嗽等呼吸道疾病及传染性胸膜肺炎等季节性传染病的发生；注意饲料更换，由枯草到青草过渡要逐渐进行。夏季做好防暑降温，畜舍通风；保证充足的饮水；注意天气变化，防止淋雨；草料防潮防霉；灭蚊蝇。秋季防疫驱虫；预防和控制结膜炎等季节性疾病发生。冬季防寒保暖，预防呼吸道疾病；注意补饲，防止掉膘。

2. 各生长阶段保健

新生期及时吃足初乳，增强免疫力；哺乳期尽早开食，预防痢疾、结膜炎、呼吸道感染等多发病；育成阶段加强营养，促进生长发育，预防季节性疾病；育肥及成年阶段规范饲养，繁殖群应控制营养，除季节性疾病外，母畜应防控产科病。

（二）牛场卫生和消毒

1.牛场卫生

料槽每日清扫1～2次。水槽每周清洁1～2次。传统养殖的，粪便每日清扫1～2次；发酵床养殖的，垫床定期翻耙。保持舍内外干净整洁，严防塑料袋、绳子等异物被牛误食；医疗废弃物与生活垃圾分类处理。

2.消毒

（1）硬件配套。修建消毒间、消毒池、更衣室等设施，购置喷雾消毒机等配套设备。

（2）消毒。制定并执行严格的卫生消毒程序和制度。员工应穿工作服、套鞋，经消毒后方可进入生产区；严格控制场外人员进入生产区；进入场区车辆经消毒池后，再用消毒液进行喷雾消毒，消毒池一般用1%～2%氢氧化钠溶液，定期补充，保持水面高度。用具、车辆、舍内外及场区疫期每周消毒1次，非疫期每月消毒1～2次；必要时执行紧急消毒。

（3）发酵床的消毒。垫床依靠生物活性菌发酵分解粪尿，常规消毒会杀灭这些有益菌，一般不实施消毒。必须消毒时，可将垫料全部清理并集中堆积发酵，栏舍进行冲洗和彻底消毒，再重新铺设垫料、添加菌种。

（三）病死牛的处理

1.患病牛的处理

对可疑病牛应及时隔离观察、确诊。有使用和治疗价值的应隔离饲养、治疗，彻底治愈后，才能归群。因传染病和其他特异性疾病需要扑杀的，应在指定地点进行，采用不使血液及其浸出物散播的方法扑杀。病牛不得出售。

2.病死牛的处理

病死牛尸体含大量病原体，必须及时进行无害化处理，严禁食用、丢弃及出售，防止疫病的传播与流行。应按照国家有关规定，做好病死牛及病害牛产品的无害化处理，常用措施为焚烧、深埋、化制等；也可委托区域性无害化处理场所处理。其排泄物、污染物也应焚烧或深埋，污染区域彻底消毒。

（四）休药期

2003年农业部第278号公告对部分兽药的停药期做出规定，并确定了部分不需制订停药期规定的品种。2017年修改和废止部分规章、规范性文件（农业农村部令第8号），部分兽药品种的条款被废止，可参照农业部第278号公告及2015年以来农业农村部发布的相关禁药规定。

三、牛其他常见疾病防治

（一）消化系统疾病

1.腹泻

（1）概况。病因较为复杂，大体可分为摄入、感染和继发3种类型。摄入型是因日粮搭配不当和原料污染，如青贮料比例过高，或大量饲喂含水量高的叶菜、糟渣，或饲料发霉。感染型：产气荚膜梭菌、大肠杆菌、肠球菌、沙门氏菌等病原在自然界客观存在，舍内卫生状况恶劣、消毒不严、饲料污染时病原增多，若牛的抵抗力差就会发病。继发型：某些胃肠寄生虫病、中毒症或传染病可继发本病。根据病因的不同，可传染或不传染。

(2)症状。各年龄段皆可发病，尤以犊牛、体弱者较多。以腹泻为特征，粪中有时混有血液和黏液，体温升高；粪呈碎鸡蛋汤样，有恶臭；病期延长者脱水、消瘦，严重者衰竭而死。

(3)防控。找准病因是核心，然后对症施治。对于摄入型，应立即清理霉变饲料，渐进式调整日粮配方，无须治疗即可康复。对于感染型，注重环境卫生和消毒，加强饲养管理，提高机体抵抗力，保证母牛乳汁充足、犊牛健壮，治疗以消炎杀菌为主，严重者应止泻、强心、补液。对于继发型，消除发病诱因。

2. 瘤胃臌气

(1)概况。采食大量容易发酵的草料或多汁饲料，如新鲜豆科牧草、青嫩草、白菜叶等，或采食沾有露水或雨水的青草及发霉变质的草料等，均可引发本病；误食尿素也可引发。

(2)症状。病牛不安，常回头看其腹部，左腹膨大，腹壁紧张，叩时带鼓音。急性病症反刍停止，呼吸困难，结膜发紫，最后窒息或胃破裂死亡。

(3)防控。不喂太多的豆科牧草；不在大面积豆科牧地上放牧，或先在其他牧地放牧，待牛吃半饱再赶过来；不喂露水草和发霉草料。病牛数量少且症状轻时，可将树枝横放在口内，两端露出，咀嚼排气，发病多且病症严重时，可用套管针在左腹穿刺放气，无套管针也可用粗注射针头或削尖的细竹管，穿刺前后要严格消毒，排气过程要缓慢，以防脑部缺血。

(二)寄生虫病

1. 概况

寄生虫的分布比较广泛，影响牛的生长发育，严重者可造成死亡。寄生在体表的称为外寄生虫，如蜱、螨等；体内的称为内寄生虫，如肝片吸虫、血吸虫、绦虫、线虫、焦虫等。根据生活史，一般分虫卵、幼虫、成虫等阶段，有中间宿主、终末宿主，经消化道、皮肤、昆虫等传播。

2. 症状

外寄生虫肉眼可见，如蜱附于皮肤、吸取血液，螨引起脱毛、皮肤瘙痒。内寄生虫轻者一般无明显症状，常见被毛蓬乱无光泽，生长发育迟缓；重者严重消瘦、贫血，继发其他感染而死亡。有些寄生虫病具有特定症状，如肝片吸虫造成贫血、黄疸，血吸虫引起肝硬化、腹水，巴贝斯虫使牛出现血红蛋白尿。剖检可在特定部位找到虫体。

3. 防控

寄生虫病的防治较为复杂，应在正确诊断的基础上群防群治，控制与消灭传染源、切断传播途径和保护易感牛群，消灭各发育阶段的寄生虫。季节性驱虫与常规补充相结合，每年春秋两季进行全群集中驱虫，必要时补充驱虫或个别加强，新引进的牛例行驱虫；注重环境卫生；驱虫(或治疗)药物有硫双二氯酚、硝氯酚、丙硫咪唑、伊维菌素、奥苯达唑、吡喹酮、贝尼尔等，根据体重大小确定剂量，根据使用说明书，外浴、注射或灌服。驱虫药物应定期更换，避免产生抗药性。

(三)产科疾病

1. 不孕症

(1)病因。造成母牛不孕的原因比较复杂，除了先天性的因素外，一般是由饲料营养不合理、圈舍卫生条件差、技术人员操作不规范等造成生殖系统感染、器官功能障碍和激素分泌异常。常见的类型有卵巢机能减退、持久黄体、卵巢囊肿、阴道炎及子宫内膜炎等。

(2)症状。卵巢静止:直肠检查卵巢无卵泡和黄体,卵巢大小和质地正常,有时不规则,多伴有黄体痕迹;隔7～10 d再检查时仍无变化。卵巢萎缩:直肠检查卵巢缩小,仅大豆及豌豆大小,卵巢上无卵泡和黄体,质地较硬,子宫收缩微弱,弛缓,子宫缩小。卵泡囊肿:病牛发情不正常,发情周期变短,而发情期延长,或者出现持续而强烈的发情现象,成为慕雄狂;直肠检查可发现卵巢增大,在卵巢上有1个或2个以上的大囊肿,略带波动。黄体囊肿:黄体囊肿的卵巢变化与卵泡囊肿基本一致,主要区别是母牛无发情表现。持久黄体:母牛长期无发情表现,直肠检查可摸到显著突出的黄体,质地一般比较硬,与黄体囊肿的质地不同。子宫内膜炎:通常在产后1周内发病,轻度的没有全身症状,发情正常,但不受胎;重度的伴有全身症状,如体温升高、脉搏和呼吸加快、精神沉郁、食欲下降、反刍减少等。

(3)防治。加强饲养管理,改善日粮营养,保持母牛良好的膘情,过肥的牛则要控制饲养。搞好环境卫生,严格配种和接产操作中的卫生消毒制度,避免感染。对14月龄以上的后备牛不见发情症状的和产后60 d不发情的母牛,应及时检查,有炎症的、胎衣不下的及早处治。卵巢机能不全者:肌内注射促卵泡素或绒毛膜促性腺激素。卵巢静止及萎缩者:实施按摩疗法,或肌内注射促卵泡素等。卵泡囊肿者:肌内注射绒毛膜促性腺激素、孕酮。黄体囊肿者:肌内注射促卵泡素,或前列腺素。持久黄体者:肌内注射氯前列烯醇。生殖系统炎症者:药物灌洗,控制感染、消除炎症,促进子宫腔内病理分泌物的排出。

2. 流产

(1)病因。引起流产的原因较多,总体分为传染性(参见传染病相关内容)和非传染性两大类。非传染性流产的原因主要表现为:胎儿畸形或胎儿器官发育异常,胎膜水肿或有炎症,胎盘畸形或发育不全,孕牛生殖激素失调,跌倒、饲料品质差、中毒等饲养管理不当,个别牛可能有习惯性流产。

(2)症状。流产前一般无特殊症状。如果胎儿受损伤发生在怀孕初期,流产可能为隐性,即胎儿被吸收、不排出体外;如果发生在后期,胎儿多在数小时至数天排出。

(3)防治。流产只能预防。已经发生流产的,要及时处理,使牛尽快恢复,同时避免感染和病菌传播。

3. 难产

母畜分娩过程中,胎儿不能顺利产出称为难产。难产不仅会引起犊牛损伤或死亡,而且易使母牛子宫和产道受损及感染,轻则影响母牛的生产性能、造成不孕,严重时可危及生命。

(1)难产原因。发生难产的原因很多,如配种过早,母牛个体小,产道狭窄,常发生于初产母牛;由于营养不良和有某些疾病的母牛瘦弱无力,产力不足,不能产出胎儿;胎儿异常,一般是胎儿过大和胎位异常、畸形、死胎、胎势不正;产道损伤也会发生难产。

(2)预防。加强孕牛的饲养管理,严禁投喂霉变饲料;怀孕后期不要剧烈运动;母牛初配时间一般应在18月龄左右,体重达到成年体重的70%。

(3)产前准备和检查。产房打扫干净、消毒,铺垫干草,准备好清洗消毒液、润滑液、产科绳等产科器械。了解母牛是初产还是经产,初产母牛多因产道狭窄而难产,经产母牛多是胎位不正。对母牛的呼吸、努责、外阴松弛度等进行检查。

(4)助产。根据难产原因确定助产方法,不能随意强拉或注射药物。助产前严格消毒,胎位不正的要进行调整,产程过长或产力不足的,可牵拉或注射催产素,牵拉时要配合母牛努责的节律，不能持续用猛力。矫正胎位无望以及子宫颈狭窄、骨盆狭窄，拉出确有困难的，可实行剖宫产或截胎术（弃子保母）。

(5)产后护理。产后母牛用0.1%高锰酸钾冲洗产道。胎儿产出后，立即将其口鼻内的羊水擦干，及时断脐、消毒。

4.胎衣不下

牛的胎衣的正常排出时间不超过6 h，产犊12 h后还未脱落者即是胎衣不下，常继发子宫炎症。

(1)病因。日粮营养不足或缺乏运动，母牛瘦弱或肥胖，产后子宫收缩无力；某些炎症导致组织增生或胎盘粘连，使胎衣难以脱落；流产、早产、引产等易导致胎衣不下。

(2)症状。分为部分胎衣不下和全部胎衣不下。初期一般无全身症状，经2～3 d后，停滞的胎衣开始腐败分解，阴门排出红褐色恶臭黏液，混有胎衣碎块。

(3)防治。合理调配日粮营养，保证充足的运动，防止母牛瘦弱或肥胖；及时治疗生殖道炎症；预防流产和早产。可肌内注射催产素，促进子宫收缩，加速胎衣排出；也可于产后12～36 h进行手术剥离。

第三章

肉羊养殖技术

第一节 羊场建设与环境控制技术

一、养羊场规划设计

养羊生产应根据资源、资金、市场需求量和社会经济发展状况，以及技术与经济合理性和管理水平等因素，综合确定养殖的品种、规模和方式，再进行羊场的规划和设计。养羊场的规划设计应符合国家法律法规的相关规定，适应当前及未来现代化养羊生产的需要。

（一）场址选择

1. 总体要求

应符合当地土地利用发展规划，不得在水源保护区、风景名胜区、城镇等人口集中区和山谷洼地等易受洪涝、地质灾害威胁的地段建场。

2. 地势和水电

羊喜欢干燥、通风的环境，应选干燥、平坦、背风向阳、排水良好的地方修建羊舍（图 3-1），不能在低洼涝地、水道和风口处建场。同时要求供水充足，水质清洁卫生。电力充足可靠，能够保证生产、生活需要。

3. 草料资源

充分考虑放牧和饲草、饲料条件，以放牧为主的羊场周围应有相应的草场，以圈养为主的周边要有相应的人工草地或丰富的农作物副产品资源。

4. 交通

要求交通方便，便于饲草运输，但应距离交通主干道不小于 1 km，直接进场的道路不应与其他道路共用。

5. 周边环境

根据当地常年主导风向，场址应位于居民区及公共建筑群的下风向处，距离铁路、城镇、居民区和公共场所 1 km 以上，远离高压电线，周围 3 km 内无化工厂、采矿场、屠宰场和其他畜禽养殖场等污染源。

（二）场区规划与布局

1. 场区规划原则

建筑紧凑，做到土地的经济利用和节省基建投资；按生产作业流程安排场内分区，便于饲养管理和疫病防控；在满足当前生产需要的同时，综合考虑将来技术改造和扩建的可能性。

2. 规划面积

羊舍面积按每只基础母羊 4～4.5 m^2 计算，运动场按羊舍面积的 2～2.5 倍计算，其他辅助建筑总面积按每只基础母羊 4～5 m^2 计算，场区占地总面积按每只基础母羊 12～15 m^2 计算。

3. 羊场分区

羊场分为生活管理区、辅助生产区、生产区和隔离区，各区界线分明，联系方便，并用防疫隔离带或墙隔开，各区间距不少于 50 m。生活管理区主要是与经营管理有关的建筑物；辅助生产区主要包括草料库、饲料加工车间；生产区内主要是羊舍及辅助设施；隔离区包括兽医室、装卸台、隔离舍、粪污贮存与处理设施。

4. 布局

生活管理区设在场区常年主导风向上风向及地势较高处。辅助生产区设在生产区边沿下风向地势较高处，应方便车辆运输，草料库有专用通道通向场外。生产区设在场区中间，位于管理区主风向的下风或侧风向，羊舍之间保持适当距离，布局整齐，便于防疫和防火，同时能够满足分阶段、分群饲养的要求。隔离区设在生产区主风向的下风或侧风向及地势较低处，应有单独通道。

5. 道路

与外界应有专用道路相连通；场内道路分净道和污道，两者严格分开，不得交叉、混用。所有道路上空净高 4 m 内没有障碍物。

图 3-1　南方山区羊场

二、羊舍设计建造技术

羊舍是羊生活的主要环境，应有利于羊各方面需要和养羊业的发展，舍内要求通风、干爽、冬暖夏凉；舍饲的山羊要配备运动场。

（一）羊舍类型

根据用途不同，分为种公羊、能繁母羊、青年羊、育肥羊及隔离羊等羊舍；按建筑材料，分钢

图 3-2　双列式羊舍内景

构式、砖木式、土筑式;按屋面形态,分单坡式、双坡式、半钟楼式;按墙面开放程度,分开放式、半开放式、封闭有窗式;按舍内排列方式,分单列式、双列式(图 3-2)、多列式;按地面类型,分土质、水泥、垫床、漏缝地板式;按先进性水平,分人工管理式、机械化管理式、智能化管理式。

(二)设计原则和要求

1. 设计原则

掌握因地制宜和经济实用的基本原则,根据具体地形适当调整。羊舍布局和结构应适合不同性别、年龄、生产阶段生产工艺的要求;有利于组织卫生防疫;有利于粪污减量化、无害化处理和环境保护;有利于节水、节能,减轻管理强度和提高劳动生产效率。

2. 基本要求

通风、采光良好,保温、隔热、防潮效果好,兼顾夏季防暑和冬季防寒,有利于保持地面干燥,尽量满足羊对各种环境卫生条件的要求。符合生产流程要求,便于羊群的组织、调整和周转,草料的运输、分发和给饲,饮水供应,粪便清理,以及称重、配种、接羔、护理等。符合卫生防疫需要,有利于落实兽医防疫措施,预防和减少疾病的发生与传播。结实牢固,造价低廉,羊床、地面和墙壁便于清扫消毒,内部设施一步到位。

(三)羊舍的设计建造

1. 羊舍面积

羊舍面积依照羊的生产方向、品种性别、年龄、生理状态、气候条件不同而有差异,面积过小导致舍内拥挤、空气污染严重,不利于羊群健康;面积过大不利于冬季保温,加大成本。各类羊平均每只所需面积分别为:种公羊 3～5 m^2,成年母羊 1～1.2 m^2,产羔母羊 2～2.5 m^2,羔羊 0.3～0.5 m^2,青年羊 0.8～0.9 m^2;个体较大的羊可略为增大。产羔舍按产羔母羊数的 25%计。

2. 建筑参数和规格

(1)整体工艺参数。基础应有足够强度和稳定性;墙壁结实、防水,便于清洗和消毒;屋顶隔热保温,能抵抗雨雪、强风等侵袭。双列式羊舍跨度 12～15 m,单列式跨度 5～8 m,长度根据养殖规模确定,一般不超过 100 m;屋檐高度 2.6～2.8 m。相邻羊舍间距不小于 10 m,羊舍距外围墙不小于 10 m,并留有道路。

(2)内部结构。以双列式为例,舍内中央走道宽 1.5～2 m(以能宽松地通过送料车为宜),两侧依次为料槽 0.3 m、羊栏 4～6 m。可用栏杆隔成若干小间,设门互通。羊床有土、砖、水泥、木质、预构件等材质,其中:土质适合于干燥地区;砖和水泥便于清扫;木质和预构件适合铺漏缝地板(图 3-3),但成本较高。料槽表面应光滑、耐用,方便清扫(图 3-4)。水槽底部设放水孔,便于清洗;或装配饮水器(图 3-5)。

图 3-3　复合材料预构件漏缝地板

图 3-4　羊舍内料槽

图 3-5　羊用饮水碗

(3)门窗。羊舍两端设门,供人员出入、饲喂草料;羊舍中央通往运动场方向设门,供羊出入。所有门应朝外开。半开放式北面留窗,封闭式北面留小窗、南面留大窗,满足通风换气和采光要求,窗扇向外开,不妨碍人员通行。

3. 几种典型羊舍

(1)封闭双坡式羊舍。屋顶双坡式,四周有墙壁,保温性能好,适合寒冷季节或高山地区,也可作为冬季产羔舍。

(2)半开放结合式羊舍。由开放部分和半开放部分组成,其中半开放部分用活动围栏临时隔开,羊可以在这两种羊舍中自由活动。羊舍通风、采光良好,适合于温暖地区。

(3)楼式羊舍。适合南方多雨潮湿地区。漏缝地板可用木条、竹子或水泥预制板,距地面 1.2～1.5 m,漏缝间隙 1.5～2 cm,便于粪尿漏下。承粪坡应光滑、利水,坡度不小于 15°,使羊粪自然滚落至粪尿沟。

楼式羊舍的平面、剖面图及实景见图 3-6 至图 3-9。

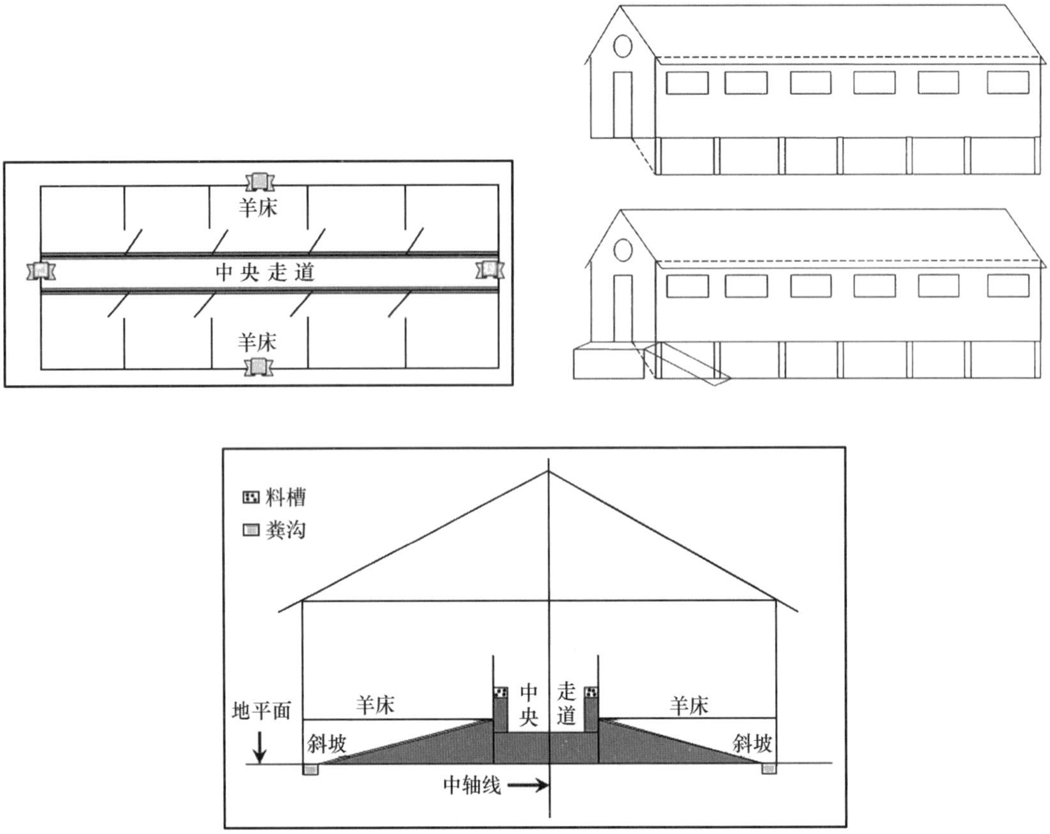

图 3-6　双列式楼式羊舍的平面和剖面图

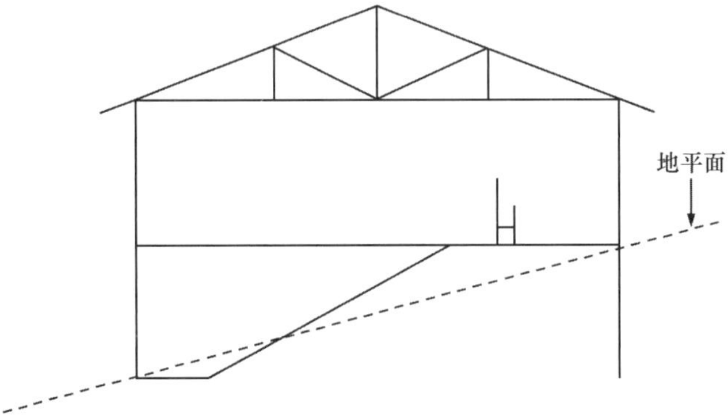

图 3-7　双列式楼式羊舍的平面和剖面图

图 3-8　内侧清粪的楼式羊舍的外景和内景

图 3-9　楼式羊舍的下层

（4）刮粪板或传送带清粪羊舍。适合规模化、机械化管理的羊场。封闭或半开放式均可，羊床为漏缝地板，下方安装机械清粪设备（刮粪板或传送带），定期清粪。清粪区设地窗，保证足够的通风，降低舍内湿度和有害气体浓度。刮粪板羊舍的平面、剖面图及实景见图 3-10、图 3-11。

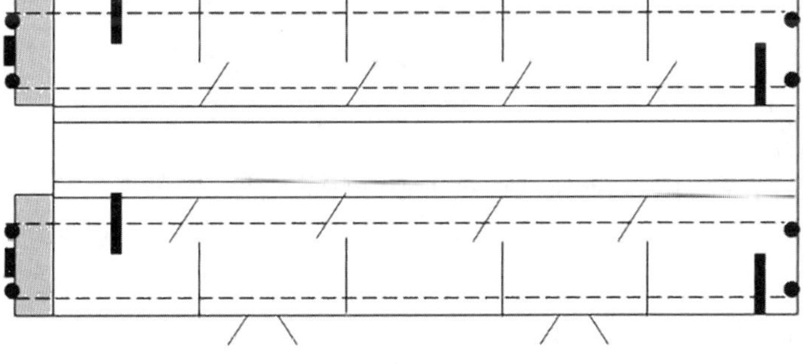

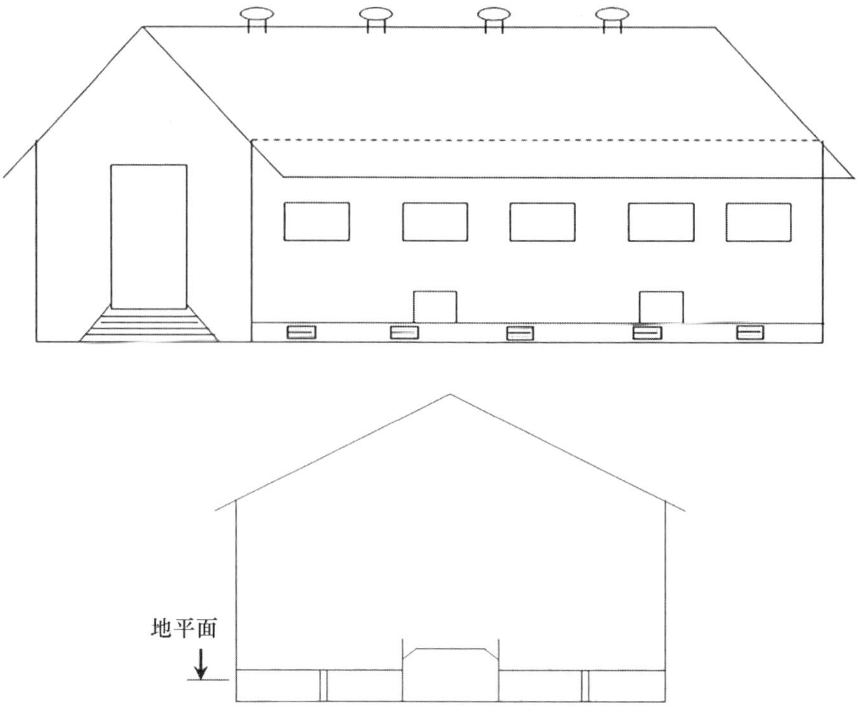

图 3-10　刮粪板羊舍的平面和剖面图

图 3-11　刮粪板羊舍的内景和外景

（四）运动场

运动场应选择背风向阳处，或是在两排羊舍之间的空地，如单列式羊舍的设在南面，双列式的设在羊舍两侧（图 3-12）。面积为羊舍面积的 2～2.5 倍，并按需要分为 2～3 个小的区域。地面以三合土为宜，要求平坦，并有一定缓坡，以便排水和保持干燥，四周设置围栏或墙。运动场周边可设水槽和补料槽（图 3-13）。

图 3-12　舍外小运动场

图 3-13　运动场周边设置补料槽

三、羊场的配套建筑和设施

(一)草料贮存设施

小型羊场建草料仓库(图 3-14),用于储藏精饲料、干草、秸秆等饲料原料;大型羊场还应建青贮窖,增加储备。其建筑参数和规格要求,参见第二章相关内容。

图 3-14　开放式干草棚

(二)装卸台

设置在生产区靠近围墙处,周围建围栏,面向货车一方的高度与车厢持平。

(三)药浴设施

药浴池为长条形深沟,长 10～15 m,截面为倒梯形,深 1 m,口宽 0.6～0.8 m,底宽 0.4～0.6 m,以羊能通过而不能转身为宜。入口为陡坡,方便羊快速进入;出口为缓坡,以利于羊浴后攀登,出口设滴流台,羊身上多余药液可流回池内。也可配备喷淋药浴间,羊被赶入后,上方喷洒药液,地面为漏缝地板,药液回收、过滤后循环喷淋,如图 3-15 所示。

(四)防疫设施

场区四周建围墙或防疫沟,并设立绿化隔离带。大门入口处设消毒间和水泥结构消毒池

(图 3-16),消毒池与门口同宽,长度(大型车辆车轮的一周半长)和深度能够满足进出车辆消毒要求。生产区门口设更衣室、消毒间(或淋浴间)和消毒池,饲草饲料入口、出粪口、羊舍门口也应设地面消毒池。隔离区内设隔离舍、病死羊无害化处理设施。

图 3-15　移动式药浴间

图 3-16　消毒池

(五)粪污处理设施

1. 羊粪处理设施

中小型羊场建堆粪场,应防雨、防渗漏、防溢流,至少设 2 个,可交替使用。按养殖规模、贮存周期来计算堆粪场容积。采用全舍饲养殖的,以储存期 1 个月计,每 100 只羊的储粪池容量不低于 6 m^3,污水池不低于 2 m^3;放牧饲养的,其容量可略小。大型养羊场可建设有机肥加工车间。

2. 污水处理设施

雨污分离,雨水明沟排放,污水用设有分级沉淀系统的暗沟排至污水池,与污水池之间有足够落差,以实现自流。羊的排污量较少,散养户及中小型羊场用污水池、曝气池处理即可,不建议建造沼气池。大型羊场可建沼气池,或通过氧化塘、水生植物塘、人工湿地系统进行处理。

(六)场区绿化

绿植具有改善场区小气候、净化空气、减少尘埃的作用,应结合隔离带、防风阻沙、遮阴等需要进行。根据当地实际,选择能美化环境、净化空气的树种、灌木和花草,树木应选高大落叶乔木,不宜种植有毒、有刺、有飞絮的植物。场区绿化覆盖率不低于 30%。

四、羊场的机械和设备

机械化是养羊现代化的重要组成部分,先进实用的机械设备是保证养羊业生产稳定、高产和提高劳动生产率的关键。羊场机械大致可分为饲草料种植和收获机械、草料加工机械、日粮配合机械、饲养管理机械、粪污处理机械等,可根据不同的饲养规模和经济条件适当购置。牛羊同属草食动物,羊场的机械设备与牛场类似,可参见第二章相关内容。

第二节　肉羊良种繁育技术

一、肉羊品种简介

绵羊和山羊的不同品种在生长发育、繁殖、育肥、适应性等方面都有较大差异。在地方品种中，北方省区以绵羊为主，也有奶山羊和绒山羊品种，它们体格较大，毛色多为白色，除肉用外，还产毛、绒、奶；南方以山羊为主，山羊体格较小，毛色除白色外，兼有黑色、棕色等，主要是肉用。

（一）国内肉羊良种

1. 湖羊

湖羊源于蒙古羊，南宋时期随北方移民南下繁衍，现主产于浙江、江苏的太湖流域，故名湖羊，对潮湿、多雨气候具有极强的适应能力。湖羊一般不适合放牧，对饲养管理要求较精细，应舍饲养殖。全身被毛白色；公、母羊均无角，头狭长，鼻梁隆起，耳大下垂；颈、躯干和四肢细长，肩胸不发达，背腰平直；体质纤细；扁圆形短脂尾。成年公、母羊体重分别为 48.7 kg、36.5 kg。屠宰率 40%～50%。性成熟早，可全年发情配种，2 年 3 胎或 1 年 2 胎，每胎产羔 2～3 只，平均产羔率 229%。每年春、秋剪毛两次，成年公、母羊剪毛量分别为 1.65 kg 和 1.17 kg，净毛率 55%。羔皮花纹呈波浪状，分大花、中花和小花型。

2. 小尾寒羊

小尾寒羊是优良的地方绵羊品种，主产于山东、河北等北方省区，具有体格高大、生长发育快、多胎多产等特点。头略长，鼻梁隆起，耳大下垂，公羊有螺旋形大角，母羊多数有小角；颈较长，背腰平直，体躯高大，侧视呈长方形；四肢粗壮；脂尾呈椭圆形。被毛白色，可分为细毛型、裘皮型和粗毛型 3 种类型。成年公、母羊体重分别为 94.15 kg、48.75 kg；周岁公羊屠宰率 55.6%。成年公、母羊剪毛量分别为 3.5 kg、2.1 kg，净毛率 63%。性成熟早，母羊常年发情，2 年 3 胎或 1 年 2 胎，平均产羔率 265%～287%。

3. 兰坪乌骨绵羊

兰坪乌骨绵羊产于云南兰坪白族普米族自治县，以肉、骨膜等呈黑色为特征，又称之为普米乌骨羊、黑骨羊，是毛肉兼用的地方特色品种。成年羊眼结膜呈褐色或浅墨色，腋窝皮肤呈紫色，口腔黏膜、犬齿和肛门呈黑色。骨骼、肌肉、内脏和皮下组织等呈黑色。被毛有 3 种毛色类型；全身黑色的占 43%；体躯为白色，颜面、腹部及四肢有少量黑毛者占 49%；黑白花者占 8%。头狭长，鼻梁微隆，多数无角；颈短，胸宽深、背腰平直；四肢粗壮有力；尾短小呈圆锥形。成年公、母羊体重分别为 47 kg、37 kg。多数 1 年 1 胎，有的 2 年 3 胎，单羔居多。屠宰率 48%左右，肉质细腻，煮汤色墨，膻味淡。年产毛 1.2～1.5 kg。

4. 宁蒗黑绵羊

宁蒗黑绵羊产于云南宁蒗彝族自治县，是肉、毛、皮兼用型的地方品种。体躯被毛黑色，额顶、尾、四肢、蹄缘为白色。头稍长，额宽微凹，鼻隆起，耳大前伸；公羊多为螺旋形角，母羊一般无角;颈长短适中,胸宽深,背腰平直,腹大充实;四肢粗壮结实,蹄呈黑色;尾细而稍长。成年公、母羊体重分别为 43 kg、38 kg。多为春秋两季发情,一般 1 年 1 胎,单羔居多。屠宰率 46%,净肉率 33%。公羊年产毛 0.9 kg,母羊 0.5 kg。

5. 南江黄羊

南江黄羊产于四川省南江县,肉用型培育品种,1998 年通过国家审定。被毛黄色,毛短贴身,富有光泽,面部毛色黄黑,鼻梁两侧有对称的浅色条纹,自枕部沿背脊有条明显的黑色背线,如图 3-17 所示。公羊颜面毛色较黑,前胸、颈肩、腹部及大腿着生黑黄色粗长被毛,头略显粗重。有角或无角,鼻微拱;体格高大,体躯略呈圆桶形,公羊颈粗短,母羊颈细长,背腰平直,尻部略斜;四肢粗壮。成年公羊体重 50～70 kg,母羊 38～50 kg。常年发情,1 年 2 胎或 2 年 3 胎,每胎平均产羔 1～2 只,年产羔率 200%左右。屠宰率 47%,净肉率 38%。

图 3-17　南江黄羊公羊

6. 雅安奶山羊

奶用型培育品种,主要分布于四川雅安市。被毛白色,毛粗而短,部分羊有黑斑。体格高大,乳用型明显,肌肉不丰满。头长额宽,多有角,有胡须;胸宽深,背腰平直,尻部长、宽。母羊乳房容积大,柔软而有弹性,乳头大小适中。成年公、母羊体重 78 kg、48 kg。母羊常年发情,1 年 1 胎,窝产羔率 186%。平均泌乳期 278 d,年产奶量 691 kg,乳脂率 3.5%。屠宰率 51%,净肉率 40%。

7. 酉州乌羊

肉皮兼用型地方品种,产于重庆酉阳土家族苗族自治县。皮肤黑色,眼、鼻、嘴、肛门、阴门等可视黏膜为黑色,骨膜、内脏的外膜呈乌黑色。被毛白色,背脊有一条黑色脊线,眼圈为黑色。体型中等。耳直立,多数有角、有须;背腰平直,后躯略高,尻斜;后肢微弯。成年公、母羊体重分别为 28.3 kg、21.6 kg。母羊 6～8 月龄性成熟,一般 1 年 2 胎,窝产羔率 170%。成年羊屠宰率 48%～50%,净肉率 35%,羊肉和羊骨呈黑红色。

8. 弥勒红骨山羊

肉乳兼用型地方品种,因骨骼呈红色而得名,分布于云南省弥勒市。毛色呈黄褐或黑褐色,多数有角。体型略长,行动灵敏,善攀爬。骨骼鲜红或粉红,约 10%的个体切齿呈红色,一般需屠宰后才能确认为红骨山羊。成年公羊体重 40～50 kg,母羊 32 kg。性成熟早,1 年 2 胎,多为双羔。屠宰率 46.6%,净肉率 33.1%。

(二)湖北省肉羊品种资源

1. 马头山羊

肉用型优良地方品种,因头部无角、头形似马、体格较大、外形近似白马驹而得名,当地也称狗头山羊、葫芦头山羊,如图 3-18 所示。中心产区在郧西县,陕、川、豫、湘接壤一带亦有分布。全身被毛白色,公羊被毛较母羊长,母羊毛短贴身。公、母羊均无角,额微凸,鼻梁平直;公羊颈部有蓑衣毛；体型长方，较高大，背腰平直，腹圆大而紧凑，尻宽而略斜；四肢短壮。成年公、母羊体重分别为 43.8 kg、39.3 kg。1 年 2 胎或 2 年 3 胎，年产羔率 278%。周岁公羊屠宰率 54.6%，净肉率 47.6%。

2. 麻城黑山羊

肉皮兼用型优良地方品种，中心产区为麻城市，分布于鄂、豫、皖交界的大别山地区。全身被毛黑色，毛短贴身，有光泽，有少量绒毛。面长额宽，鼻梁直，有角或无角，耳较大，稍下垂，胸宽深，背腰较平直，体质结实，结构匀称。成年公羊体重 44～50 kg，成年母羊体重 38～45 kg。常年发情，1 年 2 胎或 2 年 3 胎，经产羊窝平均产羔率 215%。周岁阉羊体重 35 kg，屠宰率 52.5%，净肉率 43.2%。如图 3-19 所示。

图 3-18　马头山羊母羊

图 3-19　麻城黑山羊母羊

图 3-20　宜昌白山羊公羊

3. 宜昌白山羊

皮肉兼用型地方山羊品种，主产于鄂西南山区的宜昌和恩施。全身被毛白色，毛短贴身，绒毛少，如图 3-20 所示。额微凸，鼻梁平直，有角，有须。公羊颈短粗、雄壮，母羊颈较细长、清秀。体型中等，背腰平直，尻宽而略斜，尾短上翘，体质细致紧凑。成年公、母羊体重分别为 33 kg、27 kg。常年发情，窝产羔率 191%。周岁公羊屠宰率 47.6%。

（三）引进品种

1. 杜泊羊

杜泊羊（Dorper）是原产南非的肉用绵羊品种，我国于 2001 年首次从澳大利亚引进。根据头部毛色分为白头和黑头两个品系，其他特征及生产性能等无明显差别。体躯和四肢为白色，被毛稀、短，不需剪毛。头平额宽，鼻梁隆起，无角或短角，耳稍垂；颈粗短，肩宽厚，体躯呈圆桶形，肌肉丰满。不耐潮湿环境。6 月龄重 54 kg，成年公羊体重 105 kg，成年母羊 84 kg。繁殖性能取决于营养和管理水平，不同种群和地域间差异较大。常年发情，但以秋季为多，双羔率约 35%，屠宰率 45%，净肉率 37%，肉质细嫩。

2. 无角陶赛特羊

无角陶赛特羊(Dorset)是肉用绵羊品种。有角陶赛特羊原产于英国,澳大利亚和新西兰引入后培育出无角,我国于20世纪80年代从澳大利亚引进。全身被毛白色,皮肤呈粉红色。头宽,无角;颈粗短,胸宽深,背腰宽而平直,腹大而紧凑,躯体呈圆桶状;四肢粗短,后躯丰满,肉用体型明显。成年公羊体重90～110 kg,母羊65～75 kg。常年发情,以春、秋季为多,窝产羔率137%～175%。4月龄肥羔胴体重20 kg,屠宰率50%以上,胴体品质好。年剪毛量2～3 kg,净毛率60%。

图3-21　萨福克羊公羊

3. 萨福克羊

萨福克羊(Suffolk)原产于英国,是肥羔生产的理想终端父本。公、母羊均无角,颈粗短,胸宽深,背腰平直,后躯发育丰满,成年羊头、耳及四肢为黑色,四肢粗壮结实(图3-21)。成年公羊体重90～100 kg,母羊65～70 kg,窝产羔率140%～150%。经过育肥的4月龄公羔胴体重24.2 kg。

4. 德国肉用美利奴羊

德国肉用美利奴羊(German Merino)原产于德国。公、母羊均无角,体格大,胸深宽,肌肉丰满,被毛白色。成年公羊体重120～140 kg,母羊70～80 kg。育肥期日增重350～450g。4月龄肥羔屠宰率48%～50%,胴体重18～22 kg。

图3-22　波尔山羊公羊

5. 波尔山羊

波尔山羊(Boer)原产于南非,大型肉用山羊品种,我国自1996年开始引进。躯干被毛白色,头颈有棕色或红褐色斑块,有的分布到臀部,被毛短而稀,全身皮肤松软,颈部和胸部有明显皱褶,如图3-22所示。头部粗壮,眼大、棕色,额部突出,鹰钩鼻,角坚实,耳大下垂。颈粗壮,胸宽深,背腰平直,腹部紧凑,尻部宽而长,全身肌肉丰满,四肢强健。6月龄体重24 kg,周岁体重公羊40 kg、母羊33 kg,成年体重公羊65～85 kg,母羊50～60 kg。母羊常年发情,1年2胎或2年3胎,每胎平均产羔1.7只。育肥期日增重200 g,屠宰率48%～56%。

6. 努比亚山羊

努比亚山羊(Nubian)是乳肉兼用型品种,原产于埃及。我国曾在20世纪30—40年代从美国引进,后又分别从英国和澳大利亚引进。毛色较杂,以棕色和黑色为多,被毛短、密,富有光泽。头小而短,呈三角形,酷似骆驼,额部和鼻梁隆起,鹰钩鼻,两耳宽长下垂,有角或无角。

体型高大，颈较长而躯干较短，四肢细长，乳房发育好。成年公、母羊体重分别为 65 kg、48 kg。母羊 6～7 月龄性成熟，窝产羔率 192%。母羊第一泌乳期产奶量 200～600 kg，第二泌乳期 310～680 kg，乳脂率 4%～7%。

二、羊的引种和运输技术

坚持自繁自养的原则，减少引种。进行肉羊生产，优先选用当地品种，尽量避免距离较远、饲养管理方式差别大的品种；国外品种要选择生产性能稳定、可靠、周边有成功案例者。应充分考虑当地的资源条件：农区放牧地有限，须选择适合圈养的品种；山区采用放牧饲养的为多，要选择适合放牧的品种。

（一）引种前的准备

1. 确定引种地点

（1）疫病安全。调查了解疫病情况，从非疫区引进，优先选择具有“种畜禽生产经营许可证”的种羊场，并有当地动物检疫部门开具的检疫合格证明。不能从高风险的国家和地区引种。

（2）生长环境相适应。考察引种地的气候、地形地貌、营养水平、饲养管理方式等条件，尽量选择与本地差异较小的地区，或从饲料营养水平较差、饲养管理方式落后于本地的地区引种。

2. 引种时间

北方省区以春季引种为宜，此时气候温暖，野草返青，同时春季是发情配种的旺季，引回的种羊短期适应后即可参加繁殖。秋季也可以引种，但冬季即将来临，需要增加草料储备。夏季高温，运输中易发生中暑，不宜引种。冬季一般不宜引种。南方气候温暖，引种时间要求相对宽松。避免气候恶劣时运输活羊，夏季应选择夜间或早晚凉爽时，冬季注意保暖。

3. 场内准备

引种前应做好 3 方面的准备：一是隔离舍，羊舍面积充足，并有隔离条件；二是草料，应尽量与引种地接近，至少准备 7 d 的喂量；三是备好疫苗、驱虫药、环境消毒药等。

（二）检查检疫

1. 选种

（1）种质。生产肉羊的，公羊选择纯种，母羊不做要求；进行种羊生产，公、母羊都必须是纯种。如果该品种制订有相关标准，应参考标准进行选种。

（2）年龄。参考计价方式确定引种年龄。以数量计价的，公、母羊均选择 1 岁左右的，引进后能立即投入繁殖生产，并能利用较长时间。以重量计价的，公羊选择 1 岁左右，母羊选择 6～8 月龄。避免引进 4 月龄以下的幼羊，避免引进大龄羊。

（3）体质。最好聘请有经验的人挑选。现场察看羊的体型外貌、发育情况、采食、排泄及健康状况，选择体质健壮的个体。

2. 获取资料

索要引种地的饲养管理、疾病防控资料，以及生长发育、免疫记录；进行种羊生产的，还需要系谱等资料。

3. 检疫

活羊运输前必须经动物防疫机构进行检疫，并出具产地检疫合格证明和消毒证明。涉及外贸时，还需进行进出口检疫。常见的检疫科目有结核病、布鲁氏菌病、羊痘、口蹄疫等，由检疫部门针对实际情况确定。

(三)运输

1. 运输工具

常用汽车运输。根据羊的数量确定车辆大小,1只成年羊按0.3～0.5 m^2的面积估算,长途运输时应适当宽松。封闭条件好的车辆要注意通风换气。车辆使用前后要彻底消毒,并出具运载工具消毒证明。

2. 装车前的准备

装车前不饲喂饼类、豆科牧草等易发酵的草料,少喂精饲料,不要让羊吃得过饱;适当饮水。车厢底部铺秸秆或草帘,防止滑倒、拥挤等意外。根据路途远近,备足草料和饲喂、饮水用具。短途运输(1 d之内)的途中可以不喂;长距离运输的(1 d以上)要保证羊途中饮水、吃草料。夜间运输的,要准备照明用具。安排押车人员,携带发票、检疫证明等备查。

3. 装车及途中管理

体质强弱不同的羊、大小羊、公母羊不能混装,必须同车厢时可用栏杆隔开(图3-23)。装车不能过密过挤;装车及运输过程中不得接触其他偶蹄动物。运输途中要平缓,严禁急刹车,防止羊挤压伤亡。要定期检查羊只的情况,定时加水、补料、投草。运输过程中不应在疫区、城镇和集市停留,不得随意抛弃病死羊和垫料。

图3-23　人工装车

4. 卸车

羊运到目的地后,稍休息即可卸车。卸羊时要防止羊跳车造成流产、受伤等意外发生。卸车后不要马上饲喂和饮水,应休息半小时后再进行。饮水不可过量,水中加少量食盐。待半天后一切正常时,再由少到多地逐渐给羊喂草喂料。

5. 隔离观察

购进的羊要经本场兽医验证、检疫并隔离观察不少于30 d,确认为健康者,经驱虫、消毒、补注射疫苗后,方可合群饲养。第1周以青、粗饲料为主,第2周开始逐渐增加精饲料至正常水平,饲料饲草不宜与引种地相差过大,前10 d不宜出牧,实现平稳过渡。饲养场地与工具要彻底消毒;不得与其他畜禽混合饲养;密切观察,出现停食、乏弱、发病等异常要立即诊治。

三、肉羊的繁殖配种技术

肉羊生产多是自繁自养,母羊的配种和繁殖效率直接决定肉羊出栏数量和羊场经济收益,因此成为羊场工作的重中之重。应根据羊的繁殖规律，加强种羊选择和培育，做好繁殖配种工作，提高产羔率和成活率。

(一)羊的繁殖规律

1. 合适的繁殖年龄

(1)初情期。羊的初情期一般为4～6月龄，母羊开始出现发情和排卵，公羊出现爬跨、竖阳。此时羊仍在生长发育，不宜过早配种，应根据情况及早分群。

(2)性成熟。羊的性成熟期一般为5～10月龄，此时生殖器官发育完全，具备繁殖能力，但身体生长发育还未完成，故不宜配种。过早配种怀孕将影响羊自身的生长发育，也影响后代质量。

(3)初配。初配年龄因品种、环境及饲养水平而有差异，南方有些品种5月龄即可初配。通常早熟品种母羊体重达到成年的70%以上，8～10月龄配种；晚熟品种在1岁左右初配。公羊初配年龄晚于母羊。

2. 繁殖季节

母羊的繁殖季节有南北差异和品种差异，北方的绵羊表现为春秋发情，山羊发情的季节性不明显；南方的羊多为常年发情，但夏季高温期发情较少。公羊没有明显的繁殖季节，在营养良好的条件下，常年都能配种。

3. 发情

(1)发情周期。母羊两次发情开始的间隔就是发情周期。山羊正常发情周期平均为21 d，绵羊为17 d。根据母羊发情生理变化，发情周期分为4个阶段。发情前期：黄体萎缩，新的卵泡开始发育，此时母羊没有性欲表现。发情期：出现性兴奋，卵泡发育增快直至成熟、排卵，发情持续期为24～38 h，发情开始后30～40 h排卵，发情后12～24 h配种最易受孕。发情后期：黄体开始形成，性欲明显减退；发情结束后进入休情期。

(2)发情表现。母羊发情时鸣叫不安，外阴肿胀，尾根上举，尾尖不停地摇动，并从阴道中流出黏液，可归纳为“食欲不振精神欢，公羊爬跨不动弹，叫唤摆尾外阴红，分泌黏液稀变黏”。

(3)发情鉴定。一般通过观察母羊行为和生殖器官变化来判断，也可用试情法进行鉴定。试情公羊要求健康无病，性欲旺盛，可做输精管切断手术或戴试情布，试情公羊和母羊的比例以1∶(40～50)为宜，当母羊被试情公羊爬跨后站立不动时即为发情。阴道检查法也可鉴别发情。

(4)产后发情。母羊产羔后20～40 d可再次发情。

(5)异常发情。母羊因营养不良、饲养管理不当或环境突变等，导致异常发情。安静发情：由于雌激素分泌不足，缺乏明显发情表现，但卵巢上有卵泡发育并成熟排卵。短促发情：发情持续期短，易错过配种期。间断发情：发情期较长，发情时断时续，常发生于早春及营养不良的母羊。

4. 妊娠

(1)妊娠期。羊的妊娠期一般为143～163 d，平均为150 d。

(2)妊娠表现。母羊妊娠后周期发情停止，食欲增进，性情变得温顺。妊娠3个月以后腹围明显增大，右侧比左侧更为突出，乳房胀大。

(3)妊娠鉴别。怀孕前期胎儿发育很小，不易检查，可根据母羊的行为表现初步判断；在2个月以后，可采用临床和实验室检测进行检查。外部检查法是在3个月左右时，右侧腹壁触诊，可摸到胎儿；超声波探测法可在 2 个月时鉴别。直肠检查、阴道检查、孕酮含量测定、免疫学诊断等方法应用较少。

5. 产羔与接羔

（1）母羊分娩预兆。羊的妊娠期为 150 d 左右，可据此推算预产期。临近分娩时，母羊乳房膨胀，乳头竖立；骨盆韧带松弛，尾根两侧下陷，腹部下垂，肷窝凹陷；行动迟缓；临产前排尿行为频繁，站立不安，时而回头看视腹部，有努责现象。

（2）产羔准备。产房要能防寒保温，提前 3～5 d 打扫消毒，羊床铺以干净柔软的褥草。准备好碘酒、高锰酸钾、产科器械等用具和用品。补饲的精饲料最好是营养比较全面的配合饲料，粗饲料以优质青干草为宜。

图 3-24　羔羊保暖

（3）接产。母羊生产多能正常进行，羔羊两前肢和头部先出，当头也露出后，羔羊即能顺利产出。羔羊产出后，应迅速将羔羊口、鼻、耳中的黏液抠出，让母羊舔羔。产房温度过低时，要注意保暖（图 3-24）。脐带一般可自行扯断。

（4）助产。初产母羊应及时助产。阴道狭窄、母羊体弱、胎儿过大等均可引起难产。在破水后 30 min，如果母羊努责无力，羔羊仍未产出，即可助产。胎羔过大时，趁母羊用力努责时顺势将胎羔拉出，严禁用力过猛；胎位不正时，将胎羔推回腹腔纠正胎位，让母羊自然产出，或借母羊努责时顺势拉出。

（5）假死羔羊的处理。羔羊假死是因过早呼吸而吸入羊水，或者分娩过程太长缺氧所致，有心跳，但不呼吸。先立即清除呼吸道内吸入的黏液、羊水、擦净鼻孔，向鼻孔吹气或进行人工呼吸。或提起羔羊两后腿，使羔羊悬空并拍击背部、胸部。或让羔羊趴卧后用两手有节律地推压胸部两侧，假死的羔羊一般都能复苏。

（二）羊的选种选配

1. 性能测定与记录

（1）生长发育性能。测定初生、断奶、6 月龄、周岁、成年的体重和体尺。体重：清晨空腹称重。体高：肩峰至地面垂直距离。体长：肩端至臀端贴体表距离。胸围：肩胛后缘绕胸一周的长度。管围：左前肢系骨最细处绕骨一周的长度。

（2）育肥和屠宰性能。测定育肥羊的始重、末重、饲料消耗，计算平均日增重、饲料转化率。宰前禁食 24 h、禁水 2 h，测定宰前重、胴体重、背脂厚、肉重，描绘眼肌面积，计算屠宰率、净肉率。评定肉色、剪切力、熟肉率、pH、滴水损失等指标。

（3）繁殖性状。通过查看配种繁殖记录，计算初配月龄、妊娠期、窝产羔率、年产羔率、羔羊初生重和成活率。

2. 种羊选择

（1）档案初选。所选种羊应来自多胎；父母、同胞的毛色符合品种标准；生长发育快。

（2）现场观察。毛色纯正，体格较大，体质结实，结构匀称，背宽，背腰平直，四肢端正结实。公羊雄壮，睾丸发育好，雄性特征明显，腹部不下垂，胸宽开。母羊头清秀，后躯发达，乳房发育良好。

(3)行走观察。行动敏捷,放牧不落后,姿势正确,不斜不跛。

(4)综合评定。根据个体测定,结合系谱选择、同胞测定、后裔测定进行选择。断奶时以系谱选择为主;育成至成年期,以个体生长发育和生产性能选择为主;有一定数量后代时,以后裔成绩为主进行综合选择。

3. 选配

选配分为表型选配和亲缘选配两种类型,前者又分为同质选配和异质选配,后者分为近交和远交,参考第二章相关内容。在实际选配中,应以亲缘选配为依据,以表型选配为条件,选留优良性状,提高选种效果。公羊的综合等级或育种值应高于母羊,以优配优、以优配中。

(三)配种

1. 配种时机

在群体层面,北方产羔有季节性特点,产冬羔的7—9月配种,12月份至翌年1—2月产羔;产春羔的10—12月配种,第二年3—5月产羔。南方省区产羔多无季节性。在个体层面,母羊发情后12～24 h配种最适宜。一般早晨发现发情者,当天下午配种1次,第二天早晨再配1次;下午发情的,次日上午、下午各配1次;若发情不明显,可用公羊试情。

2. 配种条件

种公羊经过严格选择,应符合品种标准,年龄在1.5～5岁,身体健康,精力充沛,膘情中等偏上(图3-25),性欲旺盛;否则不适合做种公羊(图3-26)。经产母羊不限条件;8～12月龄的后备羊体重须达到该品种成年体重的70%,12月龄之后不限体重。

图 3-25　健壮的种公羊

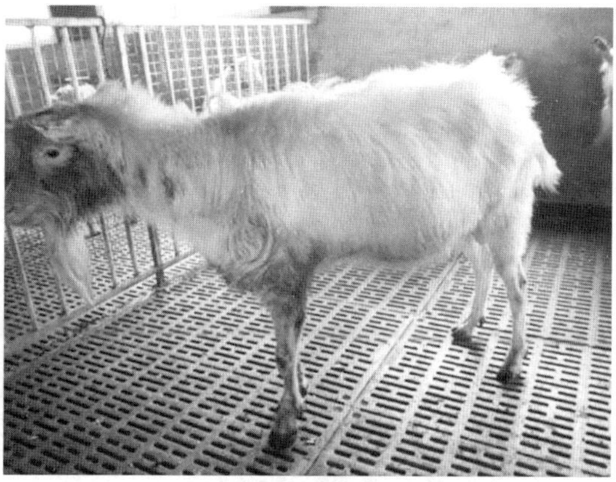

图 3-26　萎靡的公羊

3. 配种方法

(1)自由交配。公、母羊按1∶(20～25)的比例混群,母羊发情时,任公羊自由交配(图3-27)。优点是省工省事,无须设备,配种及时。缺点是公羊追逐母羊,耗费精力,影响母羊采食;后代血统不明,易造成近亲交配或早配,难以实施计划选配;种公羊利用率低;不能准确预测产羔日期,不便组织生产管理。

(2)指定配种。公、母羊分群放牧,当有母羊发情时再有计划地安排公羊进行配种,同一母羊在同个配种期内应使用同一公羊配种;20 d后注意观察母羊返情情况。有配种记录,能够有计划地选配,提高后代质量。

图 3-27　公、母羊自由配种

(3)人工授精。包括器械的消毒、采精、精液品质检查、精液的稀释、保存和运输、母羊发情鉴定和输精等主要技术环节。一般每 50～80 只母羊配备 1 只公羊,可提高优秀种公羊的利用率。人工授精须具备一定的专业技能和设备(图 3-28)。

图 3-28　绵羊的人工输精

(四)提高繁殖力的措施

1. 良种选择

不同品种的羊繁殖力存在差异,优先选择产羔数多、繁殖性能好的品种,如湖羊、麻城黑山羊等。坚持长期选育也可提高群体的繁殖性能。头胎母羊产双羔的,其自身繁殖力较高,后代也往往具有较高的繁殖力。注重从高产母羊后代中选留种公羊,能迅速有效地提高羊群繁殖力。

2. 提高能繁母羊比例

母羊是羊群繁殖的基础,应推广羔羊当年育肥出栏,及时淘汰非种用羊,合理调整羊群结构,使能繁母羊、青年母羊比例分别达到 50%和 20%以上。同时,母羊的适宜繁殖年龄为 1.5～7 岁,5 岁时生育状态最佳,7 岁后逐渐出现繁殖障碍,应有计划地淘汰,提高壮年母羊的比例和质量。

3. 提高种羊饲养管理水平

充足而全面的营养,可以提高种公羊的性欲和精液品质,可以促进母羊发情和排卵数的增加;身体瘦弱影响繁殖受胎率和羔羊成活率,应注意日粮的合理搭配,保持种羊中等偏上的膘情,适当运动,避免过肥。

4. 应用高效繁殖技术

(1)发情控制。非繁殖季节的母羊卵巢活性低,可用孕激素和促性腺激素处理,实施诱导发情,使大多数母羊出现发情并排卵。同期发情可参考第二章相关内容。

(2)母羊产多羔。注射促性腺激素可以增加母羊排卵数,进而多产羔。但激素剂量小时效果不明显;剂量大时会出现三羔或四羔,影响羔羊成活,有时还会造成母羊卵巢囊肿。胚胎移植技术可通过普通母羊繁殖良种后代,参考第二章相关内容。

(3)密集产羔体系。打破季节性限制,发挥母羊生产性能,产生批量育肥的羔羊,全年均衡供应,便于工厂化、规模化饲养,提高生产效率。1年2产的效率最高,但技术难度大,其核心是母羊发情调控、羔羊超早期断奶、早期妊娠检查。2年3产的产羔间隔为8个月,要求羔羊哺乳期2个月,母羊在产羔后第3个月配种,核心技术是母羊产后护理、发情调控和羔羊早期断奶。3年4产的产羔间隔为9个月,要求羔羊哺乳期3个月,母羊在产羔后第4个月配种,适宜多胎品种。3年5产的产羔间隔为7.2个月。密集产羔体系的选择,应考虑地理生态、繁殖特性、管理能力、饲料资源、技术水平等相关因素。

四、肉羊的纯种繁育技术

纯种繁育是指在品种内采取选种选配、品系繁育等措施,以获得育种品质好、生产性能高的纯种,保持和发展品种的优良特性,主要用于地方品种的选育提高、培育品种的扩群繁殖。

1. 建立育种机构

在品种繁育区,建立由育种场、扩繁场、管理部门、技术研究部门组成的联合育种组;跨区域的,可成立育种协作组。加强领导,科学组织,制订相关政策,筹措育种经费,改善育种条件,制定育种方向、目标和技术路线,落实育种方案,健全技术服务。

2. 建立健全育种体系

建立金字塔形的育种体系,塔尖为原种场(育种核心群),塔身为繁殖场(扩繁群),塔基为养殖大户、养殖户。制定选育目标,包括群体数量、群体结构、生产性能、经济指标等。保证足够的群体规模,其中原种场能繁母羊不少于200只,种公羊血统不少于8个。优秀种羊在各场之间按预定规则,有序流动。

3. 育种技术方案

(1)核心群。制订综合选择指数,结合羊的表现型和后裔测定结果进行选择。家系后代的公羔重点培养,各家系等数留种,即每只公羊留下等数的子代公、母羊参加繁殖,每只母羊留下等数的子代母羊参加繁殖。合理确定留种率,增强选择强度,加快选育步伐。

(2)加强饲养管理。先天选种是基础、后天培育是关键,饲养管理跟不上,再好的品种也表现不出好的生产性能。一要针对各类羊的特点,分别制订种公羊、种母羊、羔羊、育肥羊的饲养管理技术方案;二要合理配制日粮,保证营养供应;三要加强疫病防治。

(3)引入现代育种技术手段。应用分子标记辅助选择、分子标记辅助导入、全基因组选择、遗传修饰育种等育种新技术和新方法(参考第二章相关内容),探明和发扬品种特有优点的遗传标记及基因类型,加速育种进程。

4. 导入外血

纯是相对概念,没有绝对的纯种,纯种繁育过程中可以适当引入外血,实行开放式繁育,丰富品种的基因库。导入外血应有计划、分步骤进行,被引入的种羊必须在体质、生产性能、适应性等方面没有缺点。

五、肉羊的杂交改良技术

我国传统养羊以皮用、毛用、绒用为主,地方品种的肉用性能不高,因此进行肉羊生产,最好能利用杂交优势,即引进国内外优良的肉用公羊与本地母羊进行配种,产下的杂交羊

(图 3-29)中,母羊可以继续繁殖配种,公羊进行育肥。

杂交方法和注意事项参考第二章相关内容。

图 3-29 波尔山羊与麻城黑山羊的杂交后代

第三节 羊的草料供应技术

一、羊的饲草高产栽培技术

羊的日粮以粗饲料为主,羊较牛更能广泛利用各种牧草、农作物秸秆和木本枝叶。牧草、青饲作物等新鲜青料的营养丰富,可建植人工草地或改良天然草场,放牧或刈割养羊。青贮玉米、黑麦草、苏丹草、杂交狼尾草、饲用油菜的品种简介及饲草高效生产模式,可参考第二章相关内容。

(一)主要饲草品种介绍

1. 紫花苜蓿

(1)特征和特性。豆科苜蓿属多年生草本植物。根系发达,侧根有根瘤,羽状三出复叶或多出复叶,花序紫色或蓝紫色;最适温度为日均气温 15～21 ℃,不适于酸性土壤,以排水良好、富含钙质的土层生长最好,忌积水。

(2)栽培技术。种子细小,应深耕细耙,播前灌水。种子有硬皮,播前晒种 2～3 d 或短时高温处理。以 9—10 月秋播为宜,施足底肥,播种量每亩 0.75～1 kg,条播行距 30 cm,播种深度 1.5～2 cm。苗期除杂,追施少量氮肥。

(3)收获利用。紫花苜蓿营养价值高,适口性好。始花至盛花期刈割晒制干草,播后 2～4 年内产量高,亩产干草 1～1.5 t(鲜草 3～5 t),青饲要现割现喂,或在阴凉处摊开散放,隔夜堆放易发热变黄。茎叶柔嫩,不耐践踏,一般不用于放牧,尤其是幼嫩、雨后或有露水时易导致牛羊臌胀,禁止放牧。放牧地可与苇状羊茅、黑麦草等混播。

2. 白三叶

(1)特征和特性。豆科三叶草属多年生草本植物,如图 3-30 所示。主根短,侧根发达,匍匐茎，掌状三出复叶，叶柄细长直立，叶片有"V"形白斑，花白色。喜温暖湿润气候，喜光，抗旱性较差，以弱酸性、有灌溉条件的沙壤土和黏壤土为好。

图 3-30 白三叶

(2)栽培技术。春播或秋播均可，在南方以秋播为宜。种子细小，播前要精细整地；条播行距 30～50 cm，每亩用种量 0.3～0.4 kg。也可无性繁殖，切茎扦插。苗期及时除杂。7—9 月气温高，应及时灌溉抗旱。施用磷、钾肥能显著提高产量。

(3)收获利用。白三叶耐践踏，再生力强，适于放牧，宜与禾本科牧草混播，避免发生臌胀病。茎叶柔嫩，适口性好，可在现蕾至初花期刈割鲜饲，春播当年可产鲜草 1 t/亩，以后每年可刈割 3～4 次，亩产 2.5～4 t。

3. 红三叶

(1)特征和特性。豆科三叶草属多年生草本植物，如图 3-31 所示。直根系，茎中空、多茸毛，三出复叶，叶缘呈锯齿，有茸毛，叶面具灰白色"V"形斑纹；花红色或淡紫色。喜温暖湿润气候，不耐高温，适宜南方海拔 800 m 以上山地、丘陵地区栽培；喜中性至微酸性土壤，以排水良好、土质肥沃、富含钙质的黏壤土为宜。

图 3-31 红三叶

(2)栽培技术。种子小，要精细整地，施足基肥，开沟做畦。以 9 月秋播为好，气温较低的山区可春播或 8 月播种。每亩用种量 0.75～1 kg，条播行距 20～30 cm，播深 1～2 cm；与禾本科牧草混播，每亩用种 0.2～0.3 kg，以豆、禾草分别隔行条播为好。苗期生长缓慢，及时清除杂草。

(3)收获利用。草层高度 40～50 cm 或现蕾、初花期刈割鲜喂，留茬 6～8 cm，每年可刈割 3～4 次，亩产鲜草 4～5 t。调制干草应在盛花期刈割，亩产 0.6～0.8 t。刈割太晚易因草丛潮湿、通风不良而发生霉烂。用于放牧的应与禾本科牧草混播，预防牛羊臌胀病。

4. 鸭茅

(1)特征和特性。禾本科鸭茅属多年生草本植物。须根系，基生叶丰富，幼叶呈折叠状，叶长而软，边缘或背部叶脉粗糙；圆锥花序开展，小穗密集。喜温凉湿润气候，耐热性差，略耐酸，不耐盐碱，喜肥沃壤土或黏土。较耐阴，可林下种植。

(2)栽培技术。种子较小，苗期生长较慢，要精细整地。秋播为好，不迟于 9 月下旬。单播时每亩播种量 0.7～1 kg，条播行距 15～30 cm，播深 2～3 cm；混播每亩用种 0.6～0.8 kg，撒播、条播均可。苗期适当中耕除草，施肥灌溉。

(3)收获利用。鸭茅适合放牧、鲜喂或晒制干草。以抽穗期刈割为宜，此时草质柔嫩，品质较好。播种当年可刈割 1 次，亩产鲜草 1 t，此后每年刈割 2～3 次，亩产鲜草 3～5 t。

5. 苇状羊茅

(1)特征和特性。禾本科羊茅属多年生草本植物。根系发达而致密,叶片扁平,边缘内卷,花序疏松开展,小穗绿色带紫色,成熟后呈麦秆黄。抗寒耐热,耐旱耐潮湿,适应性强,喜肥沃、潮湿和黏重土壤。

(2)栽培技术。春、秋季均可播种,南方宜秋播;播前精细整地,施基肥。单播每亩用种0.75～1.25 kg,条播行距30 cm,播深2～3 cm;与白三叶混播每亩用种0.5～1 kg。苗期生长缓慢,应中耕除草。

(3)收获利用。苇状羊茅枝叶繁茂,生长迅速,再生性强,适宜刈割鲜饲或晒制干草,也可放牧利用。每年可刈割3～4次,亩产鲜草4～5 t。

6. 燕麦

(1)特征和特性。禾本科燕麦属一年生草本植物。须根系,根系发达,茎直立光滑,叶片宽平,圆锥花序。不耐热,需水量大,适宜于气候凉爽、雨量充沛的地区;对土壤要求不严,以富含腐殖质的沙壤土为好;忌连作。

(2)栽培技术。播前深耕细耙,施足基肥。南方采用秋播,每亩播种量10～15 kg,条播行距15～30 cm,播深3～4 cm。也可与豆科牧草混播,燕麦播种量占70%左右。分蘖到拔节期需水量大,要充分灌溉。适当追肥,前期以氮肥为主,后期以磷肥为主。

(3)收获利用。燕麦茎叶柔嫩多汁、营养丰富,再生能力强,鲜喂的在拔节至开花期刈割,青贮或调制干草的乳熟到蜡熟期刈割。南方可刈割3～4次,亩产鲜草3～5 t。也成熟后收获籽粒。

7. 狗牙根

(1)特征和特性。禾本科狗牙根属多年生草本植物。须根系,茎匍匐,茎节生根,叶面光滑,穗状花序呈指状簇生于茎顶,小穗灰绿或带紫色。喜热而不耐寒,冬季以根茎越冬;较耐旱;对土壤要求不严,但以中性、湿润且排水良好的土壤为好。

(2)栽培技术。种子发芽率低,一般采用无性繁殖。早春整地、施基肥,将根茎切为6～10 cm小段,播撒、踩实,视墒情适当浇水。霜冻前停止刈割或放牧,保持草层厚度,以利于越冬。

(3)收获利用。狗牙根繁殖快、耐践踏,草质柔软,适口性好,可放牧,也可在株高30 cm以上刈割鲜喂或调制干草,每年刈割3～4次,亩产鲜草3 t。

8. 多花木蓝

(1)特征和特性。豆科木蓝属多年生灌木。根系发达,分枝多,羽状复叶,叶片和叶柄有毛,花淡红色。冬季落叶、休眠,早春萌发嫩枝。喜温暖湿润气候,耐热、耐旱、耐贫瘠、耐寒,不耐水渍,对土壤要求不严,但以微酸性土壤为好。

(2)栽培技术。以春播为宜,可直播,也可育苗移栽。播前整地,施基肥。种子硬实率较高,播前可用硫酸浸泡处理,条播、穴播均可,行距30～45 cm,株距20～30 cm,播深1～2 cm。苗期生长缓慢,应及时除杂,追施少量氮肥。

(3)收获利用。嫩枝叶营养丰富,适口性好,可刈割青饲,也可放牧或晒制干草。株高1 m时刈割,留茬15 cm,第一年可刈割2～3次,第二年4～5次,鲜草亩产1.5～2.5 t。除饲用外,还可作为生物围栏和水土保持植物。

9. 饲用苎麻

(1)特征和特性。多年生半灌木或灌木。茎上部与叶柄密生硬毛,叶片圆卵形,背面密被雪白色毡毛，圆锥花序。喜温暖湿润气候，喜光；对土壤要求不严，但以微酸性沙质、黏质、腐殖质壤土为好。

(2)栽培技术。选避风向阳缓坡地，平原应注意排涝，深耕整地、施基肥。秋末冬初或早春栽培，可扦插、分蔸或播种。丛生型(深根)每亩定苗 1 500～2 000 株，散生型(浅根)每亩 1 500 株，实生苗每亩 6 000～8 000 株。正三角定植，及时灌溉、追肥，防渍，防风。

(3)收获利用。株高 80 cm 时刈割，每年可收割 5～6 次，亩产鲜草 6～8 t；晒干后可加工草粉。

(二)人工草地的建植与管理

1. 人工草地的特点

(1)概念。人工草地是根据当地生态条件，结合利用目标，选择适宜草种，采取现代农业措施而建立的人工植物群落(图 3-32)。依牧草品种，分为豆科、禾本科、豆禾混播草地；依利用年限，分为一年生、多年生草地；依利用方式，分为放牧、刈割草地。

图 3-32　人工草地

(2)发展优势。人工草地牧草生长迅速，产量高，生长期长，营养价值高，全年供给较为均衡。草地根系发达，能增加土壤有机质；茎叶茂盛，覆盖度大，能减少水土流失，保护生态环境。

2. 草地建植技术

(1)播前整地施肥。选择地势平缓开阔、便于田间作业、土壤质地和水热条件较好、适合牧草生长的地段，降水不足则应有灌溉条件。清除原有植被、石块等杂物，翻耕，施基肥。山区坡地沿等高线进行带垦，坡度大的采取免耕播种。

(2)播种技术。暖季型牧草宜春播，如青贮玉米、高丹草等；冷季型宜秋播，如黑麦草、白三叶、苇状羊茅等。短期刈割草地单播，长期放牧草地混播。可点播(图 3-33)、撒播、条播(图 3-34)、带肥播。

(3)混播。禾本科和豆科牧草可以混播，播种比例为 3∶1 或 7∶3。两种牧草混播，播种量取其单播量的 70%～80%；三种或三种以上混播，相同科的两种分别取其单播量的 35%～40%和 70%～80%。可同时播种，也可分期播种。根据草种特点，选择同行播种、间条播、交叉播种、撒播或撒条播。

图 3-33　点播

图 3-34　条播

（4）田间管理。通过调整播种时间、轮作、刈割、喷洒除草剂等措施，防除杂草。分蘖、拔节、现蕾及每次刈割后追施速效肥，禾本科牧草以氮肥为主，豆科以磷钾肥为主。禾本科牧草拔节至开花期、豆科牧草分枝至现蕾期灌溉，注意排水。草地病虫害以预防为主，必要时用农药防治。

3. 常见种草模式

轮作、间作等模式参考第二章相关内容。

4. 草地利用与更新

（1）草地退化。不合理的利用会造成草地退化，如：连年强度利用，牧草不能正常积累营养，影响再生和根系发育；禾本科牧草在种子成熟前被刈割；留茬低，土壤水分蒸发加快；缺乏追肥、灌溉等管理，土壤逐渐贫瘠等。

（2）合理刈割。过早刈割品质好，但产量不高；过晚刈割品质下降，适口性差。鲜饲用草根据高度刈割，如黑麦草 30～45 cm、苏丹草 50～70 cm；青贮用草看时期，如禾本科在抽穗期，豆科在初花期，青贮玉米在蜡熟期。粗秆禾本科留茬高度一般为 10～15 cm，且刀口切面要斜向上，豆科及茎秆纤细的禾本科留茬 5～8 cm。

（3）草地改良。退化草地需封闭一定时期，禁止放牧或割草，使牧草充分生长，恢复生机。草地种植多年后，地下根茎盘根错节，加之牛羊或机械踏压，形成密结层，可进行松耙或浅耕翻（图 3-35）。不破坏原有植被的，可进行补播，撒播或机械补播均可（图 3-36）。施肥前应测定土壤养分，确定施肥种类和用量。

图 3-35　松耙浅耕

图 3-36　补播机

二、天然草地的管理与改良技术

天然草地的植被以草本植物为主，兼有灌丛或稀疏乔木，因纬度、海拔、植被类型的差异而形成不同风格的生态环境。北方大面积天然草地称为草原，小面积称为草场；南方多称草山、草坡（图 3-37、图 3-38）。科学管理、合理利用草地资源，对草地生态的可持续发展具有重要意义。

图 3-37　山坡草地

图 3-38　林间草地

（一）南方天然草地的特点

1. 概况

南方泛指秦岭、淮河以南，横断山脉以东的广大地区，气候温暖、雨量充沛、无霜期长，牧草种类多、生长繁茂、再生能力强、产草量高，如亚热带高山草甸亩产鲜草 400～800 kg，最高达 2 000 kg。由于气候的不同，南方草地分为热带草地和亚热带草地两大类。

2. 自然环境条件

南方属季风气候，具热带和亚热带气候特征，水热条件丰沛。地貌类型多样，草地的生长发育与分布具有明显的地带性、垂直性与地域性特征。河湖众多，水网密布，但山地丘陵地区的水资源分布不均，存在季节性、局部性缺水。

3. 群落学特征

南方草地以草本植物为主，稀疏散生有乔木和灌木。植物种类以热带和亚热带的科属为主，具有纬度、经度和垂直地带性分布规律。

4. 特点及利用现状

南方草地面积广阔，牧草生长繁茂、产量高，青草期长，载畜潜力大，草场较为零星、分散，受地形、气候影响，具有明显的地域差异，灾害性天气少，有利于草牧业发展。目前存在利用率低，地区间利用不均衡、不合理等问题，如偏远地区草地未被利用，而村庄附近过牧、滥牧造成草地退化。

（二）放牧技术

1. 放牧对草地的影响

合理的放牧饲养能充分利用草地资源，降低生产成本，促进植被生长和更新。在没有人为干扰时，草地生态系统基本能维持平衡和稳定。放牧的牛羊通过采食、践踏和排泄，影响草地产量、品质和植物学组成。过度放牧易导致草地退化、岩石裸露、石漠化和生态平衡的破坏（图

3-39、图 3-40）。

图 3-39　岩石裸露

图 3-40　草地石漠化

2. 基本概念

（1）载畜量。载畜量是指以一定的草地面积，在放牧季内以放牧为基本利用方式，在放牧适度的原则下，能够使家畜良好生长及正常繁殖的放牧时间及放牧头数。载畜量有家畜单位、时间单位、面积单位 3 种表示方法。我国采用羊单位，1 个羊单位是 1 只体重 40 kg 的母绵羊及其哺乳羔羊放牧所需的牧草（不补喂其他饲料）。载畜量受气候、土壤、家畜种类、放牧制度等因素的影响而不断变化。

例如，某草地面积 1 万亩，年亩产青草 500 kg，草地利用率 60%，1 个羊单位每日放牧采食 5 kg，则该草地的载畜量为：

1 万亩×（500 kg/亩）×60%÷5[kg/（羊单位/d）]÷365 d=1 643 羊单位

（2）放牧强度。放牧强度指放牧的轻重程度，与放牧头数及放牧时间相关。合理的放牧强度能维持家畜的正常生产，草地得到充分利用，且不发生退化。放牧强度通常分为 5 级（表 3-1）。

表 3-1　放牧强度的分级

分级	利用状况	表现特征
第一级	不放牧或放牧过轻	有大量的枯草倒伏、腐烂，土壤变黑、呈酸性，在较潮湿处有灌丛生长；高大杂草大量生长
第二级	放牧适当	植被生长旺盛、组成正常，基本没有牛羊践踏痕迹
第三级	放牧稍重	杂类草及高大禾本科草的生长受到抑制，植被总产量降低；有牛羊践踏痕迹，有水土冲刷现象
第四级	放牧过重	优良牧草明显减少，杂草增加，畜蹄践踏明显；中等雨量就可造成水土冲刷，部分地块表土消失
第五级	放牧过度严重	畜蹄践踏密集，地表熟土冲刷尽失，土质裸露，草地濒临毁灭

（3）放牧期。放牧期指草地从适于放牧开始到适于放牧结束的时间。早春草地刚返青萌发，尚不能制造养料，仅依靠去年入冬前贮存的有限养料，过早放牧会耗竭资源、影响牧草再生、破坏草地植被（图 3-41、图 3-42）。早春放牧的羊对枯草避而不食，只顾奔走采食为数很少的幼嫩草芽，运动消耗多且又无法吃饱，导致乏弱甚至死亡，称为跑青。过晚放牧则牧草粗老，适口性和营养价值降低，且影响再生。

图 3-41　早春草地远看一片绿，近看没几棵

图 3-42　早春灌木远看一片绿，近看小嫩芽

3. 放牧管理

(1)羊群组织。根据群体大小和人力资源，将羊群分为若干小群；病羊不放牧，留圈治疗；羔羊要单独组群，就近放牧。

(2)放牧管理。出牧、收牧不急赶，避免拥挤；收牧后适当补草补料；豆科牧地注意预防臌胀病；适当饮水和补盐；霜降后应午后放牧，避免采食霜冻草和露水草；控制羊群行走速度与方向，使其慢走多吃(图 3-43、图 3-44)。

图 3-43　山区放牧

图 3-44　人工草地放牧

4. 自由放牧

(1)连续放牧。放牧季节内，在同块放牧地上连续不断地放牧。这种方式易造成植被破坏和草地退化。

(2)季节性放牧。将草地划分为若干放牧地，各季节分别在预定的地块放牧。冬春季节选择避风朝阳处，注意防寒；夏秋季节选择凉爽通风处，防止淋雨和中午曝晒。

(3)羁绊放牧。用长绳将 1 只羊拴系，使之只能在该区域采食，牧草消耗后更换羁绊位置；或将 2～3 只羊以绳互相牵连，使之不便远走，但仍可自由觅食。

5. 划区轮牧

(1)概念。把草地分成若干轮牧小区，每个小区内放牧若干天，按照一定次序逐区采食、轮回利用的一种放牧制度。划区轮牧可提高牧草的产量和品质，减少牧草浪费，节约草地面积；有利于采取除杂、灌溉、施肥、补播等农技措施；可减少寄生虫病的传播；有利于加强放牧地的管理；将羊群控制在小区范围内，减少游走消耗。如图 3-45 所示。

图 3-45 轮牧小区放牧

(2)轮牧小区。根据草地生产力、羊群大小和类型，将牧场划分若干轮牧单元，1 个轮牧单元可使羊群放牧 1 个完整的周期，再将轮牧单元划分成轮牧小区。小区面积与牧场生产能力、羊群头数、放牧天数、日采食量等密切相关。

(3)实施步骤。根据草场类型、面积及产量，结合羊群采食量和放牧时间，确定载畜量。根据羊群数量、放牧时间及牧草再生速度，划分小区面积和小区数，轮牧一次一般划定 6～8 个小区，羊群每隔 3～6 d 轮换一个小区。全部小区放牧一次所需要的时间为放牧周期，一般为 30～45 d；与之相对应的是放牧频率，即一个放牧季节内每个小区的放牧次数，多者 3～5 次，少者 1～2 次，均取决于牧草再生速度。

(三)草地的培育和改良

1. 草地退化的表现

(1)植物组成变差。植被盖度减少，优良牧草的比例、密度、高度降低，不可食草和毒害草数量增加。

(2)牧草产量下降。是草地退化最敏感的指标。

(3)石漠化。草皮毁坏，沙土裸露，暴雨冲走细沙、留下砾石，逐渐石漠化。

(4)水土流失。植被遭受破坏，土壤的蓄水和渗水能力降低，地表径流加剧，造成土壤侵蚀和水土流失。

(5)生物多样性破坏。部分植物种类在群落中逐渐消失，区系趋于简单，同时造成某些依赖性强的动物灭绝或迁徙。

2. 草地培育

(1)概念。草地合理利用、科学经营管理与草地改良相结合,调节和改善草地生存环境,促进优良牧草的生长,不断提高草地产量和品质。

(2)治标改良。在原有天然植被基础上,采取地面整理、土壤改良、补播、清除毒害草、草地封育等措施,加强培育和管理,保护和提高草地生产力。

(3)治本改良。对严重退化的草地进行耕翻,建立新的植被。

(4)合理利用。通过合理组织羊群、有序放牧,提高草地生产力,防止草地退化。草地改良的效果需通过合理利用才能保持。

3. 草地改良

(1)概念。用生态学基本原理和方法,通过各种农艺措施,改善草地环境条件,增加植被密度和种类多样性,提高草地生产力。

(2)禁牧和休牧。禁牧是对草地实行长期围封,严禁放牧利用,能迅速和彻底恢复植被,适于水源涵养、防沙固沙、生态脆弱、特殊生态功能等区域。休牧是在一定时期内不利用草地,使其休养生息,恢复生机,可分为季节性休牧和年度休牧。

(3)补播。在不破坏或少破坏原有植被的情况下,播种豆科等优良牧草,增加牧草种类和数量,提高草地生产力。补播品种以当地优良草种为主,时间应选择土壤水分好、草地植被弱的时期,以利补播草种发芽和生长。

(4)除杂。清除草地上的毒草和杂草,加速草地恢复。

(5)施肥。根据草地土壤养分状况,有针对性地配方施肥。施肥后叶片增多,粗蛋白质含量增加,适口性变好。施肥以有机肥为好,化肥次之,多施氮肥可增加禾本科草的比例,施磷、钾肥可增加豆科草的比重。施肥时间和次数要求不严格。

(四)草地围栏技术

1. 围栏的优点

根据地形把放牧场围起来(图 3-46),有利于草场的保护与合理利用,节约放牧用工,牧草产量可提高 17%~65%,草品质改善;也有助于固定草场使用权。

2. 围栏材料

围栏高度一般为 1.1~1.3 m。主体材料主要有刺钢丝围栏和网片围栏两种类型,前者成本较低、架设简单快捷,但难以隔开小动物,适合大面积的草原采用;后者网格较小较密,但成本较高、架设施工慢,适合小范围草场采用。立柱有钢混预构件、角钢等。

3. 围栏施工

(1)制定方案。进行实地勘测,确定围栏线路和区域,制定施工设计方案。

(2)定线。在地块线路的两端各设一个标桩,定准方位,中间每隔 30 m 加设标桩。遇小丘或凹地,要依地形增设标桩。清理、平整作业线路。

图 3-46 草地围栏

(3)埋设柱桩。每隔 100～200 m 距离,埋设中间柱;埋深 0.7～1 m,在其受力方向上加设支撑杆。遇起伏地形,中间柱应设于凸顶和凹底。视地势平坦及土质疏松程度,间隔 4～12 m 埋设小立桩,埋深 0.3～0.6 m。

(4)架设围栏。以两个中间柱之间的跨度为作业单元,刺钢丝围栏应逐条架设、张紧和固定纬线;网片围栏先固定起始端,再逐步展开网片,张紧、固定和绑扎。

(5)门的安装。预先留好围栏门,宽 6～8 m,门柱用支撑杆加固,再将门柱与门连接。

(五)草地毒害生物防治

1. 草地病害

(1)概念。牧草遭受外界环境影响及病原微生物侵害,导致生理和生化过程变化,表现出结构和外形异常,抗逆性下降,品质降低,生长不良甚至死亡。

(2)症状。牧草受害后,本身的病态表现称为病状,主要有变色、坏死、腐烂、萎蔫、畸形等;病原继发产生的物质称为病征,主要有粉状物、霉状物、菌核、粒状物、脓状物、胶状物等。

(3)豆科牧草病害防治。主要有锈病、霜霉病、褐斑病。应提早刈割或放牧,减少田间侵染源的积累,降低再生草的发病率;增施磷、钾肥可提高抗病性;用甲基托布津、粉锈宁等进行防治。

(4)禾本科牧草病害防治。主要有锈病、白粉病、麦角病、赤霉病。采取清除病株残体、合理施肥、冬季焚烧灭茬、提早刈割等措施防治,或喷施粉锈宁、多菌灵、灭菌丹等药物。

2. 草地虫害

害虫主要危害人工草地,多利用昆虫的习性进行防治。如利用趋光性、趋化性、趋温性进行昆虫测报及防治;有些昆虫受到惊吓会表现出假死性,可据此用机械振落来捕杀;有些昆虫在某个发育阶段,有群集性和迁飞性,应抓住时机集中消灭;小面积的人工草地发生的蚜虫和菜青虫,可用药物防除。

3. 草地鼠害

鼠主要危害天然草地,其啃食牧草,挖掘洞道,破坏生草层,形成秃斑和次生裸地,引发水土流失和土壤风蚀,加速草场荒漠化和石漠化,严重威胁草地生态环境。可通过器械、挖洞、灌水、灯光等物理方法灭鼠,或通过毒饵、熏蒸等化学方法灭鼠,或通过微生物制剂、天敌等生物方法灭鼠。

4. 草地毒害植物

有毒植物主要危害天然草地。夹竹桃科、忍冬科、荨麻科等植物中含有生物碱、配糖体等有毒化合物,牛羊长期采食易导致中毒。物理防除措施主要是人工挖除和火烧,在毒草种子成熟前、雨后连根挖除;喷洒针对性化学除草剂,最佳防除时期是开花前期;生物防治是较为安全的方法,如补播竞争力强的优良牧草,利用生物竞争以草治草。

三、羊的草料加工及日粮配制技术

羊是草食动物,能采食各种青草、干草、野草、块根、秸秆、灌木及树枝,利用的饲料种类比其他家畜更为广泛,俗称“羊能吃百样草”。羊的胃由瘤胃、网胃、瓣胃和皱胃四个胃室组成,有反刍特点,瘤胃容积大,瘤胃微生物能分解消化粗纤维,合成菌体蛋白和维生素,对羊的消化有重要作用。应根据羊的消化生理特点进行草料加工和日粮配制,满足生产需求。

(一)草料贮存与加工

1. 常用饲料的特点

(1)青饲料。包括青草、青菜、青绿秸秆、青贮料、鲜树叶等,具有水分含量高、适口性好、营养丰富、易消化等特点。应与粗饲料搭配饲喂,或收牧后补充粗饲料;单纯喂含水量高的青饲料(尤其是青菜)易导致羊腹泻和矿物质缺乏。

(2)粗饲料。包括青干草、作物秸秆、秕壳、干藤蔓等,特点是体积大、能量低、可消化利用养分少、粗纤维含量较高。饲喂时要铡短,以促进消化,减少浪费;尽量与青饲料配合使用;劣质粗饲料营养价值低、适口性差,要限制用量。

(3)精饲料。包括玉米、大麦、糠麸等能量饲料,以及豆粕、菜籽饼等蛋白质饲料,特点是容积小、营养价值高、粗纤维含量低。不能单独饲喂,否则易导致瘤胃弛缓和消化不良;可与其他饲料搭配饲喂;尽量就地取材,降低成本。

(4)多汁饲料。主要有胡萝卜、白萝卜、甜菜、甘薯、南瓜等,特点是水分含量高、适口性好、易消化,是缺少青饲料时的补充。应与粗饲料搭配饲喂;严格控制饲喂量;注意防止甘薯黑斑病、马铃薯龙葵素、甜菜亚硝酸盐等造成羊中毒。

(5)矿物质与添加剂。包括食盐、含钙磷类矿物质(石粉、磷酸钙、磷酸氢钙等)、微量元素、酶制剂、氨基酸、维生素添加剂等,用于补充营养因子、维持生理代谢活动。应与精饲料按一定比例混合饲喂,或制成舔砖供羊舔食;食盐也可与水混饮;严格控制饲喂量;必须混合均匀。

2. 草料贮存与加工

鲜绿秸秆可以制作青贮料,牧草可调制青干草,农作物秸秆进行粉碎、揉搓,精饲料进行粉碎、压扁等处理,具体请参考第二章相关内容。

3. 饲料的组织供应要求

养羊以利用牧草和秸秆资源为主,适当补充精饲料。要求营养全面,便于消化和吸收,各类饲料搭配合理,无有毒有害物质,对羊肉无不良影响,来源广泛,价格较便宜,按群分类、分餐进行饲喂。

要求无发热、发霉、变质、结块及异味,精饲料注意保质期;禁止添加除蛋、乳制品外的动物源性饲料如鱼粉、贝壳粉、肉骨粉等;禁止使用潲水和垃圾;饲料贮存处不能使用灭鼠药和杀鸟剂;禁止添加镇静剂、激素、有机砷等违禁制剂。

草地慎重使用农药,并执行休药期规定。

(二)饲料的污染控制

1. 污染来源

(1)原料污染。有些饲料天然含有抗营养因子和有毒物质,如棉籽中含有棉酚。若原料喂量大或长期饲喂,就会引起中毒,或是阻碍营养物质的吸收利用。此外,土壤、水源污染,水分超标、霉变、虫害,以及运输工具和仓库不洁等,会造成原料的生产污染和贮存运输污染。

(2)饲料配方污染。为单方面追求生产性能,在饲料配方中添加某些物质,影响畜禽生理代谢和消费者身体健康。

(3)饲料生产污染。原料粉碎过粗、过细或粗细不均,造成混合精度降低;加工设备安装不合理,造成原料分级和交叉污染;高危微量组分的计量不准确或投放不均匀;精饲料的外包装不洁等。

2. 污染控制

(1)原料控制。精准分析原料的固有毒物,计算其适宜的饲喂量;通过加热、浸泡等方法,中和、降解、破坏其毒素和抗营养因子;选择和培育低毒作物新品种。

(2)配方控制。严格按照国家法律法规和相关标准要求,不添加违禁物质。

(3)生产过程控制。控制适宜的粉碎粒度;改进贮存条件,严格控制原料水分,防潮防霉;添加量小的制剂进行预稀释;保持运输工具干净卫生,不用运输动物的车辆运输饲料;运输工具和装卸场地要定期清洗和消毒。

(三)羊的日粮配制

1. 配制原则

根据《肉羊营养需要量》(NY/T 816—2021)和《饲料成分与营养价值表》(Daniel Sauvant,2005,中国农业大学出版社),结合羊群不同生长时期和生理阶段等实际情况,因地制宜,科学设计配方。做到营养全面,能够满足肉羊的营养需要;日粮容积和能量浓度适当;青、粗、精饲料比例合理;成本低、经济合理;适口性强;原料种类多样化。可参考第二章相关内容。

2. 配制方法

羊的日粮配制流程为拟定配方、配制日粮、实践检验与调整,参考第二章相关内容。羊的日粮以青、粗饲料为主,适当搭配精饲料,一般要求由青、粗饲料提供总养分需求的60%以上,生产水平越低,青、粗饲料的比例应越大。精饲料的配方大致为玉米、麸皮、米糠等能量饲料占65%~80%,豆粕、菜籽饼等蛋白质饲料占15%~25%,食盐、矿物质等添加剂占5%~8%。精饲料喂量大、饲喂青贮料及夏季高温时,日粮中应适当添加碳酸氢钠,以调节瘤胃酸碱平衡。

(四)肉羊的全混合日粮

根据羊的饲料配方,用TMR搅拌机将日粮各组分进行切割和搅拌,均匀混合成精粗比例稳定、营养均衡的日粮(图3-47)。与传统的精粗分饲相比,TMR能提高采食量,减少粗饲料浪费,便于规模化生产。TMR搅拌机的型号应根据养殖规模、羊舍建筑结构等确定,存栏500~2 000只的羊场可选择容量5~7 m^3的搅拌机。分群、日粮制作、饲喂管理等,参考第二章相关内容。

图3-47 撒料车投喂TMR日粮

第四节 羊的饲养管理技术

一、羊的常规管理技术

羊的生长、繁殖以及各种生理活动,都离不开科学的饲养管理。只有在良好的饲养管理条件下,才能充分发挥其遗传优势和生产潜力,提高生产水平和经济效益。

(一)羊的习性

1. 行为特性

山羊行动敏捷,胆大,活泼好动,善于游走、攀登。绵羊则胆小懦弱,容易受惊,行动缓慢,反应迟钝。羊有合群性,常跟随领头羊前行,掉队离群时则鸣叫寻伴,便于放牧管理。羊喜清洁,常卧于干燥卫生处,不吃污染的饲料,不饮脏水。

2. 采食特点

山羊喜食高处的草,放牧时优先采食灌木枝叶,舍饲时喜刨、喜挑拣;绵羊喜食低草,优先采食地面牧草。羊的食性广泛,吃饱后呈右侧卧(瘤胃在左侧),继而反刍。

3. 嗅觉和听觉灵敏

羊的嗅觉灵敏,母羊分娩后舔羔并熟悉羔羊气味,羔羊吮乳时,母羊通过嗅羔羊后躯进行识别。羊的个体有其独特气味,羊群也有群体气味。羊的听觉也较为灵敏,常竖耳辨识周边声源。

4. 适应能力及抗病性

羊的适应性和抗病力较强。一般来说,放牧的羊强于舍饲的羊,粗毛羊强于细毛羊和肉用羊,山羊强于绵羊。羊对疾病有较强的耐受力,病情较轻时一般不表现症状,有的甚至临死前还能勉强跟群吃草。

(二)常规饲养管理

1. 编号和分群

(1)编号。为便于个体识别和记录,应对羊进行编号,大型羊场用耳标法,中小型羊场也可用剪耳缺法。为区别性别,公羊尾数为单,母羊尾数为双。

(2)分群。根据养殖规模、生产方向和年龄结构,合理分群饲养。规模化羊场一般分为种公羊群、基础母羊群、后备母羊群、带羔母羊群、后备公羊群、育肥羊群。根据养殖规模和管理状况,可进行羊群的合并及拆分。

2. 饲喂与饮水

饲养方式分为放牧、舍饲、半放牧半舍饲等类型,制定相应的饲养技术规范。草料应干净卫生,不含泥沙、污物等杂质,无发霉变质,少喂勤添,避免浪费。勤清理剩料,并适当减少次日喂量。供给充足饮水,水质良好,不饮冰水、污水。

3. 环境卫生

料槽要勤扫,定期清洗饮水设备。保持羊场环境的清洁卫生,严防塑料袋、绳子等杂物被羊误食;保持舍内空气良好,清新无氨味。使用垫草时,应定期更换,保持卫生清洁。定期、定点投放灭鼠药;消除水坑等蚊蝇滋生地,舍内配备灭蚊灯、驱蚊片,摆放粘蝇纸等驱蚊蝇设施。

4. 档案资料管理

规模羊场要配备专门或兼职的记录员,有专门的测定记录规范和标准化表格,做好生产记录,包括羊的进出场、发情配种、产羔、转群、生产性能、草料进出、疫病防治、粪污处理等内容。所有记录应准确、可靠、清晰、完整。建立健全管理制度,妥善保存档案资料。

5. 其他管理措施

种羊应保证适当的运动量;定期对羊进行驱虫、药浴,成年羊定期浴蹄和修蹄;勤观察羊群健康状态,发现异常及时处理。夏季应保证舍内通风,必要时安装风扇。冬季保暖(图 3-48)。

防止周围其他动物进入场区。配备计算机辅助日常管理、种羊选择、配方拟定和疾病诊断，提高管理水平。

图 3-48　羊舍挡风用卷帘

（三）去角、去势和断尾

1. 去角

有角羔羊的角蕾部呈漩涡状，触摸时有较硬凸起，即可确定去角部位。常在 7 日龄前后去角，此时对羔羊的损伤较小。操作时先将角蕾及周围的毛剪掉，剪毛面积约 3 cm^2，再用烧烙法或化学法去角。

2. 去势

不作为种用的公羊，应在 2～3 月龄时进行去势，以防乱交乱配；阉羊性情温顺，管理方便，容易育肥。选择无风、晴暖的早晨，用手术法进行去势，助手将羊固定，术者捏住羊的阴囊，消毒，用手术刀切开阴囊，挤出并摘除睾丸和精索，伤口消毒、涂抹消炎药物，收容于洁净圈舍，以防感染。1～2 d 后复查，若阴囊收缩，则为正常；若肿胀发炎，则应挤出血水、消毒消炎。用去势钳法或结扎法也可进行去势。

3. 断尾

有些绵羊品种的尾部较长，易沾染粪便、招惹苍蝇，也不便母羊配种，应进行断尾。多于羔羊 10 日龄进行结扎断尾，选无风的晴天，用弹性较好的橡皮筋勒紧尾椎，断绝血液流通，10 d 左右尾巴即自行脱落。

二、各类羊的饲养管理技术

规模羊场应合理分群饲养，并根据饲养管理条件和各类羊的特点，制定相应的生产技术规范，做好羊群的饲养和管理。

（一）种公羊

1. 总体要求

种公羊尽量单独饲养；饲料要求营养丰富、全面，体积小，易消化，适口性好；保持适当运动，舍饲的更应重视运动量；常年保持中上等膘情；定期进行健康检查。季节性发情的，分非配种期和配种期，常年发情的分配种旺季和淡季，分别制订饲养管理方案。控制配种频率，青年公羊每天本交或采精不超过 2 次，成年公羊每天采精 3～4 次、本交不超过 2 次；本交配种的，应早晚合群配种，白天公、母分开。

2. 非配种期（淡季）

配种旺季结束后，羊的体力和营养消耗很大，应以增膘复壮为重心，适当减少运动量，使公羊逐步恢复体力。精饲料喂量维持一段时间后再逐渐减少，做到精、粗、青饲料合理搭配。舍饲羊日喂精饲料 0.3～0.5 kg、青饲料 3～5 kg、干草或秸秆 1～2 kg；放牧羊收牧后补充精饲料 0.2～0.3 kg、干草或秸秆 0.5～1 kg。临近配种期时，逐渐增加精饲料供给，提高营养水平，达到并保持中上等膘情和体况，定期检查精液品质。

3. 配种期（旺季）

加强营养供给，饲料体积要小，精饲料喂量应根据体重、体况和精液品质酌情增减，以防过肥。舍饲羊，日喂精饲料 1～1.2 kg，鲜草 5 kg，干草 2 kg，胡萝卜 0.5 kg；放牧羊，收牧后补充精饲料 0.4～0.6 kg，干草 1 kg。配种任务重时，适当提高日粮的蛋白质水平，每日补充鸡蛋 1～2 枚。

（二）种母羊

1. 总体要求

根据生理状态和生产节律，有季节性繁殖特点的母羊，其饲养管理可分为哺乳期、空怀期、妊娠期 3 个阶段；无季节性的，哺乳后期即能配种受孕，直接进入妊娠期。应根据各自特点和要求，合理喂养，使母羊能正常发情配种和繁殖，多产羔、产壮羔。母羊一般利用至 6～7 岁，优秀个体可延长到 9～10 岁。

2. 哺乳期

（1）产后护理。产羔后应给母羊饮 1～1.5 L 温水或麸皮盐水，忌喝冷水，饲喂少量优质干草等粗饲料，第 3 天起少量添加精饲料，1 周后逐渐过渡到正常标准。以舍饲为主，保持产房干燥、清洁和安静，冬季注意避风和保暖。

（2）哺乳前期。约为 2 个月。此期羔羊的营养来源主要靠母乳，应根据母羊膘情、泌乳量高低及带羔多少（图 3-49），增加精饲料、优质干草、青饲料及多汁饲料的供给，以提高泌乳量为核心，为羔羊生长发育奠定良好基础，并为母羊自身储备营养。在保证羔羊哺乳的情况下，逐步延长放牧时间。

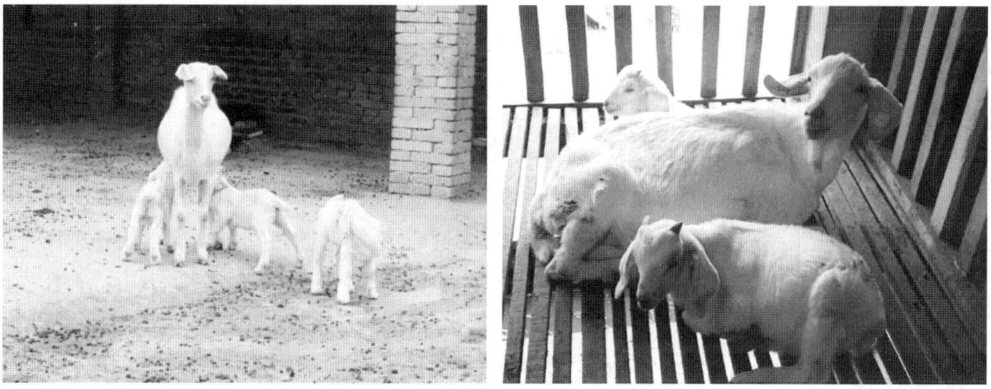

图 3-49 带羔母羊

（3）哺乳后期。母羊泌乳量一般在产后 30～40 d 达到高峰，50～60 d 后开始下降，同时羔羊采食能力增强，对母乳的依赖性降低。逐步减少母羊的精饲料喂量，保持中等膘情即可。无季节性繁殖特点的母羊，应观察发情、及时配种。在羔羊断奶前 1 周，要逐步减少母羊的多汁饲料、青饲料和精饲料喂量，以防止断奶时发生乳腺炎。

3. 空怀期

有季节性繁殖特点的，在羔羊断奶后，母羊尚不能发情配种，即为空怀期，产冬羔的母羊一般 5—7 月为空怀期，产春羔的 8—10 月为空怀期。此期母羊的饲养管理相对比较粗放，以恢复体况、储备营养为主。在配种前的 1 个月，适当提高日粮营养供给，保持中等偏上膘情（图 3-50），注意不能过肥；同时做好发情监控，及时配种。

4. 妊娠期

羊的妊娠期约为 5 个月，此期对母羊和羔羊均具有重要意义，直接影响母羊的繁殖力和生产力。分为妊娠前期（受胎后前 3 个月）和后期（后 2 个月）两个阶段。

图 3-50　适宜的母羊膘情

（1）妊娠前期。此期胎儿增重较缓慢，母羊的营养需要与空怀期大致相同，适当增加日粮蛋白质供给。青草季节以放牧为主，不需补饲；枯草期适当补充干草或秸秆。头胎母羊的营养供给应略高于成年母羊。避免吃霜冻草和霉烂饲料，不使羊受惊猛跑，不饮冰水，谨防早期隐性流产。

（2）妊娠后期。此期胎儿生长发育很快，应适当增加母羊的营养供应，但不能过肥。放牧饲养的每日补充精饲料 0.3～0.5 kg、干草 0.5 kg，舍饲的在原基础上再增加精饲料 0.2～0.3 kg。稳字当先、重点保胎，防止拥挤、滑跌，不饮冰水，防止流产或早产。临产前不宜远牧，做好产前准备工作。

（三）羔羊

羔羊培育的技术关键是“三早”（早吃初乳、早开饲、早断奶）和“三查”（查食欲、查精神、查粪便）。

1. 初生护理

初生羔羊体质较弱，抵抗力差，易发病，应精心护理。羔羊出生后，让母羊舔干羔羊身上的黏液；一般 10 min 左右便能自行站立，并寻找乳头，应辅助尽早吃足初乳。初乳是母羊产后 5 d 内分泌的乳汁，乳质黏稠，营养丰富，易消化，含有较多免疫球蛋白和其他抗体，有助于抵抗疾病、增强体质，富含镁盐，有轻泻作用，能促进胎粪排出，对羔羊具有重要作用。缺乳者须找保姆羊寄养或采取人工哺乳。出生后 4～6 h，羔羊自行排出胎粪；若超过 1 d 未排者，应灌肠促排。保持环境清洁、卫生，铺干净垫草，冬季注意保温。

2. 哺乳管理

（1）自然哺乳。加强母羊饲养管理，促进乳汁分泌，羔羊能正常吮乳，一般无须干预。舍饲饲养的，羔羊能随时吮乳。放牧饲养的，7 日龄以内，母仔同栏舍饲；8～15 日龄，母仔就近同牧；16～30 日龄，羔羊留在舍内或就近活动，母羊早晚外出放牧、中午返回哺乳；1 月龄之后，羔羊单独组群就近放牧，母羊中午可不返回。

图 3-51　羔羊的人工哺乳

（2）人工哺乳。喂养奶山羊挤奶，或用代乳粉配制，做到定人、定时、定量和定温（图 3-51）。固定专人喂养，熟悉羔羊习性，掌握食欲和健康状况。初生时日喂 6 次，10 日龄后 4～5 次，1 月龄后 2～3 次。全天喂奶量约为初生体重的 20%，切忌喂得过饱。温度以 36～38 ℃为宜。同时注意员工卫生和奶具的清洗、消毒。

3. 补饲和放牧

羔羊 15 日龄后开始训练吃草吃料，以促进消化器官的发育。选择质地柔软的优质青干草或鲜草，自由采食，不能饲喂青贮料等发酵类饲料；精饲料喂量 50～80 g。1 月龄后单独组群，就近放牧，最好建设羔羊专用牧场。2 月龄后母羊泌乳量下降，羔羊瘤胃发育及功能逐渐完善，有能力采食草料，应以采食为主、哺乳为辅，青干草或鲜草自由采食，精饲料日喂 0.1～0.2 kg，精饲料中麸皮的比例不超过 10%。

4. 适时断奶

(1)断奶时间。根据羔羊生长发育、健康状况、季节变化、饲养管理水平等合理安排，一般为 2～3 月龄，最大不超过 4 月龄。断奶有利于母羊恢复体况，锻炼羔羊的独立生活能力。

(2)断奶方法。多采用一次性强行断奶法，即把母羊调出，羔羊继续留在原舍饲养，隔离 4～5 d 后，断奶成功。若同窝羔羊发育不整齐，可以分批断奶。也有采用多日断奶法的，母仔白天分开、夜晚合群，逐渐减少同栏时间，直到最后断奶。

(3)断奶后期。断奶后的羔羊按性别、用途、大小、强弱等合理分群，有针对性地饲养和管理。保持哺乳期的饲料类型和日粮配方，使羔羊稳步度过断奶应激。

5. 其他管理要点

运动可使羔羊增加食欲，增强体质，促进生长，减少疾病。前期在运动场自由活动，1 月龄后可就近放牧，逐步加大运动量。保证羔羊有充足、新鲜、清洁卫生的饮水，冬季饮温水。羊舍要勤打扫、勤换垫草、勤消毒，保持清洁、干燥。

(四)育成羊

1. 饲养技术要点

断奶后至初次配种这个阶段称为育成期，此期骨骼和内脏器官发育较快，应注重日粮营养供给，保证正常的生长发育，为繁殖配种或育肥奠定基础。放牧饲养的，视采食情况适当补充精饲料、干草及秸秆；舍饲的要合理搭配日粮，精饲料每日不少于 0.3 kg，粗饲料以优质青干草为主，同时注意矿物质及微量元素的补充。

2. 管理措施

按性别、体重等分群饲养。定期测定体重，评价饲养效果，以便及时调整日粮，达到预期体况。舍饲的要保持充足的运动(图 3-52)。定期进行等级评定，把不作为种用的个体转入育肥群。

图 3-52　舍饲的羊在运动场自由采食和活动

3. 适时配种

过早配种会影响育成羊的生长发育，导致种羊体型变小、使用年限缩短；晚配影响经济效益，延长世代间隔，不利于选育。母羊满 8 月龄后要注意观察发情，体重达到 40 kg 或成年体重的 70%时配种。公羊 12～15 月龄，体重达到 60 kg 或成年羊体重的 70%时参加配种或采精。

（五）育肥羊

1. 育肥方式

根据饲养方式，分为放牧加补饲育肥、舍饲育肥；根据出栏批次，分为季节性育肥、全年均衡育肥；根据羊群特点，分为羔羊育肥、青年羊育肥和淘汰羊育肥。

2. 育肥前的准备

（1）制定方案。根据羊场的生产特点和出栏计划，制定育肥方案，包括羊群组织、草料供应、日粮配方、饲养管理、出栏时间等内容。

（2）储备草料。根据育肥方案，规划面积适宜、植被丰厚的草场，备足饲草和饲料。

（3）羊群准备。用于育肥的羊进行健康检查，按年龄、性别、品种及出栏计划分别组群，驱虫、药浴、防疫；公羊可进行去势。育肥前测定体重。

（4）羊舍环境。搞好圈舍的清扫、消毒，保持环境卫生；圈舍有阳光，通风良好。

3. 羔羊的育肥

（1）特点。季节性生产的羊，春羔当年育肥，秋冬季出栏；全年均衡育肥、批次化出栏的羊，一般 2～3 月龄断奶，育肥 3～4 个月出栏。根据品种和饲养管理水平的不同，肥羔 6～8 月龄出栏体重 25～40 kg。羔羊的增重较快，饲养成本低；肉的膻味轻，脂肪少，售价高；羊群周转快，减轻越冬压力，综合效益好。

（2）过渡期。羔羊断奶后进入 10 d 的过渡期。前 3 d 维持断奶前的饲养管理方案，使羔羊适应新环境，度过应激；后 7 d 逐步更换日粮配方。

（3）育肥期。以舍饲为主，羔羊自由采食、饮水。日粮供应充足，适口性好，易消化，蛋白质水平 12%～13%，精粗比(40～50)∶(60～50)，育肥全期不变更饲料配方，使羔羊在短期内达到出栏体重。

4. 青年羊育肥

（1）特点。季节性生产的羊，秋羔和冬羔次年秋季育肥，冬季出栏；全年均衡育肥、批次化出栏的羊，断奶后常规饲养 6～8 个月，再育肥 3 个月出栏。根据品种和饲养管理水平的不同，育肥羊 12～14 月龄出栏体重 35～60 kg。

（2）常规饲养期。此期以体格生长为主。放牧饲养的，补饲少量干草或秸秆，精饲料日喂量 0.1 kg；舍饲的要有一定的鲜草或青贮供应，其他粗饲料自由采食，精饲料少加或不加。

（3）育肥期。缩短放牧时间，增加日粮供应。精饲料日喂量逐步提高到 0.3～0.5 kg，其他青、粗饲料充足供应，自由采食，满足育肥需求。

5. 淘汰羊育肥

（1）特点。不再作为种用的成年公母羊，在出栏前进行 3 个月左右的短期育肥，以提高屠宰率和净肉率，改善肉质，增加收入。

（2）育肥方法。草场条件较好的，采用放牧加补饲的方式育肥，根据采食情况，日补精饲料 0.3～0.5 kg、干草或秸秆 0.5～1 kg；出栏前 1 个月缩短放牧时间，减少运动消耗，增加草料供应。舍饲育肥的，根据体重大小制定日粮配方，要求精、粗、青饲料合理搭配，精饲料日喂0.5 kg左右，干草、秸秆、青贮料自由采食。

三、羊场经营管理技术

经营管理是羊场生产的重要组成部分。科学的经营管理，可帮助羊场科学有效地决策，有效组织生产，提高劳动生产率和生产水平，降低生产成本，提高经济效益。遇市场低谷期，也能通过良好有效的经营管理手段来平稳度过。

（一）人员管理

1. 管理制度

(1)岗位设置。规模化养羊场应设置专职场长、畜牧主管、兽医主管、饲养员等岗位，并保持相对稳定。

(2)管理制度。有完善的劳动管理组织，有岗位责任、目标责任管理体系，健全内部规章制度，包括各岗位责任制、员工守则、饲养管理、消毒防疫、仓库管理、安全保卫等制度，并有相应的奖惩制度。

(3)员工培训。所有员工必须具有与其岗位相称的专业知识和技能，必要时可以进行相关专业培训、考核合格后持证上岗。应定期组织员工进行专业技术培训，提高业务水平和能力。

2. 员工健康管理

所有员工每年必须进行健康检查，新招员工必须经健康检查，有结核病等人畜共患传染病的人不能从事养羊及相关事业。患传染性疾病应及时在场外治疗，痊愈后方可上岗。

3. 岗位职责

(1)总体要求。自觉遵守羊场各项规章制度；遵守劳动纪律和操作规程，履行岗位职责和各项义务，努力掌握科学技术知识，加强修养，提高素质；服从工作安排，服从管理，爱岗敬业；严格遵守防疫制度，时刻树立防疫第一的思想；员工均有义务参加场内环境卫生、防疫消毒及其他公益活动。

(2)场长。全面负责羊场各项工作的计划安排与组织领导，及时总结经验，提高生产水平与经济效益；制订年度经营及财务管理计划并组织实施；加强员工管理，落实各项管理制度和技术措施，提高生产效率；随时掌握经营状况，及时调整经营方略；监督防疫消毒等制度的执行；及时了解职工思想状况，做好思想政治工作；组织职工加强业务学习，提高业务水平；热情接待客户，诚实推销产品。

(3)畜牧主管。按照年度生产任务，制订生产计划、群体周转计划、饲料需求和供应计划；严格按选育目标组织配种；按照季节、群体、膘情等情况，制定饲料配方；做好配种、分娩、生产性能测定等记录；制定品种选育、饲养管理等各项技术的实施方案，并指导、督促员工在生产过程中执行。

(4)兽医。制定防疫规程、免疫程序、药物使用规程，监控兽药、器械的使用；及时了解国内外疫病动态，研究病情，针对周边疫病流行情况，制定有效应对措施；建立并管理疫病防控档案；根据本场状况，适时安排驱虫和免疫；安排消毒工作；及时去势；普及兽医知识，指导饲养员观察、识别病情，做好保健工作；严禁外出应诊；合理用药，降低兽药消耗成本。

(5)饲养员。爱护羊群；勤学专业知识，提高业务素质；遵守场纪场规，严格执行管理规范；

密切观察羊群，及时发现发情羊、病羊、疑问羊，并立即报告技术员；母羊饲养员要做好接产工作；配合技术员做好配种、测定、疫病防治工作；规范饲养管理，保证羊的营养供给和健康生长。

(6)统计与财务。负责全群存、出栏和异动情况统计，参加羊群周转和出栏工作；负责羊群、饲料、兽药及其他生产要素的出入库统计，每月按期提交生产报表；保存好原始凭证，记账及时、准确、清晰、完整，随时能提供准确无误的数据；做好资金核算、成本核算和盈利核算。

(二)部门管理

1. 生产管理体系

实行场长负责制，组织生产、技术、供应、财务、销售等部门开展工作，制定岗位责任制、目标责任管理体系，保证生产与管理有序运行。各部门负责人一般不设副职。建立健全各部门内部规章制度。

2. 生产计划

生产部门负责制订生产计划，编制饲养规模、品种定向、羊群结构、产品定位、管理措施等发展规划；编制饲养、繁育、保健、防疫等技术操作规程；编制羊群周转计划；制定配种分娩计划，确定配种、繁殖、成活率等项指标，并提出保证实现指标的相关措施；根据羊群周转计划、饲喂定额，编制饲草、饲料生产和供应计划。

3. 成本管理

饲养成本主要由饲草费、饲料费、人工费、水电费、医药费、燃料动力费等组成，这些费用可变性大，是挖掘潜力、降低成本的主要环节。间接成本包括折旧费、土地租用费、行政管理费、财务费、营销费等，是总成本的重要组成。财务部门负责成本预算和收支概算，有效监控生产经营成本，制订资金需求和使用计划。

(三)羊群管理

1. 掌握适度规模

养羊业主应当在国家相关法律法规的要求下，结合品种特点和当地资源环境，立足自身条件，确定较为合适的养殖规模(图 3-53、图 3-54)。避免规模偏小、效益低下、资源利用不足；或规模偏大、超出自身能力，尤其是盲目扩张带来的很多小问题将成为影响效益的大隐患，最终导致利润递减、经营艰难、勉强维持等不利局面。

图 3-53　农户小规模养羊

图 3-54 规模化养羊场

2. 合理的羊群结构

(1)种羊场。能繁母羊以 2～5 岁的壮年羊为主(占 75%),头胎羊占 15%～20%,6 岁以上的羊不超过 10%。采用人工授精,种公羊按繁殖母羊的 1%～2%配备,试情公羊按 2%～3%配备;自然交配的,按公母 1∶(30～40)比例配备。后备公羊按种公羊的 1.5 倍配备。全部使用冷冻精液的,只需配备试情公羊。

(2)肉羊场。自繁自养的肉羊场,能繁母羊占全群的 75%以上,后备母羊 15%,种公羊 2%～3%,当年羔羊尽快育肥出栏。全进全出育肥肉羊的肉羊场,购买 4 月龄左右的羔羊,育肥期 4～5 个月,根据品种的不同,体重达到 30～50 kg 时出栏。

四、养羊场粪污处理技术

随着养羊业的集约化、规模化发展,粪污集中产生,如果处理技术落后或设施不配套,就会影响场内及周边地区生态环境。近年来,国家对环保愈加重视,《中华人民共和国环境保护法》《畜禽规模养殖污染防治条例》等法律法规修订实施,对规模养殖场的粪污处理提出了更为严格的要求。我国南北气候、资源、养羊方式等有着很大不同,粪污处理模式也有所差异,应根据实际情况合理选择。

(一)羊场粪污特点和处理原则

1. 羊场粪污特点

羊场多采取干清粪工艺,冲洗污水很少。羊粪较为干燥,呈较规则的光滑椭球形颗粒,外表致密、内芯多孔,易于处理和贮存,其排泄量与品种、体重、日粮配方、采食量、气候、季节等因素有关。体重 50 kg 的羊,其年排粪量约为 0.75 t、尿 0.55 t;体重 30 kg 青年羊的分别为粪 0.43 t、尿 0.32 t。新鲜羊粪的臭味强度为 3～4 级(较强),且不同程度地含有杂草种子、寄生虫卵和病原菌,需经无害化处理后方能还田利用。新鲜羊粪的密度约为 0.9 t/m^3,含水量 60%～65%,氮、磷、钾含量分别为 7～8 g/kg、4～5 g/kg、5～6 g/kg;1 只羊的氮(磷)排泄量相当于 0.4 个猪当量,粪污在收集、处理和贮存过程中的损失约为氮 63%、磷 27%。

2. 粪污处理原则

按照减量化收集、无害化处理、资源化利用的原则,采用干清粪工艺,粪尿干湿分离,雨污分离,尽量不冲洗栏舍,做到源头减量;羊舍设计合理,粪污处理场所无渗漏、不溢流,不影响周边环境，做到过程规范；坚持农牧结合、种养平衡，把粪污转化为有机肥、液态肥，做到末端利用，提高粪污综合利用率。同时要求相关技术先进可靠、工艺成熟、操作简便，粪污处理与资源开发有机结合，经济效益与社会、生态环境效益兼顾。

（二）粪污收集

应做到粪污分别收集、及时转运，其中羊粪装车后经污道运送至储粪池，中途应防撒漏；污水经暗沟（管道）排至污水池，或用吸污车转运。随着劳动力结构变化和用工成本上升，且人工清粪效率低、劳动强度大，规模养羊场应采用刮粪板清粪、机械化转运，以减轻工作量、降低成本。

（三）羊粪处理

1. 堆肥或沤肥

堆肥和沤肥是传统、经济、有效的粪污处理方法，区别在于前者为有氧发酵、后者为厌氧发酵。两者的优点为技术和设施简单、投资少、耗能少、运行费用低，缺点为成品不能商品化，适合中小规模羊场，粪肥在本地及周边地区消纳利用。

好氧堆肥较为普遍，按照设施和工艺的不同又可分为以下几种。①传统静态法：羊粪不做任何处理，不添加辅料和菌种，直接堆积、自然发酵，中途不翻堆，这种方式操作简便，但肥分易流失、滋生蚊蝇，处理周期较长。常在料堆中戳出通气孔或竖插少量秸秆，以增加空气接触、缩短发酵时间。②动态翻抛法：羊粪添加辅料和菌种后，堆成条垛或置于发酵槽中，定期机械翻抛，其腐熟快、臭味轻，并能分段式连续加料，发酵完成后随时出料，运行管理方便和灵活。③静态通风法：堆垛或发酵槽的底部预埋通风管道，根据堆体温度和发酵进程强制鼓风，中途不翻堆，其运行费用低于翻抛法，缺点是不能连续加料。除以上 3 种类型外，还有发酵仓和发酵塔法，因其投资大、运行和维护费用高，生产中应用较少。

以动态翻抛堆肥为例，其工艺流程如下。①预处理：羊粪含水量相对较低，一般不用处理即可直接堆积发酵，若混有较多尿液、导致含水量超过 65%的，应添加秸秆、谷壳、锯末等辅料，调节水分至 55%～60%，同时能增加空隙和蓬松度，有利于有氧发酵。固液分离的投资大、运行成本高，养羊生产中不多见。②接种菌剂：为提高发酵效率，缩短处理时间，可添加发酵升温快、粗纤维降解能力强的复合发酵菌种，按产品说明书进行使用。③堆积发酵：物料堆成条垛或置于发酵槽中，宽度根据搅拌机规格确定，长度自由调节，高度为 1.5 m 左右。④翻堆：发酵升温后，用轮盘式、齿爪式、骑跨式等翻混机，每 5～7 d 翻堆一次，使物料混合均匀，增加供氧，促进发酵和水分蒸发，同时能打碎结块的物料（图 3-55）。⑤腐熟：根据堆积方式和外界气温的不同，羊粪 1～2 个月即可完全腐熟，高温发酵能够有效杀灭病菌、虫卵、杂草种子，消除臭味，形成优质粪肥。

图 3-55　条垛式发酵、翻堆

2. 商品有机肥加工

腐熟后的羊粪可制成商品有机肥，其主要工艺流程如下：

（1）粉碎调配。发酵后的物料粉碎后，根据配方添加有机或无机辅料，混合均匀。物料含水量过高时应晾晒或增加辅料，以免黏附及影响均匀度。

(2)制粒。物料输送至制粒机，加工成柱形或球形颗粒。

(3)干燥冷却。物料输送到烘干机，用热风烘干，使含水量≤30%，再用冷却器降温。此环节粉尘较多，应配备旋风除尘器等除尘装置。

(4)筛分。用筛分机将成品与需返工的物料分离，再对成品按粒径分级。成品可用包膜机进行包膜，以改善观感，并防止结块。

(5)包装入库。采用连续自动计量封口包装机进行成品包装，运至仓库储存待售。

因建设投资、生产工艺控制、销售网络、品牌管理等因素，推荐建设区域性有机肥厂，进行集中处理。在有机肥基础上，可适当添加无机肥、微量元素、高蛋白物料，制成有机无机复混肥或生物有机复合肥。

(四)污水处理

羊场的污水处理有好氧法(氧化塘、人工湿地、絮凝沉淀)、厌氧法(沼气转化)及厌氧好氧结合法。

1. 氧化塘

氧化塘依靠藻类和菌类的生长繁殖，消耗污水中的有机质，持续净化水体。根据操作工艺的不同，又分为自然塘和人工塘。

自然塘又称稳定塘，水深 0.5～1 m，总容积为日污水量的 100～200 倍，由数个塘组合而成，首塘较深、面积小，用于沉淀，定期清理塘泥；后续塘净化水体，至末塘时即可达标排放或灌溉。自然塘设施简单、投资小、工艺简便可靠、运行费用小，缺点是处理周期长，占地面积大，冬季处理效率低。

人工塘即曝气池，池深 4～6 m，容积为日污水量的 4～5 倍，池底装配管道和喷头，鼓入新鲜空气，增加水中含氧量，加快处理进程。其占地面积小、处理效率高，但投资和运行成本高，工艺略复杂。

2. 人工湿地

人工湿地又称水生植物塘，类似沼泽，污水按设定的方向自流，经过土壤、植物、微生物的多重作用进行净化。容量为日污水量的 100 倍，种植芦苇、茭白、浮萍、睡莲、金鱼藻等植物，挺水、浮水、沉水植物搭配，形成立体生态网，提高净化效率。

3. 絮凝沉淀

由加料与混合搅拌池、絮凝反应池、沉淀池等单元组成，添加絮凝剂(如石灰、硫酸亚铁、聚丙烯酰胺等)产生凝集反应，形成沉淀物，完成净化。其占地面积小、处理效率高，但投资大、运行费用高，应与其他处理方法结合采用。

4. 沼气工程

利用厌氧发酵技术，将粪污中的有机质转化为沼气，达到处理目标，其投资较大，运行和维护需要专业培训和指导。由预处理、沼气发酵、储存净化和利用、后处理四个单元组成，发酵罐是其核心部分，容积取决于养殖规模和气温，发酵效率也受温度影响。沼液和沼渣不能直接排放，沼液可浓缩制成商品液态肥，或在储存池中存放 10 d 以上、降低还原性后还田利用，沼渣可与粪便一起处理。羊的污水量较少，中小型羊场不推荐建设沼气工程。

第五节　湖北省规模化羊场简介

一、湖北金旸（麻城）畜牧有限公司

公司成立于2012年，位于麻城市铁门岗乡，由湖北省粮油食品进出口集团和湖北畜牧产业发展投资有限公司共同投资设立，属湖北金旸畜牧有限公司的全资子公司，占地面积1 200亩。建有高标准羊舍18栋9 600 m^2，围栏式人工草地800亩，高产青饲料地370亩，牧草种植及收获机械完善。常年存栏麻城黑山羊3 400余只，其中核心群种羊1 200余只，每年可向社会提供优质黑山羊2 200余只，综合生产性能达到国内黑山羊品种领先水平。公司是国家农业科技园区（武汉）示范基地和湖北省农业科技示范园区，国家无公害黑山羊标准化示范区，选育的麻城黑山羊是农业农村部黑山羊优质资源保护对象，列入国家品种目录，获国家市场监督管理总局商标注册，羊肉品质达到出口标准，年出口黑山羊2 000余只。

二、湖北名羊农业科技发展有限公司

公司位于罗田县三里畈镇，主要从事麻城黑山羊的繁育、动保服务、屠宰加工、仓储物流和销售，建成“养殖、加工、销售、服务”一条龙的产业化体系，建立“产业＋龙头企业＋合作社＋农户（贫困户）”利益联结机制，实现黑山羊产业链由短变长、由弱变强的蜕变。2021年产值1.45亿元，辐射带动以罗田为核心的跨县域连片发展的黑山羊产业跨越式发展，带动黑山羊养殖户3.8万户，其中规模户7 000多户，年出栏肉羊60多万只，综合产值过30亿元，助力大别山区连片贫困地区精准脱贫和乡村振兴，是全国扶贫先进集体、湖北省农业产业化重点龙头企业、湖北省扶贫重点龙头企业等称号。

三、长阳永兴生态牧业科技有限公司

公司成立于2011年，位于长阳土家族自治县贺家坪镇，占地面积5 000亩，其中改良天然草地2 800亩、优质人工草地200亩，是国家宜昌白山羊保种场。主要从事宜昌白山羊保种、健康养殖、新品种培育及羊肉系列产品加工，以及核桃种植、林下魔芋、中药材、花卉、甜玉米种植及产品销售和观光旅游，初步形成了集养殖、种植、加工、销售、生态农业观光、农业种植试验示范、农家休闲度假为产业链条的现代农业示范园。建有羊舍8栋计6 300 m^2，存栏宜昌白山羊1 400只，采用划区轮牧，形成典型的南方规模化林下种草养羊模式，实现种养结合循环发展。公司积极参与脱贫攻坚，带动周边200多户800多人致富，拓展农户增收渠道，产生良好社会效益。

四、湖北金旸（宜都）畜牧有限公司

公司前身是湖北省波尔山羊种羊场，建于1998年，位于宜都市红花套镇，占地303亩，年出栏波尔山羊种羊2 000余只，是华中地区规模最大的纯种波尔山羊种羊场基地。公司先后承担国家、湖北省重点科研项目，成功开展了波尔山羊的胚胎移植，是国家星火计划龙头企业技术创新中心、湖北省农业产业化重点龙头企业、部级标准化示范场、湖北省疫病净化示范场。

第六节　羊的疫病防治

一、羊的传染病防治

牛、羊均属反刍动物，其疫病防治有共性，羊的疫病防治原则、依法许可、疫病监测、防疫制度、免疫接种等可参考第二章相关内容。

（一）羊的重大疫病

1. 羊的疫病病种

根据农业农村部《一、二、三类动物疫病病种名录》（2022 年），畜禽重大疫病分为 3 类，其中涉及羊的有：

（1）一类动物疫病。包括口蹄疫、痒病、小反刍兽疫。

（2）二类动物疫病。多种动物共患病：狂犬病、布鲁氏菌病、炭疽、蓝舌病、日本脑炎、棘球蚴病、日本血吸虫病。绵羊和山羊病：绵羊痘和山羊痘、山羊传染性胸膜肺炎。

（3）三类动物疫病。多种动物共患病：伪狂犬病、轮状病毒感染、产气荚膜梭菌病、大肠杆菌病、巴氏杆菌病、沙门氏菌病、李氏杆菌病、链球菌病、溶血性曼氏杆菌病、副结核病、类鼻疽、支原体病、衣原体病、附红细胞体病、Q 热、钩端螺旋体病、东毕吸虫病、华支睾吸虫病、囊尾蚴病、片形吸虫病、旋毛虫病、血矛线虫病、伊氏锥虫病、弓形虫病、隐孢子虫病。绵羊和山羊病：山羊关节炎/脑炎、梅迪-维斯纳病、绵羊肺腺瘤病、羊传染性脓疱皮炎、干酪性淋巴结炎、羊梨形虫病、羊无浆体病。

2. 人畜共患传染病

根据农业农村部《人畜共患传染病名录》（2022 年），与羊相关的人畜共患传染病分别为：狂犬病、炭疽、布鲁氏菌病、弓形虫病、棘球蚴病、钩端螺旋体病、沙门氏菌病、日本血吸虫病、日本脑炎旋毛虫病、囊尾蚴病、李氏杆菌病、类鼻疽、片形吸虫病、Q 热、利什曼原虫病、尼帕病毒性脑炎、华支睾吸虫病等。

（二）免疫接种

羊的常用免疫程序参考表 3-2。

表 3-2　羊的常见疫苗及免疫接种

免疫疾病名称	疫苗名称	用法	免疫期	注意事项
炭疽	Ⅱ号炭疽芽孢苗	皮下注射	1 年	春季禁用；孕羊、2 月龄内羔羊、瘦弱、病羊禁用；山羊慎用
	山羊炭疽苗	皮下注射	半年	疫苗切忌冻结
传染性胸膜肺炎	山羊传染性胸膜肺炎灭活苗	皮下或肌内注射	1 年	孕羊禁用；疫苗切忌冻结

续表 3-2

免疫疾病名称	疫苗名称	用法	免疫期	注意事项
羊痘	山羊痘弱毒苗	尾根内侧皮下注射	1 年	
	绵羊痘活疫苗(羊痘鸡胚化弱毒苗)	尾根内侧皮下注射	1 年	孕羊禁用;非疫区应用时须先做小范围试验
布鲁氏菌病	布鲁氏菌羊型 5 号苗	皮下注射或室内气雾	1 年	孕羊、3 月龄内羔羊禁用
	布鲁氏菌猪型 2 号苗	口服或皮下注射	1 年	
梭菌病	羊三联苗	皮下或肌内注射	半年	疫苗切忌冻结
	羊四联苗	皮下或肌内注射	半年	
	羊五联苗	皮下或肌内注射	半年	
	羔羊痢疾苗	后腿内侧皮下注射	5 个月	仅用于母羊
口疮	羊口疮弱毒苗	皮下注射	1 年	仅用于母羊
	口疮弱毒细胞冻干苗	口腔黏膜内注射	半年	
链球菌病	羊败血性链球菌病活疫苗	尾根皮下注射	1 年	瘦弱、病羊不能使用;不能肌内注射
	羊败血性链球菌病灭活苗	皮下注射	半年	疫苗切忌冻结
大肠杆菌病	羊大肠杆菌灭活苗	皮下注射	5 个月	妊娠母羊禁用
破伤风	破伤风类毒素	皮下注射	1 年	
	破伤风抗毒素	皮下或静脉注射	1 年	疫苗切忌冻结
口蹄疫	牛羊 O 型口蹄疫灭活苗	皮下注射	半年	
	牛羊 O、A 型口蹄疫双价灭活苗	皮下注射	半年	

(三)羊的常见传染病防治

羊的布鲁氏菌病、传染性胸膜肺炎(羊传胸)、巴氏杆菌病等参考第二章相关内容。

1. 羊传染性脓疱(羊口疮)

(1)概况。由传染性脓疱皮炎病毒引起,以口唇等处皮肤和黏膜形成丘疹、脓疮、溃疡和结成疣状厚痂为特征。本病几乎在所有养羊的地区都有发生。

(2)症状。口角或上唇散发丘疹,发展为水疱或脓疱,破裂后结成黄色痂皮,逐渐加厚、干燥形成褐色疣状硬痂,嘴唇肿大外翻,采食和咀嚼困难。齿龈、颊部黏膜发生水疱,很快变成脓疱,形成菜花样肉芽组织,口中有恶臭带泡沫的涎流出。

(3)防控。接种口疮弱毒细胞冻干苗;保护口腔黏膜;病羊隔离治疗;环境消毒。用 0.1%～0.2%高锰酸钾、5%硼酸或 2%明矾冲洗,涂擦紫药水、碘甘油(1:9)等药物,每日 2 次。

2. 羊痘

(1)概况。由羊痘病毒引起的急性、热性、接触性传染病,羔羊死亡率高。

(2)症状。潜伏期 1 周左右,初期体温升高至 41～42 ℃,精神不振,食欲减退,眼睑肿胀、流泪。继而四肢内侧、乳房等毛短或无毛部位呈现红斑，相继成为丘疹、水疱，随之变为脓疱。继发全身感染者常因败血症死亡。

(3)防控。发现病羊应及时隔离并进行彻底消毒，病死羊焚烧或深埋。肌内注射青霉素和链霉素及磺胺嘧啶钠，也可皮下注射痊愈羊血清，或用吗啉胍等进行抗病毒治疗。常发区及受威胁区定期注射羊痘弱毒疫苗(接种后会引起痘疹反应，同时要注意弱毒疫苗的毒力返强)。

3. 小反刍兽疫

(1)概况。由小反刍兽疫病毒引起的一种急性病毒性传染病，山羊发病率较高。主要通过直接和间接接触传染或呼吸道飞沫传染。

(2)症状。潜伏期 4～5 d，最长 21 d，以发热、口炎、腹泻、肺炎为特征。病羊烦躁不安，口鼻干燥，食欲减退，流黏液脓性鼻涕，口腔黏膜出现坏死性病灶，后期出现带血水样腹泻，严重脱水，消瘦。

(3)防控。病初使用羊疫清(苯唑西林钠)＋刀豆素＋头孢类抗生素，肌内注射也可预防继发感染。用抗生素和磺胺类药物对症治疗可防细菌继发感染，用超免疫血清进行被动免疫可减少疫病的传播。可通过接种疫苗进行预防控制。

4. 羊梭菌病

(1)概况。包括快疫、猝狙、羔痢、肠毒血症，均由梭状芽孢杆菌属引起。

(2)症状。主要为消化道感染，临床症状相似，常混合发生。快疫和猝狙病程很急，发病突然，未见病状就突然死亡；肠毒血症有腹泻、痉挛等症状发生，剖检肾脏质软如泥，也称软肾病；羔痢表现剧烈腹泻和小肠溃疡，死亡率高。

(3)防控。冬季做好保温工作；加强孕羊饲养管理；产羔前后做好消毒工作，初生羔羊吃足初乳；病羔要做到早发现、及时隔离和治疗，污染物消毒。药物治疗与细心护理相结合，对症下药。定期注射疫苗。

二、羊其他常见病防治

由于牛和羊都属反刍动物，因此羊场的卫生消毒、羊的保健、病死羊处理、休药期，以及消化系统疾病、寄生虫病、产科病等，均与牛类似，可以参考第二章相关内容。

第四章

现代养鸡技术

第一节 品种选择

一、蛋鸡品种

（一）国内优秀蛋鸡品种

1. 京红 1 号和京粉 1 号

（1）来源。由北京市华都峪口禽业有限责任公司培育，分为京红 1 号（图 4-1，褐壳蛋）和京粉 1 号（图 4-2，粉壳蛋）两个配套系。

（2）生产性能。京红 1 号 18 周龄体重 1.5～1.6 kg，开产日龄 142～149 d，入舍鸡产蛋数 298～307 枚，高峰产蛋率 93%～96%，72 周龄每只产蛋鸡总蛋重 19.4～20.3 kg，平均蛋重 63～64 g，产蛋期料蛋比（2.1～2.2）∶1；京粉 1 号 18 周龄体重 1.38～1.48 kg，开产日龄 140～148 d，高峰产蛋率 93%～96%，入舍鸡产蛋数 296～306 枚，72 周龄每只产蛋鸡总蛋重 18.9～19.8 kg，平均蛋重 61.7～62.7 g，产蛋期料蛋比（2.1～2.2）∶1。

图 4-1 京红 1 号商品代

图 4-2 京粉 1 号商品代

2. 农大 3 号节粮小型蛋鸡

（1）来源。中国农业大学培育的优良蛋鸡配套系，分为农大褐和农大粉两个品系。

（2）生产性能。农大褐商品代 120 日龄平均体重 1.25 kg，开产日龄 150～156 d，高峰产蛋率 93%，72 周龄入舍母鸡平均产蛋 275 枚，总蛋重 15.7～16.4 kg，平均蛋重 55～58 g，产蛋期料蛋比（2.0～2.1）∶1，产蛋期成活率 96%；农大粉商品代 120 日龄平均体重 1.2 kg，开产日龄 148～153 d，高峰产蛋率 94%，72 周龄入舍母鸡平均产蛋 278 枚，总蛋重 15.6～16.7 kg，平均蛋重 55～58 g，产蛋期料蛋比(2.0～2.1)∶1，产蛋期成活率 96%。

3. 京白 939 蛋鸡

(1)来源。北京市华都种禽有限公司培育的粉壳蛋鸡配套系。

(2)生产性能。京白 939 商品代 1～20 周龄耗料 7.20～7.60 kg/只，成活率 96%～98%，18 周龄体重 1.40～1.46 kg，开产日龄 145～150 d，高峰产蛋率 95%，72 周龄入舍母鸡产蛋数 290～303 枚，总蛋重 16.7～17.4 kg，21～72 周龄料蛋比(2.30～2.35)∶1。

(二)国外优秀蛋鸡品种

1. 海兰褐蛋鸡

(1)来源。美国海兰国际公司培育的褐壳蛋鸡配套系(图 4-3)。

(2)特点。羽毛外红内白，抗病性强，耐热，安静，易管理。

(3)生产性能。商品鸡 18 周龄平均体重 1.55 kg，平均开产日龄 149 d，产蛋率达 94%～96%。80 周龄入舍母鸡平均产蛋 344 枚，总蛋重 22.5 kg，21～80 周龄料蛋比 2.1∶1。

图 4-3 海兰褐蛋鸡

2. 罗曼蛋鸡

(1)来源。由德国罗曼家禽育种有限公司培育。

(2)特点。主要分白壳和粉壳两个蛋鸡配套系，属中型特种高产蛋鸡，四系配套，有羽色伴性基因。

(3)生产性能。商品代罗曼白蛋鸡 20 周龄母鸡体重 1.3～1.4 kg，开产日龄 148～154 d，高峰产蛋率 92%～95%；61 周龄入舍母鸡产蛋 335～345 枚，总蛋重 21.0～22.0 kg，平均蛋重 63.0～64.0 g；21～61 周龄日耗料 110～118 g/只，料蛋比(2.1～2.3)∶1，产蛋期成活率 94%～96%。商品代罗曼粉蛋鸡 20 周龄体重 1.4～1.5 kg，开产日龄 140～150 d，高峰产蛋率 92%～95%；72 周龄入舍母鸡产蛋数 300～310 枚，总蛋重 19.0～20.0 kg，平均蛋重 63.0～64.0 g；平均体重 1.8～2.0 kg；21～72 周龄日耗料 110～118 g/只，料蛋比(2.1～2.2)∶1；产蛋期成活率 94%～96%；蛋壳淡黄色。

3. 尼克白蛋鸡

(1)来源。德国罗曼家禽育种有限公司尼克子公司培育的三系白壳蛋鸡配套系。

(2)生产性能。商品鸡 18 周龄平均体重 1.27 kg，开产日龄 140～153 d，80 周龄入舍母鸡产蛋数 325～347 枚，产蛋率 90%以上持续时间为 16～21 周，产蛋率 80%以上持续时间为 34～43 周，总蛋重 20.8 kg，平均蛋重 61 g；平均体重 1.78 kg；19～80 周龄日耗料 101～105 g/只，料蛋比(2.1～2.3)∶1；产蛋期成活率 89%～94%。

4. 伊莎褐蛋鸡

(1)来源。由法国伊莎公司育成。

(2)特点。属四系配套中型体重的高产蛋鸡，抗热性能较好，有羽色和快慢羽两个伴性基因。

(3)生产性能。开产日龄 160～168 d，开产体重 1.55～1.65 kg，入舍母鸡 72 周龄产蛋 280～290 枚，平均蛋重 63～65 g，料蛋比(2.3～2.4)∶1。

二、肉鸡品种

(一)快大型肉鸡品种

快大型肉鸡品种主要为从国外引进品种,一般饲养35～42日龄体重可达2 kg以上,多为白羽。

图4-4　爱拔益加肉鸡

1. 爱拔益加肉鸡

(1)来源。简称AA肉鸡,由美国爱拔益加育种公司培育(图4-4)。

(2)特点。属四系配套杂交白羽肉鸡,分为常规系和羽速自别系。

(3)生产性能。常规系商品代42日龄公、母鸡平均体重2.35 kg,料肉比2.24∶1,49日龄公、母鸡平均体重2.94 kg,料肉比2.58∶1;羽速自别系商品代42日龄公、母鸡平均体重2.44 kg,料肉比2.24∶1,49日龄公、母鸡平均体重3.04 kg,料肉比2.59∶1。

2. 艾维茵肉鸡

(1)来源。由美国艾维茵国际有限公司育成。北京家禽育种有限公司引进其白羽肉鸡配套系,商品代为三系配套杂交鸡。

(2)生产性能。艾维茵肉鸡商品代42日龄公、母鸡平均体重2.18 kg,料肉比1.84∶1,49日龄公母鸡平均体重2.68 kg,料肉比1.98∶1,56日龄公、母鸡平均体重3.15 kg,料肉比2.12∶1。

3. 科宝500肉鸡

(1)来源。美国泰臣食品国际家禽育种公司培育的白羽肉鸡品种。

(2)生产性能。商品代肉鸡40～45日龄上市,体重达2.0 kg以上,料肉比为1.9∶1,全期成活率97.5%,胸腿肌率34.5%以上。

4. 罗斯308肉鸡

(1)来源。英国罗斯育种公司培育的优质白羽肉鸡。

(2)生产性能。罗斯308商品代增重快,42日龄公、母鸡平均体重2.47 kg,料肉比1.72∶1,49日龄公、母鸡平均体重3.05 kg,料肉比1.82∶1。

(二)国内优质肉鸡品种

图4-5　岭南黄鸡

1. 岭南黄鸡

(1)来源。由广东省农业科学院畜牧兽医研究所选育(图4-5)。

(2)特点。为三黄鸡配套系,有快羽快长型、高产蛋快长型、节粮高产蛋型等。

(3)生产性能。快羽快长型、高产蛋快长型和节粮高产蛋型商品代42日龄公、母鸡体重分别为1.43 kg和1.4 kg,1.4 kg和1.5 kg,1.1 kg和1.18 kg;料肉比分别为1.65∶1和2.10∶1,

1.70∶1 和 2.20∶1,2.40∶1和 3.00∶1。

2. 石岐杂鸡

(1)来源。由香港渔农处等几家育种场选用广东的惠阳鸡、清远麻鸡和石岐鸡改良选育而成(图 4-6)。

(2)生产性能。母鸡年产蛋 120～140 枚,青年小母鸡饲养 110～120 d 平均体重在 1.75 kg 以上,公鸡在 2.0 kg 以上,全期料肉比为(3.2～3.4)∶1。青年小母鸡半净膛屠宰率为 75%～82%,胸肌占活重的 11%～18%,腿肌占活重的 12%～14%。

图 4-6 石岐杂鸡

3. 洪山鸡

(1)来源。产于湖北省随州市原洪山县境内,从体型外貌上可分为“三黄一翘”和“三黄一垂”两个类型(图 4-7)。

(2)生产性能。该鸡种经湖北省农业科学院畜牧兽医研究所近 10 年选育,60 日龄体重公鸡 690.34 g,母鸡 623.45 g;120 日龄体重公鸡 1.34 kg,母鸡 1.09 kg,120 日龄料肉比(3.2～3.8)∶1。

图 4-7 洪山鸡公鸡、母鸡

4. 苏禽 85 肉鸡

(1)来源。由江苏省家禽科学研究所培育而成,为三系配套杂交鸡。

(2)生产性能。肉用仔鸡 70 日龄体重,公鸡为 1.75 kg,母鸡为 1.31 kg,料肉比为 2.5∶1。

5. 固始鸡

(1)来源。主产区为河南省固始县及周边地区。

(2)生产性能。90 日龄公鸡体重 487.8 g,母鸡体重 335.1 g;180 日龄公、母鸡体重分别为 1.27 kg、966.7 g;5 月龄半净膛屠宰率公、母鸡分别为 81.76%、81.61%。

6. 新扬州鸡

(1)来源。原江苏农学院选育的“三黄鸡”新品种。

(2)生产性能。3 月龄公鸡体重 1.85 kg,母鸡体重 1.4 kg;成年公鸡体重 2.7～3.2 kg,母鸡体重 2.2 kg。

7. 清远麻鸡

(1)来源。主产区为原广东省清远市。

(2)生产性能。成年公、母鸡体重分别为 2.18 kg、1.75 kg。84 日龄公鸡、母鸡平均体重为 915 g。

8. 江汉鸡

(1)来源。湖北省江汉平原,属地方优良品种(图 4-8)。

(2)生产性能。江汉鸡种经多年选育,生产性能有了较大提高,其中以湖北欣华生态畜禽开发有限公司培育的欣优 2 号配套系生产性能最佳。该配套系在 2013 年 3 月经国家种禽性能测定,入舍 64 周龄产蛋 242 枚,72 周龄产蛋 263 枚,平均蛋重 50.4 g,淘汰鸡重 1.45 kg,配套系商品代产蛋期料蛋比为 2.5∶1。

图 4-8　江汉鸡母鸡、公鸡

第二节　鸡饲料及饲粮配制

一、常见饲料种类

鸡饲料种类主要有能量饲料、蛋白质饲料、矿物质饲料和饲料添加剂等。

(一)能量饲料

(1)玉米。能量水平高,蛋白质含量低,必需氨基酸尤其是赖氨酸、蛋氨酸和色氨酸含量少,钙含量低,粉碎后易霉变。因此,玉米在粉碎后应尽快使用,以防霉变而引发霉菌中毒。玉米在鸡饲粮配方中占 50%～70%。

(2)小麦。能量水平低于玉米,蛋白质含量则高于玉米。遇水有黏性,适口性差,价格高,钙含量低,使用时应注意补钙。

(3)大麦。能量较小麦低,粗蛋白质含量高,赖氨酸含量达 0.52%,B 族维生素含量丰富,可少量使用以增加饲粮的饲料种类,调节营养物质平衡。

(4)麸皮。能量不高,粗蛋白质含量较高,赖氨酸含量 0.67%,蛋氨酸含量低,B 族维生素含量高,粗纤维多。

(5)植物油和动物油。常用植物油有玉米油、豆油,动物油有牛油、羊油、猪油和鱼油等,添加量为 1%～3%。

(二)蛋白质饲料

(1)鱼粉。鱼粉为养禽业中最理想的动物性饲料,蛋白质含量高,氨基酸组成合理,尤其是蛋氨酸和赖氨酸含量丰富,并含大量的 B 族维生素和钙、磷等矿物质。一般饲料中用量为

2%～5%。

(2)豆粕。粗蛋白质含量40%～45%,是最常用的植物性蛋白质饲料。热榨豆粕品质优良,适口性好,赖氨酸、B族维生素及钙、磷含量较高。豆粕一般占日粮的20%～35%。

(3)菜籽饼。粗蛋白质含量在30%～38%,烟酸含量较高,适口性差,带有苦辣味。菜籽饼含有黑芥素,多食可引起中毒,应在脱毒后饲喂,用量不可超过5%。

(4)棉籽饼。粗蛋白质含量仅次于大豆饼,但赖氨酸、钙及维生素A、维生素D均缺乏。其营养价值低于大豆饼。棉籽饼含有游离棉酚毒素,须脱毒后饲喂。

(三)矿物质饲料

(1)磷酸氢钙。饲料级磷酸氢钙中钙含量在23%左右,磷含量大于16%,钙磷比例为3:2,接近动物需要的平衡比例。补充磷酸氢钙应防止氟含量超标。配合料中的用量一般在1%～1.5%。

(2)石粉。主要成分为碳酸钙,其中钙含量34%～38%。石粉中镁、氟含量过高,配合时应注意合理搭配。

(3)食盐。日粮中添加量一般为0.15%～0.3%。应注意与鱼粉共用时要防止食盐中毒。

(4)沙砾。沙砾有助于家禽肌胃对饲料的研磨,提高饲料消化率。添加量一般在0.5%～1%。

(四)饲料添加剂

(1)复合维生素。由多种单一维生素复合而成。使用时注意防止高温、高湿、氧化剂等的破坏作用。

(2)微量元素添加剂。常用的有硫酸锰、硫酸锌、硫酸铜和硫酸亚铁等。由于日粮中添加量很少,使用时要注意混合拌匀。

(3)氨基酸添加剂。主要为蛋氨酸和赖氨酸。使用时要注意赖氨酸产品为L-赖氨酸盐酸盐,其中L-赖氨酸含量仅为78%。蛋氨酸为DL-蛋氨酸,含量98%。

(4)抗氧化剂。种类有乙氧基喹啉、二丁基羟基甲苯、丁基羟基茴香醚等,用量0.01%～0.05%。

(5)酶制剂。使用时要根据不同饲粮类型选择不同种类。

二、鸡的饲养标准

饲养标准是组织饲料供给、设计饲粮配方、生产平衡饲粮和对动物实行标准化饲养的技术指南和科学依据。我国制定并发布了《鸡饲养标准》(NY/T 33—2004)。

应用饲养标准时应注意:第一,饲养标准只是鸡对营养物质需要量的相对近似值,由于实际生产中饲料来源、生产方式、地域环境等差异,应用饲养标准仍需要根据实际情况进行修订、充实和完善;第二,不同的鸡品种的营养需要会有所差异,因此饲喂配合饲料后应密切注意实际饲养效果,并根据饲养效果和鸡的反应,及时调整日粮。

三、鸡饲粮的配制

(一)饲粮配制的原则

饲粮配制应遵循安全、科学、高效的原则,既要考虑饲料对家禽产品、环境的影响,也要符合家禽生产的需要,并以获得最大的经济效益为原则。

(二)饲粮配制的流程

饲粮配制的流程见图4-9。

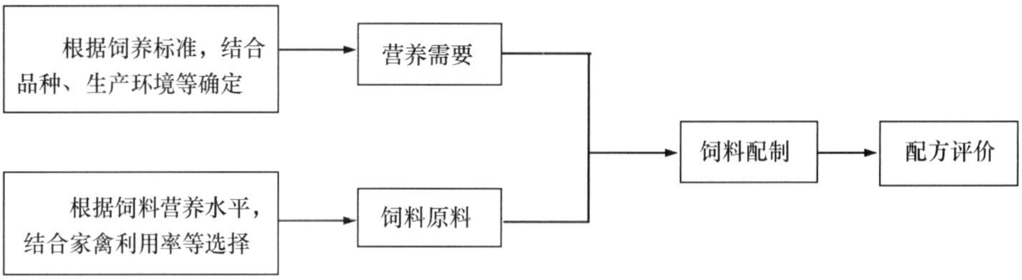

图4-9 饲粮配制流程

(三)饲粮配制应注意的问题

(1)饲料原料选择应因地制宜,做到既能满足家禽营养需要,又能降低生产成本。

(2)饲料种类应尽可能多,在保证营养物质的同时,还要提高饲料的消化利用率。

(3)饲料的品质和适口性要好。劣质饲料或适口性差的饲料,最好少喂或不喂,杜绝用发霉饲料。

(4)所用饲料要保证有充足的来源,使配合饲料具有相对的稳定性。饲料变化时,必须有1周左右的换料期,使家禽对新配合饲料有个适应过程。

(5)配合日粮(尤其是微量元素)混合时一定要混合均匀。

四、饲粮配方举例

(一)蛋鸡饲粮配方

育雏期:玉米31.75%、小麦15.00%、大麦15.00%、豆粕32.05%、植物油2.31%、食盐0.33%、碳酸钙2.12%、磷酸氢钙0.71%、DL-蛋氨酸0.20%、赖氨酸的盐酸盐0.04%、苏氨酸0.11%。维生素和微量元素添加剂预混料0.38%。

育成期:玉米14.60%、小麦27.00%、大麦27.00%、豆粕15.92%、植物油1.82%、葵花子粕10.00%、食盐0.33%、碳酸钙2.26%、磷酸氢钙0.38%、DL-蛋氨酸0.14%、赖氨酸的盐酸盐0.15%、苏氨酸0.02%、维生素和微量元素添加剂预混料0.38%。

产蛋期(产蛋率>70%):玉米59.32%、豆粕28.30%、植物油1.26%、食盐0.38%、贝壳粉4.00%、碳酸钙4.51%、磷酸氢钙1.08%、DL-蛋氨酸0.15%、添加剂预混料1.00%。

产蛋期(产蛋率<70%):玉米65.88%、豆粕20.86%、菜籽粕3.20%、碳酸钙7.82%、磷酸氢钙1.13%、食盐0.37%、氯化胆碱0.1%、DL-蛋氨酸0.10%、添加剂预混料0.54%。

(二)肉鸡饲粮配方

雏鸡:玉米59.20%、豆粕30%、棉籽粕2%、菜籽饼2%、油脂2%、碳酸钙0.8%、磷酸氢钙1.7%、添加剂2%、食盐0.3%。

生长期:玉米63.4%、豆粕22%、菜籽粕3%、棉籽粕3%、油脂4%、磷酸氢钙1.5%、石灰0.8%、添加剂2%、食盐0.3%。

肉种鸡：玉米62.6%、豆粕23%、菜籽粕3%、石灰7.5%、磷酸氢钙1.5%，食盐0.35%、其他2.05%。

第三节　商品鸡饲养管理技术

一、商品蛋鸡的饲养管理技术

（一）两段式“全进全出”标准化饲养管理技术

两段式“全进全出”蛋鸡饲养管理是将整个蛋鸡生产周期划分为后备期（0～15周龄）和产蛋期（16周龄至产蛋结束）两个阶段，通过建立专门的后备鸡舍和蛋鸡舍，实行一个场区同一日龄的鸡“全进全出”的专业化饲养管理模式。通常要求后备鸡舍和产蛋鸡舍的比例为1∶3。该生产方式的特点是将蛋鸡饲养分为后备和产蛋两个阶段，生产中只进行一次转群，降低了转群应激，减少了鸡舍建筑成本，便于科学的饲养管理，整体上提高了蛋鸡的生产效益。

1. 育雏准备

进雏前应结合本场的具体条件制订完备的育雏计划，每批进鸡数应与产蛋鸡舍的容量大体一致。进雏前2周应做好育雏准备，如对舍内环境、料桶、垫料等进行清洗、消毒，低温季节提前做好舍内升温等工作。

2. 舍内环境控制

（1）温度控制。温度是育雏成败的最关键因素。育雏温度应随鸡龄增加而降低，具体要求为：1周龄内33～35 ℃，以后每周降低2～3 ℃，直到雏鸡可以适应自然温度则停止供温。注意鸡舍温度除用温度计（悬挂高度应与鸡背部平行）衡量外，更要结合雏鸡的行为进行“看鸡施温”。

（2）湿度控制。育雏舍内相对湿度要求为：1～10日龄60%～65%；10日龄以后55%～60%，最高不超过70%，最低不低于40%。

（3）通风控制。要保证鸡舍内二氧化碳浓度控制在0.5%以下，氨浓度不应高于15 mg/m^3，硫化氢不超过10 mg/m^3。开放式鸡舍通风应结合雏鸡饲养密度、育雏室温度、天气阴晴、风力大小及有害气体的浓度等因素来决定开关门窗的次数、时间长短。密闭式鸡舍可开启排风扇进行通风换气。

（4）饲养密度控制。应综合考虑品种、日龄、温度、通风、饲养方式等因素，通常雏鸡的饲养密度见表4-1。

表4-1　育雏鸡饲养密度

周龄	饲养密度/（只/m^2）		
	地面平养	网上平养	立体笼养
1～2	30	40	60
3～4	25	30	40
5～6	20	25	30

(5)光照控制。雏鸡出生最初 3 d 应采用强光 24 h 光照,4～5 日龄换为 40 W 灯泡;6～7 日龄改为 20～22 h。第 2 周以后逐渐缩短补充光照时间,1 月龄以后过渡至 8 h 恒定光照。

3. 后备鸡的饲养管理

(1)饮水。雏鸡应在进入育雏舍 0.5 h 内饮水。饮水以“不限量,不间断”为原则,初次饮水可添加葡萄糖、抗菌药物、电解多维等。雏鸡在 20～30 h 内可先喂 0.02%高锰酸钾水进行肠道消毒,在 0～2 周龄水中可添加 8%的蔗糖和 0.1%的维生素 C。

(2)开食。饮水后即可喂食,即开食。饲料可采用专用雏鸡料。喂食应坚持均匀饲喂、少喂勤添的原则。最初几天可将饲料撒于喂料盘上进行饲喂,喂料间隔 2～3 h,2 周以内增加到 4～5 h,2 周后每天喂 5 次,深夜不再喂食。5 周后每天喂 4 次,晚上不再喂食。以后逐渐减少饲喂次数。

(3)断喙。目的在于防止啄癖,避免鸡群骚乱,减少饲料浪费。商品笼养鸡通常要断喙,但散养鸡一般可不断喙,断喙宜选择在 7～10 日龄进行。

(4)补喂沙砾。从 7 周龄开始,每周 100 只鸡应饲喂不溶性沙砾 500 g,装在吊桶或投入料槽。喂前冲洗干净,再用 0.01%的高锰酸钾消毒。

(5)限饲。限饲主要是为了控制鸡体过肥,抑制性成熟,确保后期高产。蛋鸡限饲一般从第 8～9 周开始,开产前结束,限制的方法有限时、限量、限质等多种。生产中可根据需要进行选择。

(6)抽测体重。抽测体重可了解鸡群的生长发育情况,也是对育成鸡限制饲养时确定喂料量的重要依据。在生产中,轻型蛋鸡一般从 6 周龄开始每隔 1～2 周称重 1 次,中型蛋鸡有的从 4 周龄后每隔 1～2 周称重 1 次。抽测体重的比例因鸡群大小不同而异,一般 1 万只鸡群以上按 1%抽样,小群则按 5%抽样,但不能少于 50 只。

4. 开产前的饲养管理

(1)适时转群。开产前 1 月内应将后备鸡转至产蛋鸡舍。转群前 3 d 和入舍后 3 d,饲料中应添加多维 100～200 g/t,转群前 6 h 应停料,转入鸡舍应备好足够的饲料、饮水。转群要避开炎热、雨雪天,夏季最好在早、晚进行,冬季在中午进行,要避免与断喙、预防接种等同时进行,以免引起大的应激。

(2)改换饲料。即由生长饲料换为产蛋饲料。一般情况下,鸡群产蛋率达到 5%时换料最好,更换方法可将产蛋饲料与生产期饲料按 1/3、1/2 等比例逐渐替换,直到全部改为产蛋鸡日粮为止。

(3)自由采食。高产蛋鸡对营养需要极高,除按鸡种的不同供给不同营养水平的全价日粮外,还要满足其自身的营养需要。所以从鸡群开始产蛋之时起,应让母鸡自由采食,直到产蛋高峰和高峰过后的 2 周为止。

5. 产蛋期的环境要求及日常管理

(1)蛋鸡产蛋期的环境要求。

①温度。产蛋鸡适宜温度为 13～25 ℃。

②湿度。鸡体能适应的湿度为 40%～72%,最佳湿度为 60%～65%。

③通风。应确保舍内空气质量达到蛋鸡生产标准,尤其注意协调好温度与通风的关系。

④光照。应遵循时间不能缩短、强度不能减弱的原则。光照时间从 20 周龄开始增加,产蛋高峰时达 16 h,光照强度以 10 lx 为宜。

(2)蛋鸡产蛋期的管理要点

①观察鸡群状态。观察鸡群状态有利于及时了解鸡群的健康，及早排除疫病风险，剔除病、弱、停产鸡。除随时观察外，观察时间应集中在早晨开灯、喂饲和晚上关灯几个时间段。观察的项目主要包括鸡的采食、饮水行为、羽毛、精神状态、粪便颜色等方面。

②保持环境稳定。产蛋鸡对环境变化敏感，易受惊吓。管理中应做到“定人定群”，按时作息，每天的工作程序不轻易变动。

③满足蛋鸡饮水。水的消耗与气温、产蛋量、采食量和品种等因素有关，缺水会导致蛋鸡停产甚至死亡。环境条件会影响鸡的饮水量，如环境温度为 32 ℃时，鸡消耗水量约为 21 ℃时的 2 倍；当环境温度上升至 37 ℃时，消耗水量则约为 21 ℃时的 3 倍。因此，在提供充足饮水的同时应注意观察，确保每只鸡有足够饮水。

④做好生产记录。每天对产蛋量、饲料消耗、存活数、死亡数等进行记录，在定期称测蛋重、体重时也要做好详细记录，以便及时核算、总结经验教训等。

⑤做好卫生防疫。应注意对舍内外定时清扫、消毒，饲养用的饲槽、饮水器等要按时刷洗，病死鸡只应及时清理等。

⑥废弃物处理。鸡场废弃物主要包括鸡粪、病死鸡、污水等。鸡粪主要采取堆肥发酵后还田利用、生产沼气或有机肥等方法处理；病死鸡应深埋或焚烧处理；污水可采用沉淀法，将大部分污物沉淀后再排放。

(二)中小规模标准化蛋鸡饲养管理技术

该技术适合生产规模在 30 万只以内、单栋存栏蛋鸡 2 万～5 万只的蛋鸡生产企业，其典型代表为蛋鸡“124”标准化养殖模式。这一养殖模式是湖北省畜牧技术推广总站在总结全省多年规模化商品蛋鸡养殖经验基础上，通过设施设备集成优化，建立的一种自动化水平高、生产效率好、环境污染少、投资适宜的蛋鸡生产模式，是现阶段中小规模蛋鸡生产企业在新形势下实现产业升级的有效途径。按照该模式进行生产，既可保障产品安全，也可最大限度降低环境污染，实现蛋鸡生产效益最大化。

1.“124”模式的内涵

1 栋全封闭式鸡舍，层叠式笼养蛋鸡 2 万只以上，生产过程采用自动喂料机、自动集蛋机、传送带清粪机、湿帘风机 4 机配套的高效健康养殖模式。

2.模式的生产要点

(1)养殖规模适中。单栋蛋鸡层叠式笼养规模为 2 万～5 万只。单场蛋鸡生产规模不超过 30 万只。

(2)设施配套齐全。单栋全封闭蛋鸡舍按照 3 列 4 层或 4 列 4 层设计，2 万只蛋鸡鸡舍长度 75～90 m，宽度 9～12 m，檐高 4 m，舍间间距 15 m 以上。舍内按照 4 机配套(自动喂料机、传送带清粪机、湿帘风机和自动集蛋机)组装设备，根据需要增加智能环控、舍内除臭、粪污利用等设备。

(3)疫病防控严格。及时规范做好免疫接种和重大疫病防控。在鸡场大门口、生产区出入口、鸡舍出入口采取强制性消毒措施。鸡场环境每周打扫、消毒一次，产蛋鸡每 2 d 带鸡消毒一次。蛋鸡淘汰后，按照清扫→清洗→干燥→消毒→清洗→干燥→消毒→清洗→干燥→熏蒸的处理程序清洁消毒鸡舍，并使用 2 种以上消毒剂。

(4)兽药投入规范。根据药敏试验结果选择兽药产品，采用正规兽药生产企业产品，不使用农业农村部《食品动物禁用的兽药及其他化合物清单》中的禁用兽药、未经批准兽药和过期兽药，严格按照使用说明规范用药，注意休药期，确保投入品安全。产蛋期间使用微生态制剂＋中草药等替代抗生素或化学合成兽药，实现无抗化养殖。

(5)精细化管理。加强蛋鸡舍内温度、湿度、光照、通风等生产条件控制，保持舍内温度18～25 ℃，相对湿度为50％～60％等生产要求，认真做好鸡群饲喂、捡蛋和生产巡视等日常管理。

3. 注意事项

严格规范抗生素使用，超过80日龄的蛋鸡一旦使用抗生素应严格执行停药期标准。

(三)大规模标准化蛋鸡饲养管理技术

在近几年国内商品蛋鸡饲养量日趋稳定、生产结构日趋合理、规模化蛋鸡场数量逐步增加等情况下，产生了一种更为集约化的蛋鸡生产方式。这一生产方式将层叠式笼养(图4-10)、自动集蛋、自动喂料、自动清粪、乳头饮水、自动通风及计算机管理有机结合，实现了蛋鸡喂料、饮水、集蛋、集粪和环境控制自动化，提高了防疫水平和生产效率。在该模式下所饲养品种以海兰、罗曼、伊莎等进口品种或京红1号、农大3号等国内高产品种为主。该养殖方式为全封闭式饲养，单栋饲养量在5万只以上。

1. 层叠式蛋鸡笼养

图4-10　层叠式蛋鸡笼养

层叠式蛋鸡笼养可以分为层叠式鸡笼育雏育成和产蛋鸡笼养，具体如下：

(1)层叠式鸡笼育雏育成。层叠式育雏育成鸡笼常分为育雏层和育成层。由于后备母鸡的质量和均匀度是蛋鸡高产的关键因素，因此，在育雏育成阶段应意把握以下几个关键环节：供料的均匀度；饲料快速分配；笼子外面的料槽内没有粪便；充足卫生的饮用水；笼间采用铁丝网隔断；操作简便；减少氨气浓度。

①育雏期管理。育雏层带有垫子，可确保雏鸡安稳立足，清理工作简单快捷。饲料供给要保证雏鸡从进笼后很容易吃到笼子外面料槽中的饲料，却不能钻出笼子。吃料口大小可通过调节横杆来调节。雏鸡饮水采用乳头饮水线，水线高度需根据鸡的日龄和大小来调节。

②育成期管理。6周龄之后，后备鸡被平均分配到鸡笼的各育成层。育成鸡可直接从料槽中吃到饲料。后备母鸡可以通过横杆上面采食，直到18周龄转群。在育成层，乳头式饮水器安装在笼子内部的后面，确保每只鸡容易喝到水。

(2)产蛋鸡笼养。18周龄以后转入层叠式蛋鸡笼，采用链式或行车式喂料系统和乳头饮水器，创造良好的鸡舍环境，使鸡的产蛋性能及所处环境达到最理想的状态。

2. 采用鸡蛋收集系统集蛋

规模化蛋鸡场应采用高标准的鸡蛋收集系统（图 4-11），对每栋鸡舍的蛋数、平均蛋重及各级别蛋重的分布、次品蛋数量等均有详细记录。鸡蛋收集系统配套有鸡蛋分级机和打包机，鸡蛋传送到配备分级机和打包机的房内，应采用一次性蛋托和包装箱，并标有生产日期，不仅可以保证鸡蛋质量，而且有利于防疫。

图 4-11　鸡蛋收集系统

3. 使用乳头式饮水系统供水

必须使用可靠安全的水源供应系统，蛋鸡应使用不带滴水杯的乳头饮水器或带滴水杯的乳头饮水器。应配备水源控制装置和分流装置，以满足水压稳定和加药等需要。

4. 采用自动喂料系统喂料

（1）料塔。料塔包括内用和外用储存塔，塔体由镀锌钢板或玻璃纤维强化的塑胶材料制成，塔的尺寸根据饲料消耗量和所需贮存时间决定。

（2）饲料运输系统。可选择绞龙、螺钻、铰链和链条运输器把饲料从塔体送进鸡舍，饲料不管是颗粒还是粉末都从塔体里安全而无损失地输送到鸡舍。目前，链条式和行车式喂料设备使用较多。

5. 利用鸡粪收集系统清粪

每层鸡笼下面配备有鸡粪传输带，粪便落在笼了下面的传输带上，之后再经传送带落到与其十字相交的传送带上，随后被送到粪便贮存池或直接送上卡车。清粪要确保鸡粪不落地、不冲洗，每天定时集中收集，保证鸡舍空气质量，且鲜粪湿度不高于 60%。清粪系统有利于节约成本及提高效率，更大的好处是有利于环保。

6. 采用自动化鸡舍通风、温度和光照控制系统控制舍内环境

为确保鸡舍内良好稳定的气温与环境条件，需要安装通风设备、供热设备和带有紧急启动系统的全自动控制系统。鸡舍通风包括横向通风、纵向通风和联合通风系统，可采用双纵向通风，或纵向、横向电脑自动控制相结合的通风模式。夏季采用湿帘降温，全年舍内温度控制在 15～28 ℃，鸡舍前后端温差在 3 ℃以内。

另外，在很多不同的气候区域内也需要配套合适的加热系统，可采用燃气、燃油或水暖加热系统。光照控制系统一般根据蛋鸡各阶段光照时间和强度的需要进行设置，自动控制。

7. 利用计算机管理系统管理鸡舍环境及生产

计算机不仅可以控制鸡舍内气候，还可以全面地管理生产（图 4-12），记录关于生产、成长、饲料和水的消耗量、死亡率和气候的重要数据，可以对生产过程中的任何变化迅速反应，及时采取必要措施。

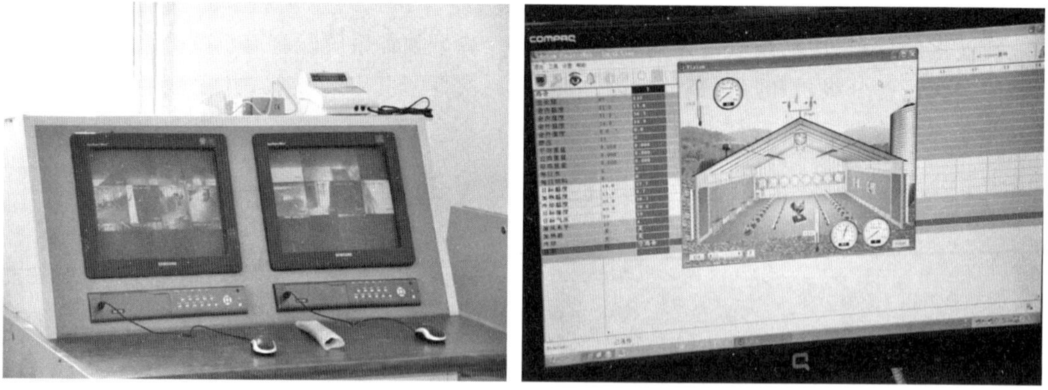

图 4-12　计算机管理系统

二、商品肉鸡的饲养管理

商品肉鸡生产主要采用标准化密闭式生产方式进行，饲养品种多为快大型肉鸡和快速优质肉鸡。目前，快大型和快速优质肉鸡生产主要有 3 种饲养模式：地面平养、网上平养和层叠式笼养。后两种饲养模式对鸡舍的建设和机械化都有较高的要求。

（一）商品肉鸡网上平养技术

网上平养是将肉鸡放在距离地面约 60 cm 的网床上进行饲养的生产模式。该技术投资少，易操作，是快大型肉鸡生产中较常见的一种生产方式。

1. 网床搭建

网养肉鸡的网床要求在距离地面 60～150 cm 的高度搭设支架网。网床可建成有过道的 2 列或 3 列。同时，支架上安装弹性塑料网垫以减少腿病和胸囊肿，网眼的大小以鸡爪不能进入而鸡粪能落下为宜。

2. 环境条件

（1）温度湿度。雏鸡的育雏温度要求与蛋鸡相同；育肥鸡在 20 ℃以下，30 ℃以上就会产生应激，特别是夏季持续 35 ℃高温时将引起强烈应激而出现热休克，甚至造成死亡。同时，肉鸡生产中最适宜的相对湿度在 60%～70%，不宜超过 75%或低于 40%。

（2）饲养密度。在良好饲养管理条件下，网床上饲养的快大型肉鸡和快速型优质肉鸡育雏期饲养密度约 40 只/m^2，之后随着日龄增加，逐渐扩群至所需密度，饲养后期出栏体重控制在 25～30 kg/m^2为宜。

（3）通风换气与光照。肉鸡育雏期通风及前 3 d 光照参照蛋鸡环境控制。从第 4 天开始改用 5 lx 的弱光照，每 20 m^2安装 15 W 光源可保证肉鸡生产需要。

3. 育雏期的饲养管理

肉鸡的育雏可参考蛋鸡育雏期的饲养管理，二者差异见表 4-2。

表 4-2　肉雏鸡和蛋雏鸡的饲养管理技术差异

鸡种	喂料	分群
蛋鸡	20～25 日龄后需限制饲养	按体重分
肉鸡	不需限制饲养	按性别分

4. 生长期和育肥期的饲养管理要点

（1）科学调整喂料。生长期肉鸡需要根据生长情况及时调整饲料、饲喂量和喂料工具。换料时应注意循序渐进，逐渐更换。育肥期的管理要增加饲料中能量水平，蛋白质含量可以适当降低，以加快鸡的生长。另外，应特别注意规范用药，防止药物残留，可以在日粮中少量添加安全无公害饲料或饲料添加剂。鸡出栏前 6～12 h 停止喂料，正常提供饮水，保证胴体品质。

（2）供给充足饮水。新鲜清洁的饮水对肉鸡正常生长尤为重要。为使所有的鸡都能得到充足的饮水，应保证饮水器内不断水。同时，要及时调整饮水器的高度，防止饮水外溢，造成鸡舍内潮湿。

（3）进行合理分群。可将公、母分群和大小、强弱分群结合起来，及时挑出病、残、弱、次的鸡，根据不同情况分别对待，以提高群体均匀度。

（4）观察鸡群状态。饲养人员在饲养管理过程中，必须经常细心地观察鸡群的健康状况，做到及早发现问题，及时采取措施，提高饲养效果。

（二）商品肉鸡层叠式笼养技术

商品肉鸡层叠式笼养技术是一种在鸡笼内完成整个肉鸡生产管理（出雏第 1 天到出栏）的集约化生产方式（图 4-13）。该技术具有规模大、效益高、疾病发生率低等特点。但同时由于建设成本高，仅适合大中型肉鸡生产企业。

图 4-13　商品肉鸡层叠式笼养

1. 笼养肉鸡的设备要求

肉鸡笼养设备应以满足肉鸡生理生长需要为根本。鸡舍建筑材料采用隔热保温材料，配备自动通风换气系统、自动监控等现代化管理系统。与蛋鸡层叠式笼养类似，应配备料塔、全自动饮水系统、输料线、料槽或料盘、自动喂料机、履带式清粪机、降温水帘，以及智能环境控制系统。

2. 层叠式肉鸡笼养管理要点

层叠肉鸡笼养在生产管理上的要求与肉鸡网养基本相同，但是，由于肉鸡笼养饲养密度大、集约化程度高等特点，还应加强以下几个方面管理：

(1)分阶段扩群笼养。层叠式肉鸡笼养通常在肉鸡饲养的前 21 d 进行小区域集中育雏，节约供暖费用，21 d 后逐步扩群。

(2)加强肉鸡饲料营养。层叠笼养饲料配方的维生素比地面平养标准平均提高 20%，以适应笼养肉鸡需要。

(3)通风和控温。智能环境控制系统和蛋鸡自动化舍内环境控制系统类似，需根据肉鸡不同生长阶段进行设定及自动控制。

(4)加强疾病控制。肉鸡层叠式笼养密度高，疫病风险压力大，应加强疾病控制。生产中要做到“全进全出”；尽量选择同一个种鸡场或周围相近的种鸡场的雏鸡，进雏时间要统一，尽量保证每个区在 3 d 内进齐；采用火焰消毒，彻底消灭病原菌，雏鸡进场后人员封闭，车辆进出自动消毒；按照要求及时进行免疫。

(5)光照和噪声。由于层叠式笼养的障碍物多，因此，应当在不同的饲养层补光。鸡舍各类设备所产生的噪声或外界传入的噪声要求应控制在 85 dB 以下。对产生噪声较大的车间，应控制噪声声源，选用低噪声设备或采取隔音减噪措施。

(6)日常管理。由于网养鸡舍的机械化程度大大提高，需要配备复合型专业技术管理人员。这些技术人员不但要有饲养管理技术，而且要懂饲养设备的维护管理。

三、规模化生态养鸡模式

生态养殖是近年来国内畜禽生产的一种新趋势，是为满足人们对优质畜禽产品的消费需求而衍生的一个新的养殖方式。目前，国内各地对如何更好、更高效地进行生态养鸡进行了不同程度的探索和提档升级，产生了一些较好的生产模式。其中最为典型的例子是规模化生态养鸡“553”模式。该模式是由湖北省原畜牧兽医局的专家总结多年的生态养鸡经验，借鉴国内外已有的技术成果，从维护生态平衡和保障禽产品品质的角度，并遵照生态养鸡的基本规律而编制的一套新型生产模式。该模式将现代科学养鸡技术与传统的农村散养鸡生产方式相结合，将林地、果园、荒山等合理利用，在满足市场对高端禽产品需求的同时，获得较好的综合效益，是资源节约型、环境友好型畜牧业发展的典范。

1. 模式的内涵

在进行生态养鸡时，1 亩地饲养数量不大于 50 只，一群鸡数量不大于 500 只，鸡群更新日龄 300 d 左右。

2. 模式的生产要点

(1)养殖品种定向。优先选择国内地方鸡品种、经改良后的地方鸡品种及其配套系等，如清远麻鸡、江汉鸡、洪山鸡均可按照规模化生态养鸡“553”模式进行生产。

(2)鸡舍与设施配套

①鸡舍。单栋鸡舍面积一般为 45～50 m^2，舍长 10 m，舍宽 5 m(图 4-14)。鸡舍门口外设 2 m 宽遮雨(遮阳)棚，棚下设置喂料设施，防止下雨天饲料淋雨。

图 4-14　简易鸡舍图

②产蛋窝。鸡舍出入口对侧墙壁 40 cm 高处可设产蛋窝，产蛋窝深 35 cm，前挡板 15 cm，下层产蛋窝与上层保持 20 cm 空隙，便于鸡出入产蛋窝。

③光照及其他设备。光照通常使用 9 W 节能灯，共安装 5 盏，保持 1 m^2 有 1 W 节能灯的光照。地面平养时，可用木条钉制“A”字形多阶梯栖架，高 1.8 m，每 40 cm 间隔为一层，共设 4 层，保证每只鸡应有 20～22 cm 的占位空间。饲喂设备可使用料桶饮水器。

(3)小群分散放养。1 亩地饲养数量不大于 50 只，一群鸡数量不大于 500 只，鸡舍布列均匀，鸡舍与鸡舍相互间隔 100 m 左右，牧场广阔的地方，还可实行种草轮牧饲养，让牧场生态系统得以修复。

(4)两段式饲养。60 日龄前实行舍饲集中育雏，喂给全价配合饲料，促进雏鸡生长发育。育雏达到 60 日龄后，鸡群对外界的适应能力增强，可实行放牧加补料方式饲养，从而防止鸡群过早放牧带来的死淘率上升。

(5)适时更新鸡群。鸡群饲养至 300 日龄左右更新，此时以鲜蛋和活鸡综合计算，经营效益最佳。

(6)合理补料。放牧饲养期间根据天然饲料资源情况掌握补料数量和质量，每天补料 2 次，早上少补、晚上多补。

(7)预防天敌。放牧场地保留一定数量灌木丛防鹰，每群鸡可混入 2～3 只鹅，或在鸡舍旁拴狗看护鸡群。

3. 注意事项

(1)放牧场地处理。放牧场地条件好坏对生态养鸡成败有十分重要的影响。生态养鸡对放牧场地的基本要求，一是环境相对干燥，排水良好；二是放牧场地有丰富的天然饲料资源可供鸡群采食；三是放牧场要为鸡群提供逃避天敌的庇护所和遮阴休息的场所。

理想的生态养鸡放牧场地应地势高燥、植被丰富，有部分高大乔木和少量灌木或次生林为鸡群遮阴。对于植被较少的场地应进行人工种草，并栽种洋槐树、日本光叶楮、桑树等，采摘其叶可为鸡群提供部分青饲料。

此外，在进行茶园生态养鸡的地方，茶园的行距不应太密，并且以鸡舍为中心，开辟出便于鸡群进入茶园活动的通道。

(2)鸡群适应性调教。从育雏舍内饲养到室外放养，由于环境条件、饲料、饲养方式发生了很大变化，鸡群放养需要一个适应过程。转入生态放养阶段，最初应将鸡群关在鸡舍饲养

1周，让鸡群熟悉鸡舍及周边环境，使鸡群认同群体和建立“家”的概念，并在进行生态放牧后能顺利回舍采食、休息、产蛋，防止出现部分鸡生态放牧后野性增强而夜晚不回归。此后，在鸡舍外用尼龙网围一定面积的活动场，要求密度不超过3只/m^2，白天把鸡群放到室外场地活动，晚上鸡群回舍，饲养1周左右即可转入生态放牧。在进行生态放牧时，同时进行信号训练，可在每次喂料时吹哨，使鸡群逐步建立“吹哨—回舍—采食”的条件反射，便于收拢鸡群和投喂管理。

(3)关注天气。关注天气变化非常重要，如果突然降温或有雨雪、大风来临，必须提早采取措施，如推迟白天鸡群到室外活动的时间、提早回舍时间，必要的时候让鸡群在舍内活动，提前关闭(尤其是夜间)门窗，防止冷风吹进鸡舍等。

第四节　鸡常见疾病与防治

一、鸡场卫生与消毒

1. 消毒剂选择

消毒剂的选择应符合《中华人民共和国兽药典》的规定，并对人鸡安全，对设备不会造成损害。养殖者应根据消毒剂的适用性、消毒剂的使用方法及用途选择合适的种类。

2. 人员卫生及消毒

要求工作人员身体健康，无人畜共患病；鸡舍大门口应设消毒区，对进出车辆和人员消毒；进入鸡舍前应更换干净的工作服和鞋进入消毒通道或消毒室，地面用碱水消毒，顶上安装紫外线灯或喷雾装置进行消毒；工作人员应定期清扫粪便或垫料，用高压冲洗机彻底冲洗鸡舍地面，用3%～5%石灰水泼洒鸡舍地面、墙壁(1 m以下)；要进行熏蒸消毒时应关闭鸡舍门窗，按每平方米40 mL福尔马林和20 g高锰酸钾熏蒸鸡舍、设备和垫料等。

二、免疫接种

免疫接种是预防和控制传染病的重要技术措施，也是目前畜禽生产中普遍采用的疾病控制方式之一。

1. 蛋鸡肉鸡的免疫程序

鸡免疫程序的制定既要参考该鸡种配套的推荐免疫程序，也应结合当地的鸡只发病特征趋势。

2. 免疫接种应注意的事项

(1)免疫前应对鸡群进行仔细观察，确定是否可以接种疫苗。发病或鸡群不健康时不适宜接种，在恶劣气候条件下也要调整接种时间。

(2)所用免疫接种器械在使用前后要严格煮沸消毒。废弃疫苗及包装物应进行无害化处理。

(3)应严格遵守免疫程序，在免疫过程中，避免遗漏接种。

(4)接种弱毒苗前后几天，鸡群要停止使用对疫苗有影响的药物，以免影响免疫效果。同时，为降低由于接种造成的应激反应，可饲喂维生素类的抗应激药物。

(5)接种后，应注意观察鸡群的接种反应，如有不良反应或发病等情况，要采取适当的措施。

(6)要做好免疫接种的详细记录，包括接种日期、日龄、数量，所用疫苗的名称、厂家、生产批号、购入单位、接种方法、免疫剂量，以及操作人员等。

三、鸡常见疾病的防治

(一)鸡马立克氏病

马立克氏病是鸡的一种淋巴组织增生性肿瘤病，是目前危害养鸡业健康发展的三大主要疫病之一。

1. 诊断要点

(1)流行特点。多发于3～5月龄鸡，发病率为5%～60%，致死率达100%。

(2)临床特征。神经型病鸡常因神经损伤而不能站立，病鸡呈劈叉姿势。

(3)病理特征。主要分皮肤型、神经型、内脏型、眼型。皮肤型病鸡皮肤表面有大小不一的弥漫性肿瘤结节；神经型病鸡一侧腰荐神经丛或坐骨神经弥漫性或局部性肿大、增粗；内脏型则主要表现为内脏器官或组织有大小不等的肿瘤结节；眼型主要为一侧性病变，虹膜褪色、瞳孔缩小、边缘不整。

2. 防治措施

选择质量可靠的疫苗，在雏鸡出壳后24 h内尽快接种，可有效预防本病；另外，加强饲养管理，净化种鸡，对种蛋及孵化室严格消毒，防止雏鸡在孵化室感染也是防治本病的关键；本病目前尚无有效治疗药物，发现病鸡应及时淘汰，以减少传染。

(二)鸡新城疫

鸡新城疫是由病毒引起的一种急性败血性传染病，俗称“鸡瘟”，又名亚洲鸡瘟。

1. 诊断要点

(1)临床特征。鸡排出绿色粪便，嗉囊内充满酸臭黏液；呼吸困难，鸡冠肉髯暗红或青紫色，2～3 d后鸡只大批死亡。耐过鸡呈神经症状，出现头颈扭曲，或呈观星姿势。产蛋鸡产蛋量大幅度下降。

(2)病理特征。腺胃乳头出血与坏死；肠黏膜出血、坏死，形成枣核样溃疡；盲肠扁桃体出血、坏死及形成溃疡。

(3)鉴别诊断。除以上特征外，必要时，可将病料送检，做病原学诊断。

2. 防治措施

(1)预防。免疫接种是预防该病的关键，常用疫苗有弱毒活苗和灭活油乳剂苗，应根据母源抗体水平和当地疫情合理安排免疫程序。

(2)治疗。本病无特效疗法。鸡群一旦发病，应立即用La Sota系疫苗、克隆30疫苗或V4疫苗点眼或饮水免疫，2月龄鸡也可用Ⅰ系疫苗紧急接种，同时配合使用抗生素和多种维生素，以预防细菌继发感染。

(三)禽流感

禽流感是由A型流感病毒引起的一种高度接触性传染病,又名欧洲鸡瘟。

1. 诊断要点

(1)临床特征。高致病性禽流感病鸡呼吸困难,排绿色稀粪,头面部肿胀,结膜充血、出血,冠髯肿胀、发绀,趾部充血、出血。产蛋鸡产蛋率下降甚至停止产蛋。发病后期可出现神经症状。

(2)病理特征。该病有高致病性和低致病性两种。高致病性禽流感特征性病变主要表现为全身出血与水肿;低致病性禽流感主要表现为气管炎、支气管炎和气囊炎等。

2. 防治措施

建立严格的检疫制度,严禁从疫区或可疑地区引进鸡苗、种蛋或鸡制品;本病流行严重地区,在弄清流行毒株的基础上,由当地兽医防疫部门统一引进灭活疫苗进行接种,可有效阻止本病流行;病鸡一经确诊,应立即坚决予以销毁,执行严格封锁、隔离、消毒和无害化处理措施。

(四)传染性法氏囊病

传染性法氏囊病又称囊病、腔上囊病,是由鸡传染性法氏囊病毒引起的一种急性、高度接触性传染病。

1. 诊断要点

本病主要发生于3～8周龄鸡。病鸡表现食欲减少,饮水增加,频频啄肛,排白色稀粪(常如牙膏样),迅速衰竭、死亡。剖检可见腿肌、胸肌出血,法氏囊肿胀、黏膜出血,腺胃乳头有明显出血,肾脏肿胀。

2. 防治措施

搞好日常清洁消毒,加强免疫。免疫接种是控制本病的重要方法,目前用于免疫接种的疫苗分为两大类:弱毒苗和灭活苗。其中弱毒苗又可分为温和型(又称弱毒力型,对法氏囊无任何损害,不能突破母源抗体的干扰,如D78、AEO)和中等毒力型(接种后可使雏鸡法氏囊有轻度可逆性损害,能够突破母源抗体的干扰,如CH-IM、BJ-836)。

(五)鸡传染性支气管炎

鸡传染性支气管炎是由传染性支气管炎病毒引起的鸡的一种急性高度接触性呼吸道传染病,可分为呼吸型和肾型两种类型。

1. 诊断要点

(1)呼吸型。主要表现为病鸡呼吸困难,严重者头颈向前向上伸展,张口呼吸。蛋鸡产蛋率急剧下降,出现畸形蛋。剖检可见气管、支气管黏膜充血、出血,腔内见有浆液性或黄白色干酪样渗出物。产蛋母鸡卵巢变形,卵泡充血、出血、液化。

(2)肾型。病鸡排白色粪便或水样粪便,爪部因脱水变得干燥无光。剖检见肾脏肿大,尿酸盐沉积,色淡苍白,外观呈花斑状。

2. 防治措施

适时接种疫苗,用H120株疫苗在7～10日龄滴鼻,40日龄二免,75日龄可用H52株疫苗强化免疫。肾型传染性支气管炎可用含有T株的弱毒疫苗或灭活苗进行免疫。

目前,对本病尚无特效疗法,呼吸型可用广谱抗菌药物如严迪(罗红霉素)、泰乐菌素、氧氟沙星等防止细菌继发感染。肾型传染性支气管炎还可用肾肿解毒药等帮助尿酸盐排出。

（六）鸡痘

鸡痘是鸡的一种急性、接触性传染病，特征是病鸡的无毛或少毛的皮肤上发生痘疹，或在口腔、咽喉部黏膜形成纤维样坏死性假膜。

1. 诊断要点

根据病变部位分为皮肤型、白喉型或混合型。

（1）皮肤型临床特征。皮肤上形成灰白色或黄白色水疱样的小结节（痘疹），逐渐增大或相互融合，干燥后形成灰黄色或棕褐色结痂。

（2）黏膜型临床特征。口腔、气管及食道黏膜出现痘斑。

（3）混合型临床特征。指皮肤型和黏膜型同时存在，病情严重，死亡率高。

2. 防治措施

用鸡痘鹌鹑化弱毒疫苗分别于 20 日龄和 110 日龄皮下刺种，可有效预防鸡痘的发生。鸡痘无特效治疗药物，皮肤型鸡痘，轻轻剥离痘痂后可用碘酊或紫药水局部处理；白喉型鸡痘，可用镊子将口腔或喉腔内的假膜剥掉，用 1% 高锰酸钾冲洗后，再用碘甘油涂布；投服抗菌药物防止继发感染，补充电解多维，可促进病鸡康复。

（七）鸡白痢

鸡白痢是由鸡白痢沙门氏菌引起的传染性疾病。

1. 诊断要点

（1）雏鸡。鸡白痢多见于 1～2 周龄的雏鸡。病雏下痢，排灰白色黏液状稀便，污染肛周羽毛，堵塞肛门导致排便困难而死亡。剖检可见肝脏、脾脏、肺脏和心肌有大小不等的灰黄色坏死灶或灰白色结节；卵黄吸收不良，内容物呈黄色奶油状或干酪样。盲肠肿粗，内有干酪样凝结物。

（2）成年鸡。特征性病变是慢性卵巢炎。

2. 防治措施

切断传播途径，搞好种鸡场净化工作，加强卫生消毒，防止孵化感染，可有效防止鸡白痢的发生。

出壳雏鸡开食时用敏感抗菌药物，如环丙沙星、氧氟沙星、氟苯尼考、新霉素等饮水或拌料，使用 3～5 d，可取得满意的预防效果。

发病鸡群的治疗最好在药敏试验的基础上，选择使用高敏药物，并注意交叉用药，因为鸡白痢沙门氏菌对多种抗菌药物有耐药性。

（八）禽大肠杆菌病

禽大肠杆菌病是指由致病性大肠杆菌引起家禽的多病型疾病的总称。

1. 诊断要点

临床病理特征：幼雏主要表现为脐炎，脐孔闭合不全、周围皮肤红肿，卵黄吸收不良，腹部膨胀，俗称大脐病；中雏多表现为气囊炎、肝周炎、心包心肌炎、关节炎和滑膜炎；产蛋鸡主要表现为输卵管炎、卵黄性腹膜炎、肠炎、肉芽肿。

2. 防治措施

发病鸡群可用广谱抗菌药物，如氟苯尼考、新霉素、磺胺、诺氟沙星等敏感药物进行治疗，但由于耐药菌株的普遍存在，最好根据药敏试验结果确定用药，才能取得满意疗效。

（九）肉鸡腹水综合征

肉鸡腹水综合征是多种病因引起的以肉仔鸡腹腔内大量积液为特征的疾病。

1. 诊断要点

（1）流行特点。多发在4～6周龄，并以发育快的健壮公鸡多发，全年都有发生，多见于冬春季节，病死率有的高达100%。

（2）临床特征。腹部膨大下垂，羽毛脱落，皮肤变薄，青紫发亮，触摸有波动感。

（3）病理特征。腹腔内积留多量淡黄或略带褐色的液体。

2. 防治措施

鸡舍保持适宜的温度和良好的通风换气条件，确保氧气充足，严防氨气和二氧化碳蓄积；适当降低饲料能量，补充维生素C和微量元素硒；给病鸡口服氢氯噻嗪每只50 mg，每日两次，连服3 d。

（十）鸡球虫病

鸡球虫病是由艾美耳属的球虫引起鸡的一种原虫病，盲肠球虫病危害严重。

1. 诊断要点

（1）流行特点。3～6周龄幼鸡最易感，发病率和死亡率都很高。

（2）临床特征。鸡冠苍白，排出橘红色、咖啡色或血性粪便，随后死亡。

（3）病理特征。盲肠增粗，壁增厚，呈暗红色，黏膜弥漫性出血或坏死，肠腔内充有大量暗红色血液或血凝栓。肠内容物镜检可见大量的球虫虫卵。

2. 防治措施

保持圈舍通风、干燥，及时清除粪便，定期消毒等，切断球虫的体外生活链，可有效防止本病发生；在球虫高发年龄段，使用敏感抗球虫药物，是本病的重要预防手段；发病鸡群可使用氨丙啉、马杜拉霉素、莫能菌素、磺胺等抗原虫药物进行治疗，对急性发病鸡群同时使用维生素K或青霉素出血，可迅速控制死亡；但因球虫易产生耐药性，防治时，应选择敏感药物，并注意交叉用药，严格掌握用药剂量，防止球虫药中毒。

（十一）钙、磷缺乏

以雏鸡的佝偻病、成年鸡的骨软症为特征。

1. 诊断要点

（1）流行特点。雏鸡、成年鸡、产蛋鸡可发病。

（2）临床症状。雏鸡生长发育受阻，腿软、站立不稳，易骨折、胸骨变形，肋骨局部有珠状突起，胫骨、股骨头疏松。成年鸡不能站立，出现暂时不能走动，瘫卧。

（3）病理特征。钙缺乏时雏鸡肋骨上出现佝偻珠。磷缺乏时雏鸡胫骨软化。

2. 防治措施

饲喂全价饲料，保证足够的维生素D；增加光照时间；把病鸡放到鸡舍外边过一段时间可以自行恢复；治疗消化道疾病、肾疾病，提高维生素D的吸收、利用率；发病时可一次大剂量投喂维生素D 15 000 IU，收效较快，但投喂量不可过大，以防中毒。雏鸡可口服鱼肝油，每只鸡2～3滴，每天3次，连用3 d，并每天注射维丁胶性钙注射液0.2 mL，连用3 d。

第五节　鸡场选址与布局规划

一、场址的选择

选择场址应遵循四大原则：一是交通便利，便于生产经营；二是便于防疫；三是节省投资成本；四是节省耕地。主要应考虑以下问题：

（一）地理条件

养鸡场场址应选择地势高燥、排水良好且背风向阳的地方；要求水源充足，水质良好，水源中不能含有病菌和毒物，无异味，清澈透明，符合饮用水标准，最好是城市供给的自来水；土壤以沙壤土和壤土为宜，要求未被传染病污染过，透气性和透水性良好，场地干燥。

（二）环境条件

(1)供水。水源要求水量充足，能满足养殖需要，一般每只成年蛋鸡昼夜用水量(包括饮水量加其他耗水量)为 1.2～1.5 kg。水质良好，符合人的饮水卫生标准。没有自来水的地方，最好打深井取水，河水和池塘水未经消毒处理，不宜作为鸡场的水源。

(2)供电。要认真了解有无双路供电的可能，如没有则需自备发电机以防停电。要保证任何时候都能正常供电。

(3)交通。一般应选择在交通方便的地方，接近公路，靠近消费地和饲料来源地。应注意鸡场不要紧靠主要公路的两侧，既影响畜禽的健康和生长发育，又增加了动物疫病传播机会。

(4)周边环境。应远离居住区，一般要求在离村庄和水源 500 m 以外；距铁路、公路(国、省道)、城镇居民区、学校、医院等公共场所 500 m 以上；距屠宰场、畜产品加工厂、畜禽交易市场、垃圾及污水处理场所等 1 000 m 以上。

在地理位置、土质、水源等满足要求的前提下，尽量少占或不占耕地，在非占用不可的情况下，应尽量占用土质差、土层薄的耕地。

二、场区布局规划

（一）鸡场分区的原则

鸡场分区要从便于防疫和组织生产出发。一方面，应考虑保护人的工作和生活环境，尽量使其不受饲料粉尘、粪便、气味等污染；另一方面，要注意生产鸡群的防疫卫生，杜绝污染源对生产区的环境污染。总之，应以人为先、污为后的排列为顺序。

（二）规划布局注意事项

1. 各区的设置

一般行政区和生产辅助区相连，有围墙隔开，而生活区最好自成一体。通常生活区距行政区和生产区 100 m 以上。污粪处理区应在主风向的下方，与生活区保持较大的距离，各区排列顺序按主导风向、地势高低及水流方向依次为生活区、行政区、辅助生产区、生产区和污粪处理区。年出栏10万只的养殖场可按40～50亩土地规划。地势与风向不一致时，以风向为主；风向与水流方向不一致时，以风为主。

2. 鸡舍比例

蛋鸡的饲养可分为两段式和三段式生产方式。前者指育雏育成为一个阶段，成鸡为一个阶段，需建两种鸡舍，一般两种鸡舍的比例是1∶2。三阶段的饲养方式是分育雏、育成、成鸡三个阶段。三种鸡舍的比例一般是1∶2∶6。商品肉鸡养殖一般仅需建育成舍。

3. 鸡舍的朝向

正确的朝向不仅能帮助通风和调节舍温，而且能够使整体布局紧凑，节约土地面积。主要是根据各个地区的太阳辐射和主导风向两个主要因素加以确定。

4. 鸡舍间距及生产区内的道路

考虑鸡舍间距首先要考虑防疫要求、排污要求及防火要求等方面的因素。一般取3～5倍鸡舍高度作为间距即能满足这几方面的要求。生产区的道路分为净道和污道两种。净道专供运输鸡蛋、饲料和转群使用，污道专用于运输鸡粪和淘汰鸡。

5. 鸡场的绿化

绿化不仅可以美化、改善鸡场的自然环境，而且对鸡场的环境保护、促进安全生产、提高生产经济效益有明显的作用。养鸡场的绿化布置要根据不同地段的不同需要种植不同种的树木，以发挥各种林木的作用。

6. 鸡舍类型

鸡舍的类型可以分为开放式鸡舍和密闭式鸡舍（又称为环境控制鸡舍）。密闭式鸡舍的通风光照均需用电，为耗能型鸡舍建筑，对电的依赖性较大；开放式鸡舍是利用自然条件的节能型鸡舍建筑，此种鸡舍是依靠空气自然通风，自然光照加人工补充光照，不供暖，靠太阳能和鸡体热来维持舍温。

7. 饲养方式

平养鸡舍的饲养密度小，建筑面积大，投资较高，我国一般肉鸡才使用此种鸡舍。根据鸡群围栏和管理通道的分布，可分为无走道平养、单列单走道、双列单走道、双列双走道、四列双走道等。

笼养饲养密度较大，投资相对较少，便于防疫及管理。根据笼具组合形式分为全阶梯、半阶梯、叠层式、复合式和平置式。鸡笼在舍内的排列可以是一整列、两半列双走道、两整列三走道、两整列两半列三走道、三整列四走道等形式。

8. 规模数量

提倡适度规模饲养，以目前的管理水平，以每栋鸡舍饲养3万～5万只为宜。

9. 环境保护

鸡场建设必须坚持可持续发展战略，注重经济效益、社会效益、生态效益相统一。对鸡场的污染物必须进行处理或综合利用，防止对环境和地下水造成污染。建议3种粪污处理方式：一是大中型规模化畜禽养殖场以沼气为纽带的能源环境工程，是将能源（沼气）生产、高效有机肥料生产和养殖业污染物处理有机结合在一起的一种工程模式；二是小规模养殖场以异位发酵床为主的鸡粪处理模式；三是因地制宜推动鸡粪集中处理模式。

三、鸡舍的建筑设计

（一）建筑设计的原则

满足鸡的生理要求，创造一个良好的环境条件，使鸡只能够充分发挥其品种优势，发挥其生产潜能。适合工厂化生产要求，满足机械化、自动化所需条件或留有待日后添加设备的条件。符合安全卫生防疫要求，便于进行彻底的冲洗和消毒，鸡舍的屋顶及墙壁没有缝隙，地面及墙壁裙要坚固；所有的口、孔之处均应安装有牢固的金属网罩，以防野禽飞入及老鼠打洞。符合鸡场的总体平面设计要求，布局合理，因地制宜，节约建材，降低造价。

（二）鸡舍的基本结构

鸡舍有多种分类方法，按鸡舍的建筑形式，可分为密闭式鸡舍、开放式鸡舍和生态养殖鸡舍；按饲养方式和设备分可分为平养鸡舍和笼养鸡舍；按饲养阶段可分为育雏鸡舍、育成鸡舍、成年鸡舍等。下面按鸡舍建筑形式做简要介绍。

1. 密闭式鸡舍

一般采用隔热性能好的材料构造，屋顶与四壁不设窗户，但有进气孔和排气孔，鸡舍内小气候可以调控。鸡舍屋顶由屋顶架和顶面两部分组成；屋顶架设计一定要坚固，可用钢结构、钢筋、木材、竹或钢筋混凝土等制成；顶面设计要考虑防风雨和保温隔热等性能，可用混凝土、石棉瓦和彩钢瓦等。屋顶形状有很多种，如平顶式、单坡式、“人”字式（双坡对称式和双坡不对称式）等，一般根据当地的气温、通风等环境因素来决定，在南方干热地区，屋顶可适当高些以利于通风，北方寒冷地区可适当矮些以利于保温。生产中大多数鸡舍采用三角形屋顶，坡度值一般为 1/4～1/3，材料要求绝热良好，以利于夏季隔热和冬季保温。墙体和屋顶选材应具有防火、防水、抗酸碱、耐腐蚀、无毒无异味、质轻保温的特点。内外墙面四壁表面光滑防水，便于常年清洗和消毒。鸡舍框架采用轻钢保温结构，如双面镁纤复合玻璃钢板、双面彩钢或铝箔夹心玻璃棉板。墙体和屋顶厚度要求夏季可防热辐射，冬季保温。

2. 开放式肉鸡舍

开放式鸡舍是指鸡舍侧壁和屋顶按一定距离（2～4 m）设有通风换气窗，分为全开放式、半开放式和开放-密闭式 3 种类型。

开放式鸡舍的窗户是通风和采光的通道，窗户要便于开关，以充分发挥其采光、通风、夏季防暑、冬季防寒的功能。窗户的多少、高低与大小取决于开放式鸡舍的类型及当地气候条件。全开放式的窗户最大（甚至单侧无墙），半开放式要小一些，开放-密闭式则安装带遮光板的多功能电动自动开闭窗。雏鸡舍与北方寒冷地区育肥鸡舍的窗户较小，为鸡舍面积的 1/4～1/3；南方的育肥鸡舍较大，为鸡舍面积的 1/2；采用卷帘式的鸡舍在温暖季节甚至将四周卷帘全部卷起来形成全开放式。南北窗户要有高度差，以主导风向一侧墙窗口的位置较低，也有把两侧墙的窗子做成上下两排以根据通风的要求开关部分窗户，既利用了自然风力又利用了温差。为使鸡舍内通风均匀，窗户应该对称且均匀分布，为防止冬季冷风直接吹到鸡身上，可以安装挡风板。窗户结构应有 3 层：外层是钢筋，防止偷盗或兽害；中层是细纱网，防止鸟类和苍蝇；内层是玻璃（北方可用双层），用于冬季保温。

3. 生态养殖鸡舍

主要用于养殖生态放养鸡。选择地势高燥的地方搭建鸡舍(棚),要求坐北朝南,棚宽5～6 m,长8～10 m,高度2.5～2.8 m,鸡舍出入口处应设置与鸡舍等长的宽2～3 m的遮雨棚,其下面可放置喂料设施、产蛋箱等。鸡舍可以用砖墙、石棉瓦建造,或用保温板、彩钢板等建造。一般一个鸡舍(棚)40～50 m^2,养鸡500只左右。

第六节　湖北省主要蛋(种)鸡企业简介

一、湖北神丹健康食品有限公司

公司坐落在武汉东湖新技术开发区,是以蛋制品加工销售为主,融饲料加工、种蛋禽饲养、服务于一体的农业产业化国家重点龙头企业。公司自建有神丹生态养殖园,在江汉平原和洞庭湖区建有500多万只蛋鸭、500多万只蛋鸡和100万只蛋鹌鹑的养殖基地。养殖场获良好农业示范GAP一级认证,并专门配套建立了农腾饲料生产基地,使蛋品安全从源头上得到保证。公司拥有雄厚的科研开发实力,先后培育"神丹1号"鹌鹑、"神丹2号"蛋鸭、"神丹6号"绿壳蛋鸡,居全国行业前三强。目前已形成年加工饲料36万t、提供禽苗800万羽、加工各类蛋品10万t的生产能力。

二、湖北全盛生态农业发展有限公司

公司成立于2011年,位于天门市仙北工业园多祥镇赵家庄村,占地200亩,年存栏蛋鸡85万只。公司于2013年在国家出入境检验检疫局备案,2014年取得"出口食品生产企业备案证明"。曾获得湖北省商务厅、省农业农村厅、省出入境检验检疫局联名授予的"湖北省出口蛋品质量安全示范区"称号。

三、湖北双港农业科技贸易股份有限公司

公司是以畜禽养殖、加工、有机肥生产等循环经济于一体的自营出口企业。公司位于湖北省公安县斗湖堤镇油江路1号。公司拥有10个核算单位,在深圳、珠海设有2个办事处,常年出口蛋品至加拿大、澳大利亚、新加坡等国家和中国香港、澳门等地区,年出口蛋品销售额居全国同行前列。在东北、广州设立销售公司,并在香港设立蛋品营销和售后服务中心,用于海外市场开拓。

四、武汉莱德生态农业有限公司

公司成立于2018年,注册地为武汉市江夏区,是集父母代蛋种鸡繁育、商品鸡苗孵化、鸡蛋销售、有机肥制造为一体的综合企业。现有种鸡繁育场6个,存栏海兰灰父母代种鸡10万

套，年孵化1500万羽蛋鸡苗。目前，已形成以武汉江夏区山坡街道办事处为中心，方圆10 km范围内按功能分点布局的完整的蛋种鸡生产销售产业链，成为湖北本土较大的蛋种鸡养殖企业。

五、南漳县宏羽益禽有限公司

公司成立于2007年，注册地为南漳县清河管理区，是集父母代种鸡繁育、商品鸡苗孵化、营销、动物保健、有机肥制造、销售、普通货运为一体的综合企业。存栏父母代种鸡13万套，孵化鸡苗1 000万羽，是湖北省内重要的高产蛋种鸡供种企业，也是全国蛋鸡标准化示范场、襄阳市重点龙头企业、湖北省家禽协会副会长单位。

六、湖北欣华生态畜禽开发有限公司

公司位于湖北省安陆市，是我省第一个新型节粮土蛋鸡配套系——欣华鸡2号蛋鸡培育单位，也是一家集种鸡繁育、商品蛋鸡饲养、水产品养殖及废弃物资源化利用为一体的综合性企业。公司年可孵化鸡苗800万羽，是湖北省创新试点企业、湖北省农业产业化重点龙头企业，也是华中地区规模最大的高产节粮土蛋鸡繁育供应基地。

七、湖北康健禽业发展有限责任公司

公司成立于2017年，注册地为鄂州市梁子湖区涂家垴镇花园村，是省内规模较大的特色鸡苗供种企业。其培育的康健高产绿壳蛋鸡在国内绿壳蛋鸡市场上颇受欢迎。公司年存栏种鸡4万套，可孵化鸡苗800万羽，是湖北省农科院、武汉市农科院科研协作单位，华中农业大学动物科学技术学院、动物医学院教学实践基地。

八、竹山县鑫茂生态农业开发有限公司

公司成立于2012年，是国家地理标志产品“郧阳大鸡”的保种、育种、繁育单位，也是一家专业从事郧阳大鸡选育、开发、产品销售和品牌宣传的综合性企业。公司位于十堰市竹山县双台乡南口村四组，场区占地面积9 000 m^2，建筑面积5 500 m^2，放养场地700亩，年可孵化郧阳大鸡鸡苗近500万羽。近年来，公司通过创新养殖模式和经营模式，成功通过互联网平台把“郧阳大鸡”销售到北京、上海、广州等一线城市，有效带动了地方鸡产业发展。

附　录

附录一　牛的年龄鉴别

在缺乏产犊记录的情况下，可根据牙齿和角轮鉴别牛的年龄，其中以牙齿鉴别较为可靠，详见下表。牛的牙分为乳齿和永久齿两类，无上门齿和犬齿。乳齿小而薄，洁白，齿颈明显，排列不整齐，齿间空隙大；永久齿大而厚，微黄，齿颈不明显，排列整齐，齿间无空隙。牛的门齿有4对8枚，最中间的为钳齿，两侧依次为内中间齿、外中间齿、隅齿。永久齿长出后逐渐磨损，磨损面的花纹依次为长方形(简称为印)、黑色椭圆(简称为珠)、三角形。通常就是以门齿的发生、更换、磨损规律来判断年龄。

年龄	牙齿情况	俗称
半月龄	乳钳齿长齐	
4～5月龄	乳门齿长齐	
6月龄	乳钳齿有磨损	
1岁	乳钳齿磨平，其他乳门齿有磨损	
1.5岁	乳钳齿显著变短，其他乳门齿磨平	
2岁	乳钳齿1.5岁左右更换，2岁时长齐	对牙
3岁	乳内中间齿2.5岁左右更换，3岁时长齐	四牙
3.5～4岁	乳外中间齿3岁左右更换，3.5岁时长齐	六牙
4～5岁	乳隅齿4岁左右更换，4.5岁时长齐	齐口
6岁	钳齿磨平，磨损面长方形	满口斑
7岁	钳齿磨损面三角形	双印
8岁	内中间齿磨损面三角形	四印
9岁	外中间齿磨损面长方形	六印
10岁	钳齿出现齿珠；外中间齿磨损面三角形	对珠
11岁	内中间齿出现齿珠；隅齿磨损面三角形；齿间出现空隙	四珠
12～13岁	外中间齿、隅齿出现齿珠；齿间空隙增大	满珠

附录二　羊的年龄鉴别

年龄/岁	牙齿情况	习惯称呼
1～1.5	乳钳齿更换	对牙
1.5～2	乳内中间齿更换	四齿
2.5～3	乳外中间齿更换	六齿
3.5～4	乳隅齿更换	新满口
5	钳齿齿面磨平	老满口
6	钳齿齿面呈方形	漏水
7	内外中间齿齿面磨平	
8	开始有牙齿脱落	破口
9～10	牙齿基本脱落	光口

参考文献

[1] 艾力江·买买提,2012.无角陶赛特羊与阜康土种羊杂种后代杂交效果的研究[D].乌鲁木齐:新疆农业大学.

[2] 白元生,刘长春,2013.蛋鸡养殖主推技术[M].北京:中国农业科学技术出版社.

[3] 曹玉凤,2005.肉羊高效养殖教材[M].北京:金盾出版社.

[4] 陈大君,杨军香,2013.肉鸡养殖主推技术[M].北京:中国农业科学技术出版社.

[5] 陈明新,李晓锋,2009.新编羊病防治手册[M].武汉:湖北科学技术出版社.

[6] 陈明新,索效军,2012.南方山羊养殖新技术[M].北京:金盾出版社.

[7] 冯维祺,2000.肉羊高效益饲养技术[M].北京:金盾出版社.

[8] 国家畜禽遗传资源委员会,2011.中国畜禽遗传资源志:羊志[M].北京:中国农业出版社.

[9] 韩建国,孙洪仁,2008.怎样保护和利用好草原[M].北京:中国农业大学出版社.

[10] 洪绂曾,王元素,2006.中国南方人工草地畜牧业回顾与思考[J].中国草地学报,28(2):71-75.

[11] 侯引绪,刘国芹,2003.牛病防治[M].北京:中国农业大学出版社.

[12] 胡自治,2000.人工草地在我国21世纪草业发展和环境治理中的重要意义[J].草原与草坪,88(1):12-15.

[13] 黄绍义,郭成裕,高光照,2015.云南宁蒗黑绵羊的种质特性研究[J].黑龙江畜牧兽医(综合版)(1)下:55-56.

[14] 黄文慧,张玉发,傅林谦,等,1993.草地改良利用[M].北京:金盾出版社.

[15] 李晓锋,索效军,2017.新编南方种草养羊实用技术[M].北京:机械工业出版社.

[16] 李秀定,2013.浅谈简州大耳羊品种资源的保护及利用[J].中国畜禽种业(4):68-70.

[17] 刘良佳,周鹏,王高富,等,2014.酉州乌羊生产性能研究[J].畜禽业(6):32-34.

[18] 罗晓瑜,刘长春,2013.肉牛养殖主推技术[M].北京:中国农业科学技术出版社.

[19] 农业部畜牧业司,国家牧草产业技术体系,2015.现代草原畜牧业生产技术手册-南方过渡带草地区[M].北京:中国农业出版社.

[20] 农业部畜牧业司,国家牧草产业技术体系,2015.现代草原畜牧业生产技术手册-西南亚热带山地丘陵草地区[M].北京:中国农业出版社.

[21] 全国畜牧总站,2010.主要优良饲草高产栽培技术手册[M].北京:中国农业出版社.

[22] 全国畜牧总站,2011.蛋鸡标准化养殖技术图册[M].北京:中国农业科学技术出版社.

[23] 全国畜牧总站,2012.肉牛标准化养殖技术图册[M].北京:中国农业科学技术出版社.

[24] 施阳阳,2013.四川省山羊遗传资源发掘初报[M].雅安:四川农业大学.

[25] 苏加楷,张文淑,李敏,2009.优良牧草及栽培技术[M].北京:金盾出版社.

[26] 孙吉雄,2000.草地培育学[M].北京:中国农业出版社.

[27] 王建刚,2006.杜泊羊种质特性初步研究[D].杨凌:西北农林科技大学.

[28] 王明根,2003.优质牧草高效栽培[M].合肥:安徽科学技术出版社.

[29] 徐文福,2010.国家粗档半细毛羊新品种——凉山半细毛羊品种介绍[J].中国草食动物(专辑):455-458.

[30] 徐志强,曹振辉,荣华,等,2012.云南红骨山羊和非红骨圭山山羊屠宰性能的测定[J].云南农业大学学报,27(4):526-529.

[31] 许尚忠,郭宏,2005.优质肉牛高效养殖关键技术[M].北京:中国三峡出版社.

[32] 杨国强,2009.兰坪乌骨绵羊的品种特征与利用[J].中国牧业通讯(20):36-37.

[33] 张灵君,张振坤,2006.科学养羊技术指南[M].北京:中国农业大学出版社.

[34] 张英杰,2005.养羊手册[M]. 北京:中国农业大学出版社.

[35] 张英杰,2010.羊生产学[M]. 北京:中国农业大学出版社.

[36] 赵涛,赵良虎,2023.智能养殖[M]. 北京:中国农业大学出版社.

[37] 赵有璋,2004.种草养羊技术[M]. 北京:中国农业出版社.

[38] 赵有璋,2005.现代中国养羊[M]. 北京:金盾出版社.

[39] 周明亮,杨平贵,吴登俊,2012.凉山半细毛羊的研究进展[J].草业与畜牧(11):53-57.